国家重点研发计划项目（2019YFC1509701）
国家自然科学基金项目（41002113/41162009）
北京市自然科学基金项目（8222031）
中央高校基本科研业务费专项资金项目（2652014019/2652015263）
中国地质大学（北京）双一流学科建设项目

裂隙岩体冻融损伤破坏机理及本构模型

刘红岩　袁小平　赵雨霞
阎锡东　袁小清　邢闯锋　著

扫一扫查看全书
数字资源

北　京
冶金工业出版社
2022

内容简介

本书系统地介绍了裂隙岩体冻融损伤破坏试验、理论模型、数值模拟及其初步工程应用。全书共分14章，内容包括：绪论；循环冻融下裂隙岩体物理力学特性试验；基于Drucker-Prager准则的岩石弹塑性损伤模型；基于微裂纹扩展的岩石细观弹塑性损伤模型；基于非弹性变形和能量耗散的岩石细观模型；基于宏细观损伤耦合的非贯通裂隙岩体损伤本构模型；常规三轴下非贯通裂隙岩体损伤本构模型；冻融—荷载耦合作用下裂隙岩体损伤模型；循环冻融下裂隙岩体断裂特性；循环冻融下岩石弹性模量变化规律；基于微裂隙变形与扩展的岩石冻融损伤本构模型；循环冻融下岩石温度场—渗流场耦合模型；冻融后岩体力学特性及边坡稳定性数值预测方法；循环冻融下隧道围岩冻胀力理论计算等。

本书可供从事岩体力学工作的研究人员和技术人员阅读，也可供高等院校岩土工程及相关专业的师生参考。

图书在版编目(CIP)数据

裂隙岩体冻融损伤破坏机理及本构模型/刘红岩等著.—北京：冶金工业出版社，2022.6

ISBN 978-7-5024-9174-1

Ⅰ.①裂…　Ⅱ.①刘…　Ⅲ.①裂缝(岩石)—岩体—冻融作用—研究　Ⅳ.①TE357

中国版本图书馆CIP数据核字(2022)第092542号

裂隙岩体冻融损伤破坏机理及本构模型

出版发行 冶金工业出版社　**电　话** (010)64027926
地　址 北京市东城区嵩祝院北巷39号　**邮　编** 100009
网　址 www.mip1953.com　**电子信箱** service@mip1953.com

责任编辑 王　颖　美术编辑 彭子赫　版式设计 郑小利
责任校对 李　娜　责任印制 李玉山
北京虎彩文化传播有限公司印刷
2022年6月第1版，2022年6月第1次印刷
710mm×1000mm　1/16；14.25印张；277千字；217页
定价99.90元

投稿电话　(010)64027932　投稿信箱　tougao@cnmip.com.cn
营销中心电话　(010)64044283
冶金工业出版社天猫旗舰店　yjgycbs.tmall.com
(本书如有印装质量问题，本社营销中心负责退换)

前　言

近年来，随着寒区工程建设的不断推进及资源开发规模越来越大，涉及的寒区岩体工程也越来越多，如寒区的岩体边坡、交通隧道、油气管线等工程在循环冻融作用下的稳定性及其损伤劣化力学机制也越来越引起科学家和土木工程师们的关注。如何定量评价和预测冻融环境及人类工程活动等对上述岩体工程稳定性的影响，一直是国内外寒区岩石力学学术界与工程界所共同关注的重要研究课题之一。而上述问题的解决则需要从试验测试、理论分析、数值模拟及工程应用等多方面入手对其展开深入研究。

自然界中的岩体包含了从微观、细观到宏观等多种不同尺度缺陷的天然损伤地质材料，在冻融环境作用下将会首先在这些天然缺陷处出现应力集中，进而产生进一步的断裂扩展，最终将可能导致岩体工程的失稳和破坏。因此，如何描述循环冻融作用下这些不同层次的缺陷对岩体物理力学特性的影响是目前亟待深入研究的一个重要课题。尽管也有不少学者基于损伤断裂理论对循环冻融下的裂隙岩体力学响应进行了较为深入的研究，并取得了丰硕的研究成果，但是由于岩体工程的复杂性及冻融环境的多变性，目前仍有很多理论和实际工程问题亟待进一步深入研究和解决。为此，本书主要基于岩体是一种同时包含宏观、细观等多种不同尺度缺陷的复合损伤地质材料的观点出发，进而采用损伤及断裂理论对循环冻融下裂隙岩体的损伤演化行为及其力学特性进行深入讨论分析。

本书共分为14章，书中的很多内容为国家重点研发计划项目（2019YFC1509701）、国家自然科学基金项目（41002113/41162009）、北京市自然科学基金项目（8222031）、中央高校基本科研业务费专项资金项目（2652014019/2652015263）、中国地质大学（北京）双一流学科建设项目等的研究成果，在此对各项目的支持深表谢意！

本书得到了中国地质大学（北京）尤其是工程技术学院的各位领导及同事的指导和帮助；同时，书中涉及的成果也包括本人指导的博士及硕士研究生袁小平、邢闯锋、刘冶、阎锡东、袁小清、祝凤金、赵雨霞、葛紫微、丁昊、周振凯、周月智、戴华龙、谢天铖、张帅、彭晗玉、刘星雨、王鹏博、李家达、刘康琦、朱强、吕泽鹏、孙海冰、王文、许宏伟等人的工作，在此一并表示衷心的感谢。

由于裂隙岩体的冻融损伤破坏机理及本构模型研究涉及物理、热学、岩石力学、弹塑性力学、损伤及断裂力学、边坡工程、隧道工程等多个学科和实际工程应用领域，因此，还有许多理论和实际应用问题仍需要进一步探索和研究，加之作者水平及经验所限，书中的疏漏和不妥之处，恳请前辈及同仁不吝赐教！

刘红岩

2022年1月

目　　录

1 绪　　论

1.1 引言

目前全球冻土（包括瞬时冻土、季节冻土和多年冻土三种类型）的面积约为陆地面积的50%，分布区域主要集中在加拿大、美国的阿拉斯加及北欧、俄罗斯和中国等地，而其中约有一半为多年冻土（周幼吾，2000；徐学祖，2001）。我国的多年冻土主要分布在东北大、小兴安岭，西部高山及青藏高原等地，总面积约 2.15×10^6km²，占全国领土面积的22.3%，若包括冻结深度大于0.5m的季节性冻土在内，则总面积高达 6.58×10^6km²，占全国国土面积的68.6%（程国栋等，1982）。同时，赖远明（2009）通过调查认为全世界有 3.576×10^7km² 的多年冻土，约占陆地面积的24%，而在我国，多年冻土和季节冻土分别约占国土面积的21.5%和53.5%以上，二者合计约占国土面积的75%（周家作，2018），我国是世界上第三冻土大国。

我国冻土面积大、分布范围广，同时，广阔的冻土区也富含大量的矿产、生物及旅游等资源，开发潜力巨大，若要在此进行资源开采及工程建设，则必须首先解决由冻土引起的一系列问题。近些年来，随着西部大开发及振兴老东北工业基地等国家战略的进一步深入，国家对西部和东北地区基础设施的投资力度也在不断加大，尤其是近年来随着“一带一路”倡议的推进，越来越多的岩土工程在寒区实施，如正在运营或建设中的青藏铁路、青藏公路、川藏铁路、中俄和中哈原油管道等。然而，在寒区基础设施建设和资源开采过程中，由于冻融而导致的岩土工程问题也屡见不鲜，如俄罗斯高加索地区 4×10^6m³ 的冻层消融滑坡，英国哥伦比亚地区 1.6×10^6m³ 的冻层消融滑坡（Geertsema et al.，2006），意大利Punta Thurwieser地区 2×10^6m³ 的冻层消融滑坡（Dramis et al.，2006）。王绍令（1990）对青藏公路风火山地区的热融滑塌灾害做了细致调查，从此掀开了我国对多年冻层边坡稳定性研究的序幕。2012年3月27日清晨6时50分，由于天气转暖，黄土冻融导致陕西省神木市铧山路附近发生山体滑坡。2013年3月29日，西藏自治区墨竹工卡县甲玛矿由于循环冻融和爆破开采等动载作用导致岩体劣化失稳，引起超过 200×10^4m³ 的边坡滑塌，83名现场作业人员被埋，造成了巨大的生命和财产损失。相关机构对我国已运营的寒区公路隧道进行调查时发现，寒区隧道中有80%以上都存在各种各样的冻害，其中60%为渗漏，约24%出现衬砌混凝土剥落、开裂、沉陷等问题（吴楚钢，2010）。如于 1998 年建成的新疆 217 国道天山段玉希莫勒隧道，长 1007m，当地最低气温-30℃，由于冻结形成冰塞而报废（苑郁林等，2016），等等。

目前，循环冻融对工程造成的危害主要有岩质或土质山体冻融剥蚀、岩块崩裂、滑落甚至滑坡现象；岩体隧道内部衬砌的冻胀开裂及其失稳；路基、建筑地基由于冻融作用引起的岩石底板冻胀抬升和融化下沉；输送油气管道周围岩土体的冻胀效应导致管道受挤压开裂；冻融作用下富含天然气的岩腔强度降低，进而易造成天然气泄漏；对这些灾害进行治理维护需要惊人的费用，因此，由于冻融作用而引发的寒区工程事故已成为一个亟待解决的关键问题。

冻土是指 0℃以下并含有冰的各种岩石和土壤，因此从广义上来说，冻土包括冻结岩石和冻结土壤。而随着研究的不断深入，杨位洗（1998）认为冻土和冻岩应该分别进行研究，这是因为：一方面，岩石在自然环境中不断受到风化剥蚀的作用，分解成大小不均匀的颗粒物，这些颗粒物经过河流、冰川等不同形式的搬运后，开始慢慢形成沉淀物，即土，它其实是岩石风化剥蚀后的产物；而岩石是由一种或多种矿物组成的矿物集合体，这些矿物在形成岩石前都经历了复杂的地球物理及化学作用，同时，由于强烈的地质构造作用等，使其产生了大量的地质构造痕迹如断层、节理裂隙等，而且岩石颗粒间的黏结强度也远高于土。另一方面，土体与岩石虽然材料相似，但本身结构却有较大差异，土体本构模型一般都表现为弹塑性，且塑性是其主要特性，受外力作用后变形较大，且土体的强度大小主要取决于颗粒间的相互作用力，对土的研究多集中于大变形及固结问题；而岩石本构模型多属于弹脆性、弹塑性及流变性模型，且受到同样的外力时，岩石变形一般都要比土体小得多，岩石强度是由结构面和岩块共同决定的，往往前者起的作用更大。最后，对多年冻土或季节性冻土物理及力学性质影响较大的因素是土体内部孔隙水或孔隙冰，而对冻结岩石的物理及力学性质起主要作用的是裂隙水或裂隙冰，并且低温状态下土和岩的导热性、电化学性质、渗透性及其变化规律均不相同。所以，采用传统的冻土理论来研究冻岩问题已经不能满足工程需要，必须将冻岩问题单独作为一个新的方向展开研究。

对岩石冻融的研究是近些年随着寒区岩石工程的日益增多才逐渐发展起来的，因此，其起步较晚，研究相对滞后，但是，随着研究的深入，国内外逐渐意识到采用以往的冻土理论无法很好地解决冻岩问题。为此，国内外学者才逐渐开始了对冻岩问题的研究，目前的研究方法主要是采用试验测试（包括室内模型试验测试及现场原位试验测试）、理论模型和数值模拟等方法，而后通过工程实践对所提出的理论进行验证与推广应用。通过广大学者的不断努力，目前关于岩石冻融的研究主要集中在循环冻融对岩石物理力学性质影响的试验研究、冻胀理论研究、冻融损伤本构模型和数值模拟及工程应用等4个方面，其中工程应用主要集中在岩质边坡及隧道两个工程实践问题。

这里需要说明的是，在早期的研究中通常没有对岩石与岩体进行严格的区分，而随着科学技术与工程实践的发展，目前对岩块和岩体已有严格的区分。作为一门学科，目前的岩石力学通常是既包含岩块的力学问题又包含岩体的力学问题，因此本书约定：岩石为不区分“岩体”和“岩块”时的统称，或者根据语境可以清晰地表明是指岩块；岩体=岩块+结构面；岩体中由结构面分割包围的部分，即是岩块。

1.2 国内外研究现状

与冻土定义类似，这里定义冻岩为温度在0℃以下且含有冰的岩石或岩体。岩石与岩体均是经过长期地质作用而形成的天然地质体，因此，由于地质构造及后期人类工程活动的影响，其内部不可避免地会存在微裂纹、微孔洞等细观缺陷和断层、节理、裂隙等宏观缺陷。这些不同尺度缺陷的存在为水的赋存和流动提供了天然条件，那么，在低温环境下，赋存在裂隙或孔隙内的水将冻结成冰，发生由液态到固态的相变，导致体积膨胀，进而产生冻胀力。当冻胀力达到一定程度时将导致岩石产生变形、损伤，甚至产生新的宏观裂纹，最终使得岩石物理力学性质发生变化。而当温度升高时，冻结冰将融化为水，进而进入新形成的裂纹。如此周而复始的循环冻融将可能导致岩石发生破坏，进而引起相应的岩石工程如岩石边坡或隧道发生失稳破坏。因此，研究循环冻融对岩石物理力学特性的影响规律就成了首要任务，目前主要是采用室内试验或野外现场试验的方法展开研究，已有不少学者对此开展了大量的研究工作。随着试验研究的不断深入，学者们在对试验结果进行分析的基础上，借助于弹塑性力学、损伤及断裂力学、岩石力学、冻土力学等理论对岩石的冻融损伤机理也展开了相应的研究，提出了多种冻融损伤理论并建立了相应的冻融破坏本构模型，进而把岩石冻融破坏机理研究推向了一个个新的高度。试验及理论研究最终是要为实际工程服务的，因此，很多学者逐渐将岩石冻融理论应用于实际岩石边坡及隧道等工程的冻融破坏分析中，预测其破坏模式，并提出了针对性的工程处理措施，为寒区工程建设的顺利开展做出了巨大贡献。

秦世康等（2019）认为岩石与岩体在内部结构、空间尺度及裂隙分布形式等方面均存在着明显差别，因此，其循环冻融损伤劣化机制也存在显著差异，损伤评判标准也有所不同。由此提出应对二者分别进行研究，为此下面就分别针对岩石和岩体这两种研究对象的国内外研究进展进行回顾与评价。

1.2.1 循环冻融下岩石（体）物理力学性质试验研究现状

Winkler（1968）假设岩石冻融过程中孔隙冰体积保持不变，通过试验对冻胀岩石内部孔隙或裂隙水的相变规律进行了研究，研究表明岩石在1个标准大气压、温度为0℃时裂隙水开始发生相变；在1个标准大气压、温度-5℃、-10℃和-22℃时的膨胀力分别为61MPa、113MPa和211.5MPa，远大于普通岩石的强度，因此，这将不可避免地对岩石的物理力学性质造成影响。由于循环冻融对岩石物理力学性质的劣化作用是开展多场耦合、相变机理和损伤模型等研究的基础，且不同的岩石类型、循环冻融条件等都会对冻岩的物理力学性质产生很大影响。因此，对于冻岩物理力学性质这一基础性研究，工作量非常巨大，而且试验周期长，试验成本高，为此，国内外学者对此进行了大量的相关试验研究。

1.2.1.1　*循环冻融对岩石物理力学性质的影响研究*

Fukuda（1974）认为循环冻融次数、冻融最低温度、岩性和含水量是影响岩体冻融特性的主要因素。Fahey（1983）和Prick（1995）研究了循环冻融和干湿循环对页岩的风化作用效应，指出干湿循环对岩石风化影响较小，但也不能忽视，循环冻融作用对页岩风化有很大的影响，其效果是干湿循环的3~4倍。Mastuoka（1990）对1种变质岩、8种火成岩和28种沉积岩进行了室内试验，将岩石半浸在水中进行冻融，发现岩石含水量即使未达到体积膨胀理论上的阈值，也能发生冻融破坏，这是由于它处于开放的含水系统中，说明毛细吸力和孔隙冰的冻胀作用是岩石冻融破坏的内在机制。Bellanger（1993）研究了法国Lorarine地区石灰岩的孔隙率、饱和含水量、渗透率、毛细吸水率等，指出此岩的抗冻性主要与孔隙尺寸、含水状况及水的分布情况有关，并分析了它们之间的相互关系；Nicholsno（2000）对10种赋有原生裂隙的沉积岩进行冻融，分析了原生裂隙对冻岩破坏规律的影响，并归纳了4种冻融劣化模式，同时还说明了无裂隙软岩的破坏方式是随机的。蒋立浩等（2001）通过室内试验研究了花岗岩在不同温度幅值的循环冻融条件下，单轴抗压强度、峰值变形、应力-应变曲线、弹性模量等随循环次数变化的规律。Yamabe等（2001）以日本的Sirahama砂岩作为实验样本，进行了不同温度（+20℃、-5℃、-7℃、-10℃、-20℃）下循环冻融后的单轴压缩实验以及-20℃下不同围压（0MPa、1MPa、3MPa）条件下的三轴压缩实验，结果表明：一次循环冻融下，干燥岩样发生轴向弹性变形，而饱和岩样的变形中有塑性变形，岩石单轴抗压强度随冻融次数的增加而减小，三轴抗压强度随围压的增大而增大。李宁等（2002）在砂岩中预制裂隙模拟裂隙岩体，研究了其在干燥、饱水及饱水冻结情况下的岩体低周疲劳损伤特性。杨更社等（2002；2004；2005）利用CT扫描技术对岩石冻融损伤过程进行了长期试验研究，CT扫描技术可直接唯象观测岩体冻融裂隙扩展，为研究裂隙岩体冻融损伤与扩展提供了新方法。Chen（2004）通过凝灰岩分析了岩石含水量对冻融岩石破坏的影响，发现岩石含水量小于60%时因冻融产生的劣化作用很小，冻融导致岩石破坏时含水量必须不小于70%。刘成禹等（2005）选用吉林花岗岩，在当地最低温度下进行了20次循环冻融，结果表明循环冻融对花岗岩试件质量影响不显著，但对其强度、泊松比及刚度的影响较大。Roa等（2005）对不同种类的花岗岩在温度为-12~20℃区间进行了56次循环冻融，研究了其超声波波速随循环冻融次数的变化规律，结果表明：超声波速随着循环冻融次数的增加而降低，且降低幅度与岩性和循环冻融时间有关，分析认为这是由于循环冻融导致岩石孔隙和微裂隙增大所致。吴刚等（2006）分别对焦作大理岩样在饱水和干燥条件下开展了60次循环冻融，得到了冻融前后大理岩的质量、体积变化、抗压强度、动弹性模量、单轴应力-应变全过程曲线、风化程度系数、抗冻系数、超声波速和声发射参数等，分析了循环冻融后岩石物理力学参数的变化规律。徐光苗（2006）选用湖北页岩和江西红砂岩，分别进行了不同冻结温度（-20~20℃）和不同含水状态（饱和与干燥）的岩石单轴压缩与三轴压缩实验，结果表明：在-20~20℃温度范围内，页岩和红砂岩的弹性模量、单轴抗压强度都随温度降低而增大，但温度变化对红砂岩强度的影响大于其对页岩强度的影响，且岩石的含水状态对冻岩强度影响显著。Sondergld等（2007）研究了某地砂岩在循环冻融后其物理参数的变化情况，结果表明：在6.9MPa和-4~6℃的变化范围时，压缩系数、剪切率、电阻系数变化分别为16%、24%和500%。杨更社等（2010）以陕西某煤矿冻结立井为背景，以现场采集的煤岩和砂岩为代表，进行常温（20℃）和不同冻结温度（-5℃、-10℃、-20℃）条件下的岩石三轴压缩试验，分别探讨了围压对冻结岩石三轴强度特性的影响和冻结温度对于冻岩三轴强度特性的影响规律，并对两种岩样冻结温度的统一性和差异性进行了比较分析。杨更社等（2010）通过开展三向受力条件下煤岩和砂岩冻胀试验后得出，岩石强度随温度降低而增大的主要原因是岩石冻结时矿物收缩，冰的强度和冻胀力提高了富水岩石的峰值强度。Tan等（2011）对花岗岩在-40~40℃下开展了150次冻融循环，研究了冻融后试件轴向应变、抗压强度与围压大小和循环次数之间的变化关系，并对低温和冻融环境下的岩石力学特性研究进行了系统的思考（陈卫忠等，2011）。Yavuz（2011）发现安山岩样的P波速、抗压强度和硬度均随着循环冻融次数的增加而降低，而孔隙率和吸水率则增大，由此可以看出循环冻融对安山岩性质的劣化情况。李杰林等（2012）、周科平等（2012）、许玉娟等（2012）利用核磁共振技术对循环冻融下完整岩石损伤过程中的孔隙率变化和图像分布进行了深入研究，发现岩石孔隙率随着循环冻融次数的增加而不断增大。Liu等（2012）结合青藏铁路工程背景，对花岗岩和安山岩进行了循环冻融试验和超声波检测，结果表明：两种岩石在经历了多次循环冻融后都出现了微细裂纹；超声波波速与循环冻融周期呈指数下降关系，显示了循环冻融对岩石风化的影响以及循环后岩石物理力学参数变化的趋势；同时发现在岩石冻融过程中可能会出现负泊松比。母剑桥等（2013）以花岗岩、砂岩和千枚岩为代表，通过循环冻融试验及电镜微观扫描技术对3种岩石的物理力学性质进行了探究，认为岩石冻融损伤裂化模式主要有两种，一是以硬岩、中硬岩为代表的裂隙扩展裂化模式，二是以软岩为代表的颗粒析出裂化模式，并指出在循环冻融下，硬岩由于水分向内迁移其质量增加，软岩由于颗粒剥落析出其质量减少。Javier 等（2013）对102个碳酸盐岩石试件经历100次循环冻融后的超声波波速、强度、孔隙度等进行了测试和分析，并认为超声波波速是最适合用于评价冻岩损伤程度的参数。Ghobadi 和 Babazadeh（2015）对伊朗西部某地区砂岩试件进行了60次循环冻融试验，结果表明同一地层的岩石风化特性存在较大差异，而且干湿条件对砂岩特性有较大影响。Park 等（2015）利用X射线、CT扫描图像和电子显微镜（SEM）等手段研究了循环冻融下岩石内部细观结构变化，发现随着循环冻融次数的增加，岩石抗拉强度降低，内部孔隙结构迅速破坏。Zhai 等（2017）利用 NMR 和 SEM 分析了煤样内部孔隙的分布特征，发现冻融作用使煤样内部孔隙不断连通、扩展，煤层透气性增强。Jia 等（2015）通过不同饱和度砂岩试件的冻胀变形与单轴拉伸变形对比，不仅说明了砂岩冻胀变形与饱和度有关，而且证明了超过一定饱和度之后的最大冻胀变形将会存在不可逆的残余变形。Han 等（2016）研究砂岩试件在不同化学溶液和快速循环冻融耦合作用下的损伤机理，结果表明砂岩试件的断裂韧性和强度随着循环冻融次数的增加出现不同程度的劣化。Chen 等（2017）对软岩材料试件进行了循环冻融试验，建立了冻融边坡稳定性计算模型，结果表明含水率和循环冻融次数对软岩的力学参数有显著影响。宋勇军等（2019）对20℃、-5℃、-10℃红砂岩进行单轴加载后CT实时扫描，定量研究了冻结岩石的损伤破坏演化规律。为研究循环冻融下砂岩孔隙结构的损伤特征，李杰林等（2019）选取5个岩样进行了100次循环冻融试验，并采用核磁共振技术对砂岩孔隙结构进行了测试，得到了循环冻融下砂岩的核磁共振弛豫时间 T_2 谱分布、孔隙度等细观结构特征。

同时，还有不少学者对冻岩的动态力学特性进行了研究，如 Wang 等（2016；2017）、Li 等（2018）和 Zhang 等（2018）对循环冻融下的岩石动态加载力学特性进行了深入研究，发现岩石的动态强度、杨氏模量和动态峰值应力随着循环冻融次数的增加而减小，能量吸收随着循环冻融次数的增加而增加；砂岩的饱和质量、孔隙度和宏观损伤随着循环冻融次数的增加而增大；红砂岩的力学性能有明显的劣化，其单轴抗压强度和弹性模量的降低比静载荷作用下更为显著。Liu 等（2018）采用分离式 Hopkinson 压杆冲击（SHPB）系统进行了花岗岩巴西劈裂试验，提出了考虑加载速率和循环冻融的动态拉伸强度预测公式。Ma 等（2018）对经历不同冻融次数与冻融周期后的软岩和砂质泥岩进行了 SHPB 动态压缩试验，结果表明这两种岩样的单轴动态抗压强度均随着冻融周期次数的增加呈对数下降趋势。

由此可见，目前循环冻融对岩体物理力学特性影响的试件研究主要考虑了两大方面的因素，即内因（主要包括岩石类型、含水量、试件形状及尺寸等）和外因（主要包括循环冻融次数、冻融温度等试验条件）对岩石物理性质（如质量、孔隙结构特征、导热性、导电性、渗透性等）和力学性质（如静态和动态的抗压、抗拉及抗剪强度、弹性模量、破坏模式等）的影响规律。相信随着工程实践的需要，今后还会针对更多的岩石类型及其相关的其他物理力学性质展开相关类似的研究。

1.2.1.2 循环冻融对岩体物理力学性质影响的研究

由于试验手段及方法的限制，目前的研究仍主要集中在完整岩石块体，而对于内部含有宏观裂隙岩体的研究相对较少。然而，实际工程岩体均含有节理裂隙等不连续面，而这些不连续面也是水分储存和运移的主要通道，因此，这必将导致其冻融损伤破坏模式等与完整岩石有着明显不同。为此，部分学者对节理裂隙岩体开展了循环冻融试验研究。

朱立平等（1997）将进行过干燥、水饱和与 Na_2SO_4 溶液饱和处理的花岗岩（表面含有裂隙）划分为 3 组，通过对 3 组岩样进行冻融前后质量变化测定的研究，发现各组岩样质量均未发生较大变化。李宁等（2001）通过在岩样中预制裂隙的方法，探究了不同含水率下岩体的低周疲劳损伤特性，发现裂隙对所测砂岩的低周疲劳损伤特性有较大影响。路亚妮（2013；2014）通过预制单裂隙的方法对三轴压缩条件下裂隙岩体贯通机制进行了研究，指出裂隙岩体冻融损伤裂化模式主要有龟裂模式、颗粒散落模式和沿预制裂隙断裂模式 3 种，且裂纹贯通模式主要有拉贯通、压贯通、剪贯通和混合贯通 4 种，并指出裂纹的贯通模式主要与裂隙倾角、围压、循环冻融次数等有关。刘红岩等（2014）通过相似材料模拟试验，从节理倾角、节理贯通度、节理条数、节理厚度、节理充填物、试件饱和度和循环冻融次数等多个方面，对循环冻融下节理岩体的物理力学性质及损伤破坏特征进行了较为全面的研究。刘艳章等（2018）通过在类砂岩试件中预制不同倾角的单开口裂隙，分别进行预冷和不预冷饱水裂隙循环冻融试验及冻融后的单轴压缩试验，探究了冻结方式和裂隙倾角对裂隙冻胀扩展过程、断裂破坏特征及单轴抗压强度的影响机制。为探究高寒地区中部锁固型边坡的变形破坏机制，乔趁等（2020）对 3 种不同岩桥角度岩样开展了冻胀力监测试验及不同循环冻融次数下的单轴压缩试验，发现循环冻融过程中岩样裂隙冻胀力的演化过程分为 6 个阶段：前期衍生阶段、陡升阶段、跌落阶段、平稳阶段、融化阶段和消散阶段，获得了不同岩桥角度和不同冻融次数对岩样强度、变形、损伤及破坏模式的影响规律。

由上述研究可知，冻融岩体的相关试验研究更加关注裂隙特征对岩体物理力学性质及损伤程度的影响。目前对冻融岩体的研究主要是通过预制人工裂隙以模拟真实裂隙岩体的方法，通过室内或现场试验探究循环冻融下裂隙的起裂与扩展及其对岩体损伤和劣化模式的影响规律，从而获得裂隙几何形态、空间位置、数量及力学特性等对岩体物理力学性质及破坏模式的影响规律。但是，由于试件尺寸及试验条件的限制，目前对裂隙岩体的研究还有待进一步深入。

1.2.2 冻胀理论及冻岩破坏机理研究现状

岩土体在冻胀作用下往往会发生损伤破坏，主要是由于其内部水分的反复冻融而导致的水分迁移与冻结膨胀，进而对岩体产生冻胀力，导致其产生断裂与损伤。为此，国内外学者对循环冻融下岩石与岩体中的水冰相变过程及水分迁移机制进行了深入研究。由于土体冻胀理论研究较早且较为深入，因此，目前的岩石冻胀理论研究多半是借鉴土体冻胀理论的研究成果，并在其基础上结合岩石与岩体的特点而提出的。下面对目前主要的几个冻岩理论进行阐述（秦世康等，2019）。

1.2.2.1 *岩石冻融损伤理论*

目前，岩石冻融损伤理论主要包括以下几种：

（1）体积膨胀理论。由 Lozinski（1909）和 Bridgman（1912）先后提出并完善，一直用于岩石冻融损伤研究。该理论认为水冰相变过程会产生约9%的体积膨胀，若水所在空间密闭且含水率大于91%，就会产生较大的膨胀力，对岩石内部结构造成破坏。但是该理论认为冰压力的产生必须要有密闭的空间和极高的饱和度，但对于自然状态下的岩石这一条件很难满足（Hallet，2006）。同时，Hodgson 和 Mcintosh（1960）采用冻结后密度变大、但体积缩小的苯进行冻胀试验，在孔隙中依然发现可观的冻胀变形现象，然而体积膨胀理论对其却无法解释，因此，其合理性也逐渐受到了质疑。

（2）静水压理论。最早由 Powers（1945）提出，该理论认为对于表面接近饱和、内部相对干燥的岩石试件而言，表面水的冻结会不断驱使未冻水进入岩样内部，若岩样渗透系数较小或冻结速率较大，冻结过程产生的静水压力达到一定程度就会对岩石造成损伤。该理论在本质上与体积膨胀理论相同，也认为水冰相变过程中产生的体积膨胀是引起岩石损伤的主要原因，因此也存在着理论上的缺陷。

（3）毛细管理论。Everett（1961）基于热力学平衡原理提出了毛细管理论，后来得到了试验验证。该理论认为无冻胀区域的水-冰界面处于动态平衡状态，由于能量转移、温度变化和表面张力差异等因素影响，原本的平衡体系被打破，孔隙间形成压力差。在压力差作用下，分凝机制运行，岩石内部水分开始迁移。虽然毛细管理论阐述了冻结过程分凝冰形成并引起冻胀的原因及水分迁移驱动力的来源，却不能解释不连续冰透镜体是如何产生的。

（4）冻结缘概念与分凝冰理论。20 世纪 30 年代，Taber（1930）提出了分凝冰理论，用于土体冻胀研究，随后 Neill 和 Miller（1985）、Fukuda 和 Matsuoka（1982）、Walder 和 Hallet（1985）等进行了补充验证，该理论被广泛应用于岩石冻融损伤的相关研究中。分凝冰理论认为冰冻区与未冻区之间存在一个含水率与导湿率相对较低的无冻胀空间，该空间被称为冻结缘。若冻结过程中有足够的水分，在分凝势的驱动下，未冻水就会通过冻结缘向冻结区域迁移，冰透镜体随之不断增长，一旦冻结压力超过岩石最大强度，岩石内部结构便会产生损伤。分凝冰理论虽然被广泛接受，但也有学者对其进行不断修订补充。

总之，目前尚没有任何一种理论可以对所有冻融现象做出全面合理的解释。冻结岩石内部不仅含有水、冰、岩等多相介质，而且还有大小不一、形态各异的孔隙和微小裂隙等缺陷，是一个复杂的系统。水冰相变产生约 9%的体积膨胀是客观存在的事实，因此，在早期通常认为这是导致岩土体产生冻胀的主要原因，但是，随着研究的逐步深入，发现虽然其对岩土体的冻胀确实有一定贡献，但是其贡献量却非常小。

近些年来，不少科学家通过深入研究一致认为引起冻胀的主要原因是“水分迁移”，即地层中其他部位的水分向冻胀区迁移，冻土内增加的这部分水冻结后要占据一定的空间，因此岩土体被“撑开”而导致体积增大发生冻胀。

最早是美国科学家 Taber（1930）在 1929~1930 年进行了一系列冻结实验以阐明冻胀与水分迁移关系（见图 1-1）。实验现象说明：冻结过程中，水杯里面的水被某种力“吸”入土试件中，试件里增加的这部分水变成冰进而导致体积增大产生冻胀；其还在另外的实验中将水换成苯，与水冻结后体积增大不同，苯冻结后体积是收缩的，用苯做的实验同样发生了冻胀，因此，排除了冻胀是因为“土中原有水变成冰体积增大”这一原因。

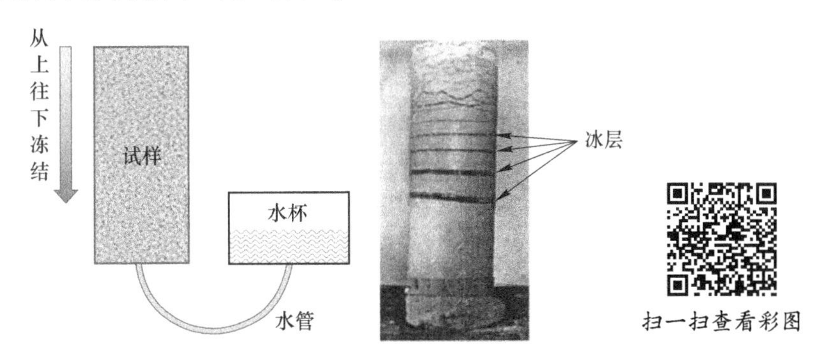

图 1-1　冻胀与水分迁移关系实验示意图

基于该试验，人们逐渐开始接受后两种理论，即毛细管理论和冻结缘理论，后来逐渐发展成为第一、二冻胀理论。第一冻胀理论（毛细管理论）认为在冻结过程中，土颗粒之间的冰水界面也是弯曲的，如同无数根毛细管，在这种毛细吸力作用下水分向上运动到冻土内，最后产生冻胀。第二冻胀理论（冻结缘理论）认为，即使土体温度降低到0℃以下时，土中的水也不是完全冻结的，仍然还有一部分液态水存在，这部分水以水膜的形式被吸附在土颗粒表面，如图 1-2 所示（周家作，2018）。

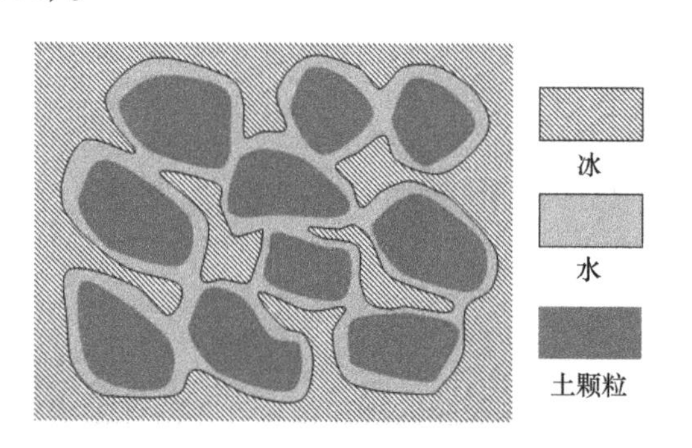

图 1-2　冻土组成示意图

当土中温度分布不均匀时，在冰层（冰透镜体）与未冻土之间有一个冰、水共存的区域称为冻结缘，如图 1-3 所示。冻结缘内的水膜连通时，“热水”和“冷水”就在进行一场拔河比赛，温度低处（上部）水膜薄，土对水的吸附能力强；温度高处（下部）水膜厚，土对水吸附能力弱；因此温度高处的水分向温度低处迁移，最终引起冻胀（周家作，2018）。

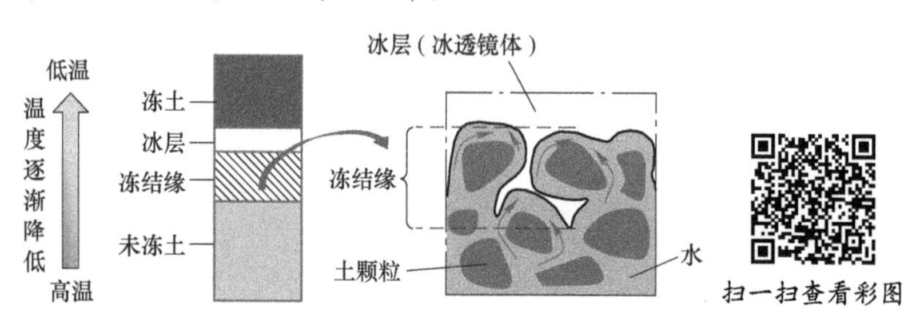

图 1-3　冻结缘理论示意图

但是需要说明的是，岩石冻融损伤并不是单一机制作用的结果，而是多种机制共同作用的结果。因此，认为岩石冻融损伤是在原位水冻胀与迁移水冻胀共同作用下发生的，只是在不同的条件下，起主导作用的机制将会有所不同。

1.2.2.2　岩体冻融损伤理论

大量宏、细观裂隙的存在是岩体的重要地质特征，也是影响岩体强度及工程建设安全性的主要因素。邓红卫等（2013）指出，土与岩体的根本区别就是岩体中含有裂隙，影响岩体冻胀特性的主要因素是裂隙水。水在岩体裂隙中冻结成冰从而产生冻胀力，当冻胀力超过裂隙的扩展阈值时会驱动岩体裂隙发生扩展，甚至导致整个岩体的冻裂破坏。Akagawa 和 Fukuda（1991）通过试验也证明冻土中的分凝势理论同样适用于均匀非裂隙岩体，但对于一般的工程岩体，裂隙的冻胀开裂对岩体的强度起着决定性的作用。因此，如何在岩石冻融损伤研究的基础上，考虑宏、细观裂隙影响，构建冻融过程岩体裂隙中的水分迁移机制就显得至关重要。

如前所述，目前研究认为水分迁移而非水冰相变造成的体积膨胀是引起岩土体冻胀的主要原因，现有的裂隙岩体冻融过程中的水分迁移理论仍是建立在冻土研究的基础之上，根据驱动力的不同，仍分为两类：毛细理论和冻结缘理论，即第一、二冻胀理论。第二冻胀理论与第一冻胀理论最大的区别在于是否认为在冻结区与未冻结区之间存在冻结缘。

刘泉声等（2015）从水分迁移过程驱动力来源的角度出发，对岩体水分迁移理论进行了探究，认为循环冻融下裂隙岩体的水分迁移理论可划分为孔隙介质中的分凝冰理论和裂隙中的薄膜水迁移理论（见图 1-4）。其中，分凝冰理论在上文中已提及，而薄膜水迁移理论认为：冻结岩体水冰界面处存在一层未冻水膜，在未冻水膜压力差作用下，未冻水沿着未冻水膜通道不断向裂隙尖端迁移，一旦未冻水膜上的分离压力超过裂隙抗拉强度，裂隙结构就会发生改变并产生冻胀破坏。

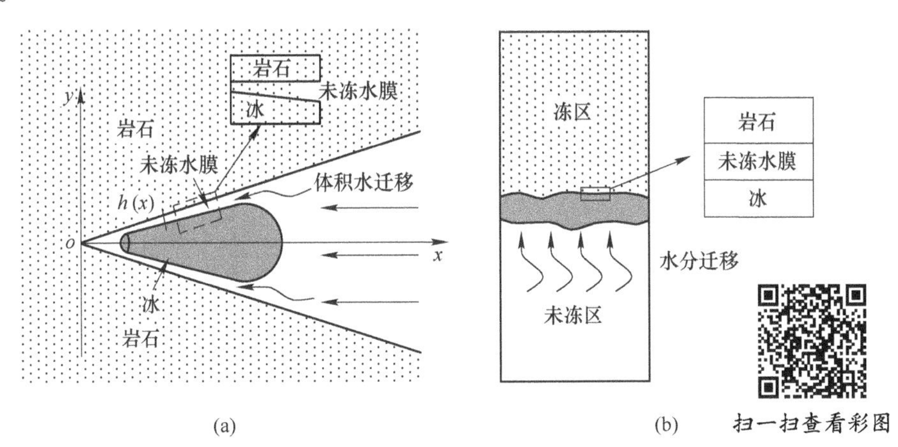

图 1-4 岩体基质和裂隙中的水分迁移

（a）裂隙中的水分迁移；（b）基质中的水分迁移

同时，冻胀引起岩体损伤破坏的力学机制目前也有两种争议性的说法：一是认为水冰相变体积膨胀是导致岩体冻胀开裂的主要原因；二是认为分凝冰的生长是导致这一结果的根本原因，因为在分凝势的作用下未冻区的水分会通过冻结缘向冰透镜体迁移，冰透镜体不断生长，产生更大的冻胀力作用于岩体裂隙，驱动裂隙扩展。而刘泉声等（2015）则认为这两种情况同时存在，即在开放系统下岩体裂隙水在冻融过程中会发生迁移，原位裂隙水和迁移而来的水分共同相变、膨胀，引起岩体裂隙起裂扩展，最终导致岩体损伤破坏；而对于含封闭裂隙的低渗透性岩体，水分迁移过程较慢，原位水的冻结膨胀是岩体冻胀破坏的主要原因，但只有超过临界饱和度的岩体才会引起岩体冻融损伤。

McGreevy 和 Whalley（1985）同样认为，这些冻胀理论并不矛盾，可能在岩体中同时存在，或者在不同的冻结条件下各自占优，并指出在封闭裂隙中，冻胀过程中水分从冻结处被排出形成较高的水压力是导致岩体裂隙产生拉伸开裂的根本原因。

Mellor（1970）和 Akagawa 等（2010）通过大量试验研究也发现，当温度降低时，裂隙水率先冻结成冰，周围岩石块体中所含水分在分凝势和分离压力作用下，发生水分迁移，不断向冻结区域聚集成冰；随着温度的持续降低，岩石块体内部导水效果不好的孔隙（如孤立孔和端闭孔等）中的残余水分进一步冻结成冰；期间裂隙与孔隙在冻胀力和外载荷的反复作用下不断扩展、贯通直至汇聚成更大的裂隙；水冰相变会对岩体造成损伤，此外，由于循环冻融和温度应力的作用，岩体内部水、冰、岩等多相介质的不均匀收缩膨胀也会引起内部裂隙的扩展、汇聚；这些过程最终表现为岩体介质宏观结构损伤和力学特性的劣化，对岩体工程稳定性构成极大威胁。

由此可以看出，由于岩体是裂隙与孔隙并存的双重复合介质，因此其冻融破坏机理也更加复杂，目前的研究还远远不够，需要结合多学科分别从试验、理论分析等多角度对其冻胀理论及冻融破坏机理进行深入研究，以期揭示其冻融破坏机制。

1.2.3　冻岩本构模型及数值模拟研究现状

1.2.3.1　*岩石弹塑性损伤本构模型*

国内外关于岩石损伤方面的理论成果很多，但是也还存在很大的不足。对不同的岩石介质，有不同的损伤理论，对同一种材料，也有很多不同类型的模型，既有连续损伤模型，即连续介质热力学模型，也有细观损伤模型。

图 1-5 为岩石在单轴拉、压载荷作用下的应力应变曲线，可以看出，在两种不同荷载下，岩石的力学特性有很大差异，对于单轴拉伸条件下，其应力应变曲线首先表现为弹性，然后由于拉伸损伤，软化阶段陡然下降。而在单轴压缩条件下，其应力应变曲线首先表现为弹性直至达到初始屈服，然后出现塑性硬化达到屈服极限，最后软化直至发生破坏失去强度。由此可见，对于拉伸载荷，初始屈服强度f_0^+与屈服极限f_u^+相等，即$f_0^+=f_u^+$；而对于压缩载荷，则$f_0^-\neq f_u^-$。针对岩石拉、压屈服特征的不同，不少学者对此展开了研究，如研究人员采用能量释放

率及损伤硬化函数的形式分别表示岩石的拉、压屈服特性（Faria，1998；Wu，2006；Cicekli，2007；Voyiadjis，2008）；针对 Shao 等（1998）提出损伤是微裂隙发展所导致的体积膨胀引起的，Salari 等（2004）认为弹性损伤是由体应变膨胀引起的，用弹性体积应变及塑性体积应变表征能量释放率，从而表示岩石的损伤变量和强度软化模型；Chiarelli 等（2003）认为损伤演化是由于拉伸应变引起的，进而用拉伸应变来表示损伤函数的能量释放率；Jason 等（2006）同时考虑拉伸损伤及压缩损伤，用加权的形式来反映拉压情况不同时的损伤情况；Xue（2007）和 Voyiadjis 等（2008）采用幂函数的形式来表示损伤变量，应用于岩石材料损伤方面。

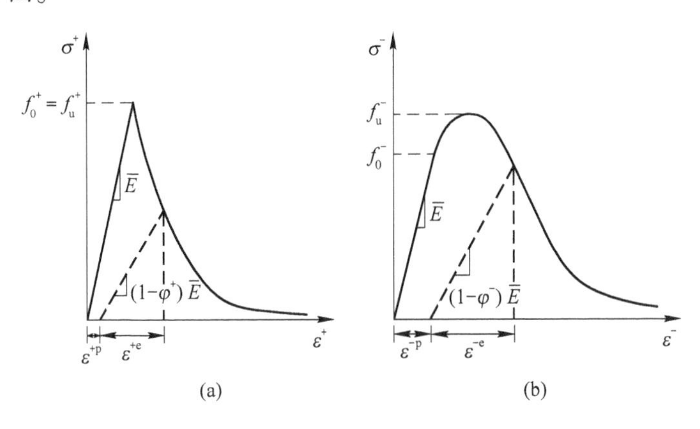

图 1-5 岩石单轴受荷的应力-应变曲线
（a）拉伸；（b）压缩

Lemaitre（1987）、Chaboche 等（1988a；1988b）基于连续介质损伤力学建立的损伤模型形式简单，可以较方便的应用到岩石材料的损伤分析中，但连续损伤模型难以从实质上考虑岩石材料变形过程中细观结构的损伤演化特性，难以真实地反映材料劣化的物理机制，在损伤研究方面不能反映岩石的破坏往往是由于岩石中微裂纹扩展及贯通引起的；因而，结合断裂力学和损伤力学理论来模拟准连续岩体的总体损伤力学响应和岩体断裂失稳的破坏过程是很必要的。对此国内外许多学者对岩体的细观损伤破坏机制进行了广泛的研究并取得了一些可喜的成果，如 Horii（1965）、Krajcinovic（1987）、Ju（1991）和朱维申等（1999）基于细观损伤力学建立的损伤模型，其直接从材料内部微结构出发，能更直观地描述材料变形过程中微缺陷的成核与发展，因而可更明确地对不同的细观损伤机制加以区分。国内对细观损伤理论有大批相关研究，即考虑微裂纹分布、扩展的类岩石材料宏观损伤模型，如朱维申等（1999）通过引入断裂力学和损伤力学理论建立了弹性损伤本构模型并在工程应用上取得了丰硕的研究成果；李术才等（2000）和陈卫忠等（2002）通过建立断裂损伤耦合模型并在围岩稳定性分析中有着很好的应用，对断裂损伤耦合分析也有很好的借鉴意义；周小平（2003a；2003b）、赖勇等（2008）和赵延林等（2010）考虑微裂纹分布、扩展的宏观损伤模型，对岩石类材料的细观损伤理论做了相关研究并取得了许多研究成果。

1.2.3.2 岩石冻融本构模型及数值模拟

岩石冻融本构模型及数值模拟研究一直是寒区岩体冻融损伤研究的关键内容，目前国内外对岩石冻融本构模型及数值模拟的研究主要集中在以下两个方面：（1）损伤本构模型：主要是认为当岩体微裂隙中的水发生冻胀时将产生冻胀力，当冻胀力达到一定程度时将造成微裂隙发生扩展，进而对岩石造成损伤，通过选取合适的损伤变量，以构建岩石冻融损伤本构模型；（2）弹塑性本构模型：同样是以水冰相变为切入点，考虑温度场、渗流场和应力场等多场耦合作用，进而基于弹塑性力学，以应变或应力为基本量，研究循环冻融条件下的岩石本构关系。而后基于上述两类模型，在 ANSYS 或 FLAC 等软件基本框架的基础上开发相应的计算子程序，以实现对上述两种模型计算的程序化。下面分别对二者的研究现状进行阐述。

A 岩石冻融损伤本构模型及数值模拟

如前所述，当岩石充分饱和且处于一定的约束条件下，此时水冰相变产生约9%的体积膨胀，进而将与微裂隙周围的岩石基质相互挤压，产生冻胀力，当冻胀力达到一定值后，微裂隙在冻胀力的作用下将产生起裂、扩展与汇合，进而形成更大的裂隙。当温度升高时，冰将融化为水，并进入新形成的微裂隙中，在低温条件下这些水又将产生冻结。如此周而复始的循环冻融，将不断导致新裂隙的产生和扩展，由此造成了岩石的冻融损伤。为此，不少学者基于此提出了相应的岩石冻融损伤本构模型。

Hori（1998）认为岩石内水分冻结、迁移造成孔隙开裂进而导致岩石强度劣化，其假设水冻结成冰时产生的冻胀力是均匀地作用在孔隙内壁上，把岩石内的孔隙视为相互独立的裂隙，给出了能够反映循环冻融影响的岩石微观断裂力学模型，然后利用有限元模拟了岩体冻融断裂损伤过程；杨更社等（2002）将冻融岩石 CT 数的大小及分布规律与循环冻融次数、冻岩的损伤变量等联系起来，建立了岩石材料损伤断裂本构模型。张全胜（2003）把 CT 数进行统计、分段来计算冻岩的损伤状况，同时将等价应变原理进行推广，在此基础上导出岩石初始状态 CT 数和弹性模量的单轴损伤本构方程，并用算例进行了验证。谭贤君（2010）基于嘎隆拉隧道工程，对隧道岩体试件进行了循环冻融下的单轴与三轴压缩试验，考虑冻融影响的损伤因子，推导了能够反映岩体应力-应变关系的冻融损伤本构模型。张慧梅等（2010）基于细观力学理论与宏观唯象理论，给出了岩石冻融与荷载耦合作用下的损伤演化方程及损伤本构模型。蒋立浩等（2011）开展了花岗岩在不同温度幅值条件下的循环冻融试验，获得了其单轴压缩强度、弹性模量及峰值等与循环次数之间的关系，并基于Loland损伤模型，给出了岩石材料损伤变量表达式。刘泉声等（2011a；2011b）利用等效热膨胀系数法，模拟岩体内部水冰相变过程中的冻胀荷载作用，并结合断裂力学及弹性力学等相关内容，对岩体裂隙尖端应力强度因子及应力场分布规律进行了分析，为裂隙岩体冻融损伤扩展机制研究奠定了基础；谭贤君等（2013）以寒区隧道岩体为背景，结合分凝势理论及损伤力学等相关内容，对寒区岩体的温度场、应力场、渗流场与损伤场之间的相互作用关系进行了分析，最终建立了寒区岩体循环冻融作用下的温度-渗流-应力-损伤（THMD）耦合模型，并进行了工程验证；李新平等（2013）、路亚妮等（2014）通过预制裂隙的方法进行了大量裂隙岩体循环冻融力学试验研究，对裂隙的扩展、贯通机制进行了讨论分析，建立了裂隙岩体冻融受荷损伤模型。阎锡东等（2015）对单裂纹扩展长度与冻胀力之间的关系进行了分析，并从理论上建立了冻融岩石弹塑性本构模型。黄诗冰等（2017）在前人研究基础上，综合考虑冻胀荷载、温度应力和孔（裂）隙几何形态等的共同作用，建立了椭圆孔（裂）隙冻胀力求解模型，并利用改进的热膨胀系数法对岩体裂隙的冻胀开裂特征进行了研究，为冻胀力量值及裂隙扩展演化机制研究奠定了基础。刘泉声等（2015）将孔隙内部冻胀力等效为三轴拉伸应力，并基于三向等效拉应力建立了岩石冻融疲劳损伤模型，并对岩石冻融损伤过程表征参数进行分析，得到了孔隙率与纵波波速相结合的双参数统一损伤变量。贾海梁等（2017）根据循环作用特点，选取可以直接反映损伤程度的孔隙率为损伤变量，将昼夜循环和年度循环分别等效为高周或低周疲劳荷载，建立了循环冻融作用下砂岩高周和低周疲劳损伤模型。

B　*岩石冻融弹塑性本构模型及数值模拟*

另外，还有不少学者从不可逆过程热力学和连续介质力学理论出发，基于冻结温度下岩体的质量守恒方程、平衡方程及能量守恒方程等建立了多场耦合下的岩石冻融弹塑性本构模型。

Hartikainen等（1997）根据Duquennoi提出的理论，考虑冻胀、水热迁移及水分冻结产生的孔隙吸力等因素，给出了水、热、力三场耦合模型，但该模型中有很多参数的意义不太明确，进而难以确定。赖远明等（1999）根据经典传热学理论、渗流理论和冻土力学理论得出了含相变的温度场、渗流场和应力场等三场耦合的数学力学模型及微分控制方程，并通过伽辽金法求出了方程的有限元解，并根据该理论对青海祁连山大阪山隧道的温度场和应力场进行了数值模拟分析；Neaupane（1999）把岩石假设为孔隙热弹性体，利用连续介质力学理论与经典热力学理论，第一个建立了能反映冻融岩体质量、动量、能量的温度-应力-渗流等三场耦合控制方程，且该方程考虑了水的相变作用，作者还对所建立的天然气储存库模型进行了模拟分析。马静嵘等（2004）基于连续介质理论、热传导及质量迁移理论针对软岩特有的水热迁移性质提出了适合软岩的水-热-力三场耦合的数学物理模型，用有限元软件计算了循环冻融下隧道围岩的温度场和应力场，得出了冻胀力分布规律，并与现场实测数据进行了比较。徐光苗等（2004）从不可逆过程热力学和连续介质力学理论出发，推导了冻结温度下岩体的质量守恒方程、平衡方程及能量守恒方程的最终表示形式，初步建立了 THM 完全耦合的理论模型。张学富（2004；2006）针对寒区隧道，研究了三维模型下的温度-渗流耦合和温度-热-力耦合，建立了非线性控制方程的有限元形式，并据此分析了昆仑山隧道与风火山隧道的三维冻融过程。杨更社等（2006）应用 Femlab 软件对寒区大阪山隧道出口段 K106+025 处围岩的温度场和水分场进行了数值模拟，分析了软岩隧道中水-热耦合迁移的规律。谭贤君（2010）针基于嘎隆拉隧道工程，对低温相变岩体，建立了温度-渗流耦合方程，对通风的寒区隧道建立了温度-渗流-应力-损伤（THMD）耦合模型，并进行了数学模型验证。李国峰等（2017）推导了寒区岩体含相变的温度场-渗流场-应力场的耦合简化算法，利用 $FLAC^{3D}$ 对室内岩样开展仿真力学试验，验证了该算法的正确性。Huang 等（2018a；2018b）根据能量守恒定律、质量守恒定律并考虑水冰相变的静力平衡原理，推求了低温冻结岩体热-水-力完全耦合控制方程，并应用于寒区隧道的稳定性分析中。刘乃飞（2017）建立了高海拔寒区裂隙岩体的应力-渗流-温度-化学四场耦合数学模型，基于自行开发的 4G2017 岩土工程仿真软件建立了典型寒区岩体工程模型。Shen 等（2018）对准砂岩试件进行了从 20～-20℃ 的循环冻融试验，建立了考虑潜热效应的表观热容模型，并将该模型嵌入 COMSOL 程序中，模拟了岩体内部温度场的变化规律。

1.2.3.3　*岩体冻融本构模型及数值模拟*

针对岩石冻融本构模型未能考虑节理、裂隙等天然缺陷的不足，国内外学者从试验、理论及数值模拟等多方面对岩体冻融本构模型进行了研究。Davidson 等（1985）利用透明材料预制狭槽模拟裂隙岩体的方法，对冻胀力大小及冻胀力与冻结速率之间的关系进行了探究，试验测得水冰相变过程中宽度为 1mm 的饱和裂隙最大压力可达 1.1MPa，发现裂隙中冻胀力的大小与冻结速率之间呈线性相关关系，但试验过程预制狭槽与外界相通，所测结果与实际岩体可能会有所不同。Matsuoka（2001）通过对岩体循环冻融过程进行系统分析，认为在分凝冰机制作用下裂隙扩展是岩体损伤劣化的主要因素。Nakamura 等（2011）则通过试验探究了裂隙岩体冻胀力与冻结温度之间的关系。刘泉声等（2011a；2011b）运用双重孔隙介质模型理论，根据质量守恒定律、能量守恒定律及静力平衡原理，得出冻结条件下裂隙岩体的温度场-渗流场-应力场耦合控制方程，并在 $FLAC^{3D}$ 程序框架内开发了基于该本构模型的动态链接库文件。李新平（2013）、路亚妮等（2014）通过对含有预制裂隙的岩样进行不同循环冻融次数下的三轴压缩试验，探究了冻融裂隙岩体裂缝的贯通机制，并对裂隙贯通模式与裂隙倾角、围压及循环冻融次数之间的关系进行了研究。夏才初等（2013）综合考虑岩石冻胀与裂隙冻胀，对寒区隧道岩体冻胀率取值及冻胀敏感性分级进行了研究。袁小清等（2015）针对寒区节理岩体，提出了冻融细观损伤、受荷细观损伤与节理宏观损伤的概念，并基于 Lemaitre 应变等效假设，推导了冻融受荷条件下考虑节理岩体宏细观缺陷耦合的复合损伤变量，并以完整岩石的初始损伤状态作为基准损伤状态，建立了节理岩体冻融受荷损伤本构模型。

由此可见，当考虑了岩体中的宏观裂隙之后，其冻融破坏机理与宏观完整岩石有着明显区别，而且其冻融破坏机制也更加复杂，而目前关于该方面的研究还远远不够深入，因此，为了更好地指导冻区岩体工程的设计与施工，非常有必要对裂隙岩体的冻融破坏机理及本构模型进行更为深入的研究。

1.2.4 冻岩理论工程应用研究现状

寒区隧道的岩土工程一般都不可避免地会受到冻融作用的影响，而在冻融作用下岩质边坡或隧道会出现冻融滑塌、冻胀引起的衬砌开裂等工程问题，因此下面就以边坡和隧道工程为例，对冻岩理论在工程中的应用现状进行阐述。

1.2.4.1 冻岩理论在边坡工程中的应用

由于边坡大多处于开放的自然环境中，因此，寒区的昼夜及冬夏交替都会影响到岩质边坡的温度场、应力场等，进而对其造成不同程度的冻融破坏，最终导致边坡失稳。为此，不少学者从不同的角度对该问题进行了深入的研究。冯守中等（2009）对高寒地区路堑边坡的破坏机理进行了分析，并提出了确保公路路堑边坡稳定的有效措施及相应的计算方法。张永兴等（2010；2011）推导了典型岩石边坡在极端冰雪条件下的滑移稳定系数的表达式，认为裂隙冰的存在使顺层岩质边坡的滑移稳定系数明显降低，因此，裂隙冰冻胀力是顺层岩质边坡发生滑移失稳的主要诱因之一。杨艳霞等（2012）针对 2008 年初我国南方罕见的极端冰雪条件下的岩土坡体崩塌问题，运用岩土体的水分场、温度场及应力场三场耦合基本理论，采用 $FLAC^{3D}$软件对饱和状态下的岩质边坡进行数值模拟计算，从冻结深度及冻胀变形两个方面揭示了南方极端冰雪灾害条件下崩塌形成机理。乔国文等（2015）通过模型试验及数值模拟研究表明，岩体结构面受冻融影响程度远大于岩块，而且岩体结构面性质决定了冻融风化特性；冻融条件下，边坡温度场受控于温度、温差、边坡坡面形态及主控结构面分布情况。裂隙内水冰相变导致的冰劈效应是边坡冻融破坏的主要破坏形式。徐拴海等（2016）全面地总结了含冰裂隙岩体的强度特性及冻岩边坡普遍性的变形失稳特点，提出寒区冻岩边坡失稳机理为冰-岩系统在热侵蚀和荷载共同作用下的热-力耦合结果。师华鹏等（2016）基于改进的水压分布假设，建立了临河岩质边坡在冻胀作用、静水压力和流水淘蚀等多因素影响下失稳的概化理论模型，并利用极限平衡理论推导出了极端天气下临河岩质边坡倾覆稳定性的无量纲表达式，进而重点分析了各影响因素对边坡倾覆稳定性的影响。闻磊等（2017）根据边坡温度梯度分布特征将冻融区的岩体进行了分层，随岩层深度赋予不同岩体属性进行建模计算，发现冻融前后边坡稳定性系数变化明显，冻融对边坡稳定性产生了显著影响，并很好地解释了边坡表层的滑移破坏模式，与实际吻合较好。董建华等（2018）建立了框架锚杆支护冻土边坡的水-热-力耦合计算模型，并采用有限元法计算得出了边坡温度场、水分场、应力场和支护结构冻融反应的分布规律，结果表明框架锚杆支护冻土边坡时，建议支护结构应按冻胀工况进行设计和计算。王晓东等（2018）基于木里聚乎更矿区冻岩露天煤矿边坡的调查分析，总结归纳了该区冻岩边坡的破坏现象和类型，发现循环冻融作用下冻岩边坡的破坏模式基本为浅表部渐进式破坏。李国锋等（2019）采用“含相变三场耦合”简化算法和理想边坡模型，探究了边坡冻融局部损伤破坏演化过程，认为各影响因素对边坡局部有效屈服区的影响程度由大到小依次为：冻结温度、坡高、循环冻融次数、热膨胀系数、孔隙率。Liu 等（2019）通过现场实测及理论分析研究了西藏多年冻土区高速公路路堑边坡的地温和坡体变形的变化规律。

1.2.4.2　冻岩理论在隧道工程中的应用

在寒冷地区开挖隧道以后，原有稳定的封闭热力系统遭到破坏，代之以开放的通风对流及没有太阳热辐射的新的热力系统，从而使隧道围岩处于季节或多年冻土（岩）的环境条件下。当围岩裂隙和孔隙中的水冻结时，发生体积膨胀，这种体积膨胀受到隧道衬砌和未冻岩体的约束时，冻结围岩便对隧道衬砌产生作用力，这就是围岩冻胀力。冻胀力在本质上属形变压力，与坍塌岩块重力引起的松散压力相比，它有两个显著特点：冻胀力的量值同结构的刚度有关；冻胀力的量值和分布同周围冻融介质有关。在硬岩隧道中，由于岩石本身无冻胀或者冻胀很小，可忽略不计，衬砌结构所受的冻胀力主要是由衬砌与围岩之间积存的水体冻胀引起的。

通过对已建成的寒区隧道进行调查后发现，在日本北海道和我国东北地区发生严重冻害现象的隧道中，80%以上是岩质隧道。《铁路隧道设计规范》（TB 10003—2016）中也明确规定最冷月平均温度低于-15℃和受冻害影响的隧道要考虑冻胀力的作用。

赖远明等（1999）利用弹性、黏弹性相应原理提出了寒区隧道衬砌-正冻围岩-未冻围岩系统冻胀力在拉氏象空间中的有关算式，并采用数值逆变换法，得出了隧道冻胀力和衬砌应力。吴剑（2004）利用有限元程序 ANSYS 分析了隧道不同埋深、不同冻结圈厚度和不同冻胀率条件下，衬砌结构的变形特征曲线和结构内力分布特征。马静嵘等（2004）基于软岩的水-热迁移机理，提出了软岩水-热-力耦合的基本数学模型，最后用 ANSYS 软件模拟了隧道围岩温度场与应力场，得到了隧道围岩冻胀力的分布趋势。范磊等（2007）根据寒区硬岩隧道冻胀力产生的机理，推导了冻胀力的计算公式，并由此得出冻胀力的分布规律服从正态分布，认为冻胀力随衬砌结构弹性当量系数的增大而增大，说明衬砌结构刚度的增加对抑制冻害不利，因此衬砌结构宜柔不宜刚。吕树清（2008）运用弹性理论建立了软岩隧道冻胀力的计算方法。高志刚等（2008）对岩石物理力学特性和隧道冻胀力计算方法进行了研究，提出了几种冻害防治方法：改变岩石物理力学性质、减少孔隙水和提高隧道温度等。宋天宇（2014）通过数值模拟方法得出了隧道衬砌背后不同位置局部积水时的冻胀力分布规律，并通过调整相关参数得出了衬砌刚度和围岩冻胀率等与冻胀力的关系。渠孟飞等（2015）把隧道板岩视为裂隙介质，通过室内模型试验，研究了水分迁移过程中的冻胀力。黄继辉等（2015）根据寒区隧道围岩的不均匀冻胀性推导出了考虑围岩不均匀冻胀性的寒区圆形隧道冻胀力的解析解。高焱等（2017）通过研究寒区隧道衬砌结构冻胀力的产生机理，认为冻胀力是围岩整体冻胀和局部冻胀共同作用的结果，并推导了冻胀力的计算公式，认为寒区隧道衬砌结构“宜柔不宜刚”，增加衬砌厚度来预防冻胀力效果不明显，建议采用钢筋混凝土结构。黄诗冰等（2018）考虑温度应力对椭圆孔（裂）隙形变的影响，推导了椭圆孔（裂）隙中的冻胀力解析方程；并采用改进的等效热膨胀系数方法对隧道单裂隙围岩冻胀力与裂隙尖端应力场进行了数值分析。王志杰等（2020）通过室内试验、温度测试和 COMSOL 数值模拟相结合的方法，以 2022 年冬奥会重大交通保障项目金家庄特长螺旋隧道为依托建立了仅考虑围岩冻胀力的计算模型，研究了相变潜热和围岩含水裂隙对衬砌结构和围岩内力的影响。夏才初等（2020）对寒区隧道冻胀力进行了较为深入的研究，其将冻胀力计算方法分为 3 类，即基于含水风化层冻胀模型、衬砌背后积水冻胀模型和冻融圈整体冻胀模型，而后对这些方法及其基于的假定与适用性进行了系统的分析总结。Lv 等（2020）针对承受非轴对称应力及横观各向同性冻胀的隧道围岩，提出了一种求解冻胀力及应力分布的解析法。

1.3 研究现状评述及分析

由目前的研究现状可知，关于冻岩的研究已经取得了很大的进展，从研究对象上来说，由最初完整岩块到目前的裂隙岩体；从研究内容上来看，由最初的主要针对循环冻融对岩石物理力学的影响到目前的应力-温度-渗流等多场耦合问题；从研究手段上来看，由最初的以试验为主到目前的试验、理论模型及数值模拟、工程应用等相结合的多种研究手段。从研究深度上来看，由最初的试验及理论等室内研究，逐渐发展到目前的能够指导工程实践的应用研究。总之，经过近几十年的发展，冻岩的研究取得了巨大的成果，多种现代化的检测手段和理论工具都已获得了一定的应用。

由于本研究的主要目的之一是建立相应的冻岩本构模型，因此首先对岩石的本构模型研究现状进行了回归和分析，发现仍存在以下问题：

（1）国内外学者的大多数岩土等材料宏观硬化/软化模型通过引入塑性内变量，考虑塑性内变量对硬化函数的影响，把硬化函数修改为反映材料应变硬化/软化性质的函数（Borja，2003；Tu，2009），以此来表示材料的软化状态，但是由于忽略了微裂隙所导致的体积变形对材料性质的影响，因此不能反映岩石单轴拉伸和压缩所表现的初始屈服强度 f_0 与屈服极限 f_u 的差异。损伤软化方面，如 Simo 等（Simo，1987a；Simo，1987b）借助于用损伤内变量来表示对材料弹性性质的影响来模拟软化现象，但是这种方法不能表示岩石或者混凝土在压缩状态下的非线性体积膨胀等性质，而且也不能表示初始屈服强度 f_0 与屈服极限 f_u 之间的关系。

（2）关于裂纹尖端塑性区形状和大小的研究，由于岩石等岩土材料体应力，即应力张量第一不变量 I_1 对岩土材料的屈服有很大影响，故 Mises 屈服准则不能很好地描述岩土材料性质。Drucker-Prager 准则考虑了体应力对岩土材料屈服的影响，因此，基于 Drucker-Prager 屈服准则，开展的复合型裂纹塑性区形状和大小的研究是一种有益的探索。

（3）Huang（Huang，2002；Huang，2003）、Paliwal（Paliwal，2008）等用断裂理论及裂纹扩展速度建立了动态弹性损伤细观裂隙模型，Graham-Brady 等（2010）在此基础上用断裂理论建立了裂纹静态稳定扩展弹性损伤模型来表示岩石类材料单轴压缩状态下的应力-应变关系，但是由于没有考虑岩石变形过程中的宏观塑性变形，故不能反映围压等对岩石塑性的影响。

（4）连续介质损伤模型难以从实质上考虑岩石材料变形过程中细观结构的损伤演化特性，难以真实地反映材料劣化的物理机制，不能反映微裂纹断裂扩展规律、分布密度及岩石的损伤演化规律。

其次，尽管关于冻岩的研究已经取得了丰硕的成果，但是据目前的研究现状来看，仍存在以下几个方面的不足：

（1）从研究对象上来看，目前的研究仍主要是以完整岩石为主，尽管对裂隙岩体的研究已经有所涉及，但是由于裂隙岩体的复杂性，导致对循环冻融条件下裂隙岩体的研究，包括试验研究、冻融损伤本构模型研究及数值计算、裂隙冻胀力的研究等，还远远不够。而实际工程中的岩体均为裂隙岩体，因此导致目前的研究成果仍无法直接应用于工程实践。

（2）从研究内容上来看，目前的研究仍多以室内试验为主，在此基础上并结合弹塑性理论、损伤及断裂理论、岩石力学等建立了相应的冻融损伤本构模型或弹塑性模型。然而如前所述，岩石或岩体的冻融破坏在很大程度上是由于微裂隙或宏观节理、裂隙在冻胀力的作用下起裂、扩展、汇合所致，因此，对循环冻融作用下微裂隙扩展演化过程进行研究才能更深入地了解和掌握裂隙岩体的冻融破坏本质，而目前的研究对此还显得不够深入。同时，由于岩体是由岩块和节理裂隙网络所组成的复合介质，而岩块则含有微裂隙等细观损伤，因此 Liu 等（2015a；2015b）、赵怡情等（2015）、张力民等（2015）均提出了同时考虑宏细观两类不同尺度缺陷的节理、裂隙岩体损伤本构模型，而目前的裂隙岩体冻融损伤本构模型则很少考虑两类不同尺度缺陷的共同影响。

（3）关于冻融损伤理论的工程应用问题。如前所述，目前的应用研究主要集中于岩质边坡和隧道的冻胀问题，其中关于隧道衬砌冻胀力的计算中则很少考虑循环冻融条件下冻胀力随循环冻融次数的变化规律，目前的研究多仅考虑初始冻胀条件下的冻胀力，这显然是不够的。

总之，由于实际工程中的岩体都含有大量的结构面，所以在岩体的循环冻融力学特性研究中应基于这一客观事实，重点考虑裂隙岩体的特殊性，进而采用试验、理论分析及数值模拟等手段对其展开研究，以期获得循环冻融对裂隙岩体物理力学特性及破坏模式的影响规律，进而提出相应的冻融损伤断裂本构模型，最终为寒区工程建设提供一定的理论指导与技术支持。

1.4 本书主要研究内容及方法

基于目前的国内外研究现状及存在的问题，本书的主要研究内容如下：

（1）裂隙岩体的循环冻融试验研究。主要采用室内相似材料模型试验对裂隙岩体在循环冻融条件下的力学特性及破坏模式进行研究，探讨循环冻融对裂隙岩体物理力学性质的劣化作用，从试验角度揭示裂隙岩体的冻融损伤破坏机理，进而为后续理论模型及数值模拟研究奠定基础。

（2）岩石弹塑性损伤本构模型研究。鉴于岩石中往往存在微裂隙，因此，应同时考虑宏观塑性及损伤对岩石细观力学性能的影响，即在微裂隙扩展的基础上考虑岩石基质的塑性变形对岩石力学特性的影响，从而建立相应的岩石弹塑性损伤本构模型，则是一个很有意义的探索。

（3）循环冻融条件下裂隙岩体本构模型研究。针对前人研究中存在的不足，拟从以下两个方面开展循环冻融条件下裂隙岩体的本构模型研究工作。首先，从微裂隙或宏观裂隙在冻胀作用下的细观受力特征出发，揭示岩石或岩体的冻融损伤细观力学机制，进而建立相应的冻融损伤细观本构模型。其次，由于岩体是由岩块和节理裂隙网络所组成的复合介质，而岩块含有微裂隙等细观损伤，因此 Liu 等（2015a；2015b）、赵怡情等（2015）、张力民等（2015）均提出了同时考虑宏细观两类不同尺度缺陷的节理裂隙岩体损伤本构模型。为此，本书基于这一思路提出同时考虑宏细观两类不同尺度缺陷的裂隙岩体冻融损伤本构模型。

（4）冻融损伤理论的工程应用研究。本研究拟首先根据循环冻融作用下的岩石细观损伤特征，认为循环冻融造成的岩石强度降低主要是由于循环冻融造成了岩石微裂隙扩展，进而导致岩石孔隙率的增加，最终在宏观上表现为岩石强度和弹性模量的降低。相比之下，组成岩石的矿物颗粒的性质基本未发生明显变化，由此通过循环冻融导致岩石孔隙率的增加来模拟循环冻融对岩质边坡稳定性的影响。而后针对岩石隧道的冻胀问题，基于循环冻融下的微裂隙扩展机理，提出循环冻融下考虑微裂隙扩展的冻融岩体损伤演化规律，进而在基于弹性力学的隧道围岩冻胀力计算方法的基础上，提出考虑循环冻融下的隧道围岩冻胀力计算公式。

2 循环冻融下裂隙岩体物理力学特性试验

2.1 引言

在寒区工程建设及运营过程中，循环冻融造成的工程事故已经成为制约工程质量和进度的关键问题之一，同时也是导致寒区工程灾害频发的重要原因之一。同时随着交通工程、资源开采等项目的不断实施，越来越多的寒区工程都将会涉及冻岩问题。循环冻融对寒区岩体造成破坏的主要物理力学过程为：天然岩体结构中都含有一定的孔隙及裂隙水，在外界气温交替变化下，岩体内的水反复发生水-冰相变，体积出现交替的膨胀和收缩，进而使岩体微观上产生损伤、宏观上出现碎裂甚至失稳破坏等现象（赖远明，2000）。因此，温度反复变化引起岩体内部孔隙水发生水-冰相变是一个复杂的物理力学过程：一方面，岩体内的水发生相变不仅受温度的影响，还同时受到岩石内孔隙压力、盐分等的影响；另一方面，由于未冻孔隙水和冰的共同存在，使岩石的某些物理及力学特性发生变化，如导热性、体积热容、渗透性、强度与变形规律及破坏模式等。

由于裂隙在岩体内普遍存在，所以任何寒区岩体工程的冻融问题都不能忽略裂隙的影响。目前，有关冻融环境下岩石力学特性的研究，虽已有较丰富的探索并取得了丰硕的研究成果，但所选用的试件绝大多数都是完整的岩石试件，而很少涉及含裂隙的岩体试件，而由于实际工程岩体均为裂隙岩体，因此将完整岩石试件的试验结果应用于裂隙岩体试件难免会存在一定的误差，所以，研究寒区裂隙岩体的物理力学性质随循环冻融的变化规律及其理论模型是很有必要的。

为此，针对目前的研究极少全面考虑裂隙倾角、贯通度、条数、充填物厚度、试件饱和度及循环冻融次数等多种因素对岩体循环冻融后物理力学特性影响的现状，本章重点开展多种不同工况下的裂隙岩体循环冻融试验，首先对经历冻融循环后的岩体试件损伤破坏进行宏观描述，然后在此基础上采用材料拉压试验机对冻融后的岩体试件进行单轴静载压缩试验，基于单轴压缩应力-应变曲线重点从单轴抗压强度、弹性模量及单轴压缩破坏模式等角度研究上述因素对裂隙岩体冻融破坏的影响规律；同时采用声波测试仪、扫描电镜等对裂隙岩体冻融破坏的细观特征进行分析。

2.2 裂隙岩体循环冻融试验

2.2.1 试验方案设计

根据研究目的，设计表 2-1 所示的试验方案。

表 2-1 试验方案设计

试验工况	类别	
	试件制作	试件编号
裂隙倾角	ϕ50mm×100mm 试件、一组贯通裂隙、充填石膏、裂隙厚度 2mm，饱和，冻融 50 次	0°：1-1-1，1-1-2，1-1-3，1-1-4
		30°：1-2-1，1-2-2，1-2-3，1-2-4
		45°：1-3-1，1-3-2，1-3-3，1-3-4
		60°：1-4-1，1-4-2，1-4-3，1-4-4
		90°：1-5-1，1-5-2，1-5-3，1-5-4
裂隙贯通度	ϕ50mm×100mm 试件、一组 0°贯通裂隙、充填石膏、裂隙厚度 2mm，饱和，冻融 50 次	全贯通：2-1-1，2-1-2，2-1-3，2-1-4
		1/4 贯通：2-2-1，2-2-2，2-2-3，2-2-4
		1/2 贯通：2-3-1，2-3-2，2-3-3，2-3-4
		3/4 贯通：2-4-1，2-4-2，2-4-3，2-4-4
裂隙条数	ϕ50mm×100mm 试件、0°贯通裂隙、充填石膏、裂隙厚度 2mm，饱和，冻融 50 次	无裂隙：3-1-1，3-1-2，3-1-3，3-1-4
		1 组：3-2-1，3-2-2，3-2-3，3-2-4
		2 组：3-3-1，3-3-2，3-3-3，3-3-4
		3 组：3-4-1，3-4-2，3-4-3，3-4-4
裂隙充填物厚度	ϕ50mm×100mm 试件、一组 0°贯通裂隙、充填石膏、饱和，冻融 50 次	2mm：4-1-1，4-1-2，4-1-3，4-1-4
		4mm：4-2-1，4-2-2，4-2-3，4-2-4
		6mm：4-3-1，4-3-2，4-3-3，4-3-4
		8mm：4-4-1，4-4-2，4-4-3，4-4-4
裂隙充填物类型	ϕ50mm×100mm 试件、一组 0°贯通裂隙、充填、裂隙厚度 2mm，饱和，冻融 50 次	水泥浆：5-1-1，5-1-2，5-1-3，5-1-4
		石膏：5-2-1，5-2-2，5-2-3，5-2-4
		黏土：5-3-1，5-3-2，5-3-3，5-3-4
试件饱和度	ϕ50mm×100mm 试件、一组 0°贯通裂隙、充填石膏、裂隙厚度 2mm，冻融 25 次	干燥：6-1-1，6-1-2，6-1-3，6-1-4
		饱和度 0.3：6-2-1，6-2-2，6-2-3，6-2-4
		饱和度 0.6：6-3-1，6-3-2，6-3-3，6-3-4
		饱和：6-4-1，6-4-2，6-4-3，6-4-4

续表 2-1

试验工况	类 别	
	试件制作	试件编号
循环冻融次数（裂隙岩体）	ϕ50mm×100mm 试件、一组 0°贯通裂隙、充填石膏、裂隙厚度 2mm，饱和	不冻融：7-0-1，7-0-2，7-0-3，7-0-4
		冻融 25 次：7-1-1，7-1-2，7-1-3，7-1-4
		冻融 50 次：7-2-1，7-2-2，7-2-3，7-2-4
		冻融 75 次：7-3-1，7-3-2，7-3-3，7-3-4
		冻融 100 次：7-4-1，7-4-2，7-4-3，7-4-4
循环冻融次数（完整岩体）	ϕ50mm×100mm 试件、无裂隙、饱和	冻融 25 次：8-1-1，8-1-2，8-1-3，8-1-4
		冻融 50 次：8-2-1，8-2-2，8-2-3，8-2-4
		冻融 75 次：8-3-1，8-3-2，8-3-3，8-3-4
		冻融 100 次：8-4-1，8-4-2，8-4-3，8-4-4

注：以上试件中编号 1-1、2-1、3-2、4-1、5-2、6-4、7-2 均属同一试验条件，试验中只需一组试件，即 7-2。

2.2.2 试件制作

试件采用相似材料进行制作，该相似材料是由水泥、砂、水等三种材料按照质量比为 4.5∶4.5∶2 进行配比、混合、搅拌而成。试件制作成圆柱形，直径 50mm，高度 100mm，符合国际对单轴压缩实验试件长径比的要求（2~2.5）。制作试件的模具为不锈钢管，刚度大，保证试件成型过程中不发生变形。每根钢管的长度为 100mm，内径为 50mm。

试件制作方法：将钢管模具直立于水平表面平整的平台上，将拌好的相似材料注入钢管内，其间用钢锯条充分搅动，使其中的气泡及时排出，确保相似材料黏结紧密。注浆前，在钢管内壁均匀涂抹油脂，方便试件硬化后取出。待试件养护完毕后，按照表 2-1 中对试件的要求，用切割机制作相应的裂隙岩体试件。

试件制作进度：每天制作试件 10 个，第二天从钢管中取出，检查试件外形，若出现肉眼可识别裂纹，则舍弃。完好的试件置于室内，常温下浇水养护 28 天，如图 2-1 所示。

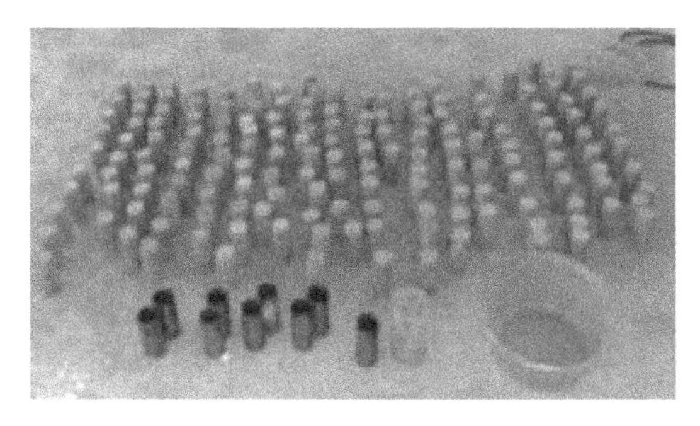

扫一扫查看彩图

图 2-1 制作好的部分试件及模具

2.2.3 试验流程

将养护好的试件按照表 2-1 所示要求进行分组、编号。冻融前，将试件置于盛水容器内 24h，水面淹没试件，而后取出并用湿抹布擦去试件表面积水。特别是对于表 2-1 中的第六种工况，试件在冻融前应置于烘干箱内 48h，箱内温度设置为 103℃，以确保试件完全干燥。48h 后取出试件，用电子天平称其质量，并记录。然后再置于盛水容器内，水面淹没试件（见图 2-2），以使试件吸水。根据经验，一定时间后取出并用湿抹布擦去试件表面积水，用电子天平称其质量，并记录。通过对比计算试件的干燥质量与吸水后的质量，计算出试件含水量，从而获得饱和度为 0.3、0.6 的试件。值得说明的是，在此过程中可能需要进行多次质量测试，才能获得符合该饱和度的试件。

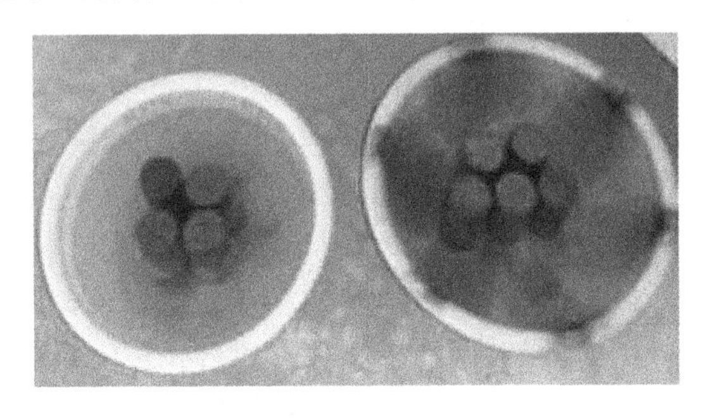

扫一扫查看彩图

图 2-2　饱和试件

以上步骤完成后，将试件放入预定温度为-20℃的 DW-25W198 型微特冷冻试验箱（如图 2-3（a）所示，箱内可调温度范围-10～-25℃）中进行冻结，记录放入时间，12h 后取出，然后放入预定温度为+20℃的 YH-40B 型恒温恒湿养护箱（如图 2-3（b）所示，恒湿范围>40%，恒温范围 0～99℃可调）中进行热融，12h 后取出，此为一个循环冻融。为保证试验温度，冷冻箱及养护箱应提前

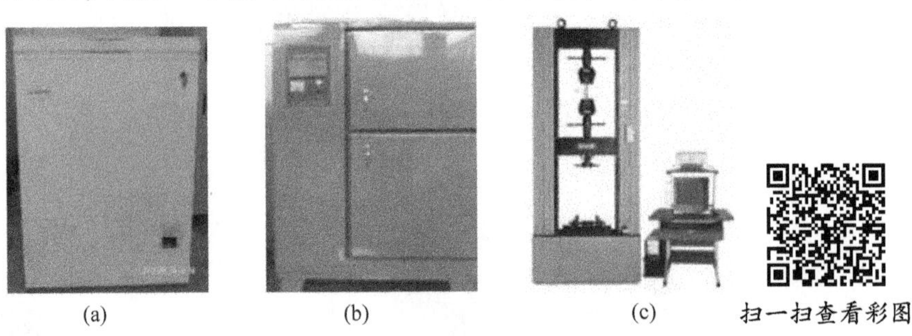

图 2-3　试验仪器

（a）冷冻试验箱；（b）热融箱（恒温恒湿养护箱）；（c）三思万能试验机

开启，以确保试件放入时的温度已达到试验要求的设定温度。然后，对达到规定循环冻融次数的试件在常温放置两天后，利用 SANS/CMT5105 型材料试验机（如图2-3（c）所示，最大加载力为 100kN）进行单轴压缩试验。试验前在试件端面涂适量黄油，以减小试件端部与刚性承压板之间的摩擦约束。

2.2.4　试验结果及分析

2.2.4.1　裂隙倾角不同时

在最初的试验方案中，充填物为石膏，但由于石膏在循环冻融过程中吸水后易发生软化流动，从而造成试件沿裂隙面上下错动，无法进行压缩试验。因此针对这种情况，将裂隙充填物改用为水泥。

不同裂隙倾角试件的冻融破坏形态和单轴压缩试验结果分别如图 2-4～图 2-7和表 2-2 所示。由试验结果可知：

（1）试件冻融后的破坏形态。裂隙倾角为 0°的裂隙试件在循环冻融 50 次后，与冻融前的表观形态区别不大。裂隙倾角为 30°、45°、60°、90°的裂隙试件在循环冻融 50 次后，在裂隙位置处均出现裂纹。其中，裂隙倾角为 30°的试件在裂

(a)　(b)　(c)　(d)　(e)

扫一扫
查看彩图

图 2-4　不同裂隙倾角裂隙岩体循环冻融 50 次后的形态

（a）0°；（b）30°；（c）45°；（d）60°；（e）90°

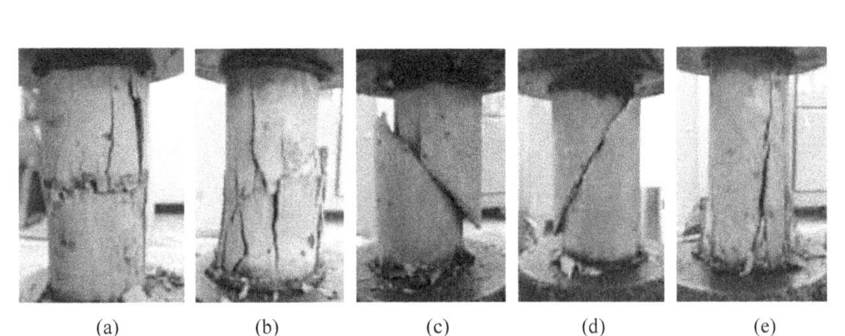

(a)　(b)　(c)　(d)　(e)

扫一扫
查看彩图

图 2-5　裂隙倾角对冻融试件单轴压缩破坏形态的影响

（a）0°；（b）30°；（c）45°；（d）60°；（e）90°

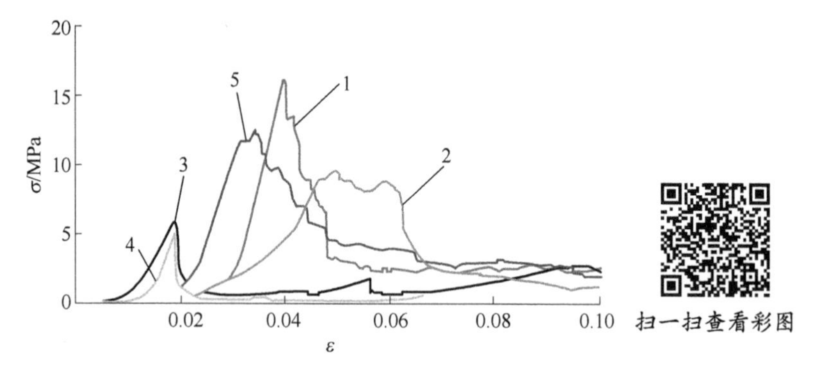

图 2-6 单轴压缩应力-应变曲线（不同裂隙倾角）

1—0°；2—30°；3—45°；4—60°；5—90°

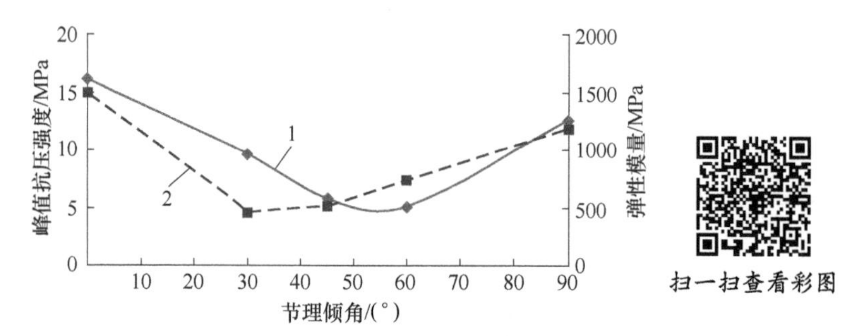

图 2-7 单轴抗压峰值抗压强度与弹性模量随裂隙倾角变化关系

1—峰值抗压强度；2—弹性模量

隙位置处的裂纹明显，裂隙倾角为 45°、60°、90°的试件在裂隙位置处的裂纹宽度接近，均较细。从裂隙面的胶结程度来看，裂隙倾角为 0°的试件在裂隙面处的胶结程度是最致密的。在相同的裂隙充填物和胶结环境情况下，随着裂隙倾角的增大，裂隙充填物所承受的法向压力逐渐减小，矿物颗粒间连接的紧密度也逐渐减小；从裂隙面的面积来看，倾角为 0°的试件裂隙面面积最小，随着裂隙倾角的增大，试件裂隙面的面积逐渐增大。理论上来讲，当试件中的水冻结时，倾角为 0°的试件在裂隙面处的受力面积最小，总的冻胀力最小。所以，裂隙倾角为 0°的试件所产生的冻融损伤最小，这也与实验结果吻合。而随着裂隙倾角的增大，理论上裂隙试件抵抗冻胀的能力也将逐渐减弱，裂隙位置处的裂纹也应逐渐变宽。此次试验结果并没有观测到这一情况，这可能与试件经受的循环冻融次数不够多有关，也即是说经历 50 次循环冻融后各试件均在裂隙位置处出现了较大的肉眼可见裂纹，而其他位置处则几乎没有或仅有很小的裂纹，这说明试件结构本身的缺陷对其冻融破坏特征有着重要影响，分析认为破坏的原因一方面是由于试件组成材料与裂隙填充材料的收缩与膨胀系数不同而在两种物质接触面处产生的应力差造成的，另一方面是由于裂隙的存在会导致该位置处产生应力集中，再加上裂隙充填物本身强度较低，因而裂纹更容易在此处产生。

表 2-2 不同裂隙倾角试件循环冻融 50 次后单轴压缩试验结果

裂隙倾角/(°)	试件编号	峰值强度/MPa	平均峰值强度/MPa	弹性模量/MPa	平均弹性模量/MPa	破坏形式
0	1-1-2	17.59	16.23	1833.58	1493.68	张拉破坏
	1-1-3	14.87		1153.78		
30	1-2-1	10.82	9.64	393.65	455.06	张拉破坏为主，同时出现沿裂隙面滑动的剪切破坏
	1-2-2	10.99		748.76		
	1-2-3	7.12		222.78		
45	1-3-1	3.62	5.78	89.91	503.4	剪切破坏伴有张拉裂纹
	1-3-2	7.94		916.89		
60	1-4-1	2.06	5.05	287.7	734.61	剪切破坏伴有张拉裂纹
	1-4-2	8.04		1181.51		
90	1-5-1	13.2	12.48	1600.39	1174.44	张拉破坏，破坏面不是裂隙面
	1-5-2	11.29		1276.23		
	1-5-3	12.95		646.7		

（2）冻融试件的单轴压缩破坏形态。通过对冻融后的试件进行单轴压缩试验发现，裂隙倾角对岩体单轴压缩破坏形态及强度影响很大。0°时，试件破坏形式为张拉破坏；30°时，试件破坏形式以张拉破坏为主，并伴有沿裂隙面的剪切破坏；45°时，试件破坏基本为沿裂隙面的剪切破坏，靠近裂隙面尖端处出现短小的张拉裂纹；60°时，试件破坏为沿裂隙面的剪切破坏，但也会发育更短小的张拉裂纹；90°时，试件破坏为张拉破坏，但主要破坏面不是裂隙面，这与未经历循环冻融作用的裂隙岩体试件的破坏模式类似。由图 2-6 可知，经历循环冻融后的试件在压缩荷载作用下也首先经历非线性压密阶段，这一方面是由于试件在加工过程中存在着微裂纹、微孔洞等缺陷；其次是由于试件在循环冻融过程中新产生了一些微观缺陷；另外，不同试件的压密阶段与裂隙倾角也密切相关，一般而言试件强度越低，压密阶段就越小，这主要是由于当试件强度较低时，试件内的微观缺陷在还没有被充分压密前就已经发生了破坏。

（3）冻融试件的单轴抗压强度及弹性模量。由图 2-7 可知，试件峰值抗压强度与弹性模量均随裂隙倾角而发生变化，5 个试件的单轴抗压强度峰值分别为

16.23MPa、9.64MPa、5.78MPa、5.05MPa 和 12.48MPa，其变化规律与未经历循环冻融的试件变化规律基本一致，只是在数值上有些差异。因此，可以认为裂隙倾角对试件循环冻融破坏有一定影响，主要表现在冻融起始裂纹的位置及扩展方向等，进而对其强度及弹性模量等宏观力学参数产生影响。

2.2.4.2 裂隙贯通度不同时

这里定义裂隙贯通度为裂隙面面积与裂隙所在平面的整个试件斜截面面积之比。不同裂隙贯通度试件的冻融破坏形态及单轴压缩试验结果如图 2-8～图 2-11 和表 2-3 所示。由试验结果可知：

（1）试件冻融后的破坏形态。贯通度为 1/4 的裂隙试件在循环冻融 50 次后，试件表面出现水系状细小裂纹，位于试件上部、裂隙未贯通一侧。随着裂隙贯通度的增加，产生裂纹的位置有靠近裂隙面的趋势，同时裂纹的出现位置也由裂隙未贯通一侧向裂隙贯通一侧转移的趋势。但当裂隙面完全贯通时，新生裂纹的分布无明显的规律性。当裂隙贯通度较小时，裂隙面面积较小，裂隙面处的总冻胀

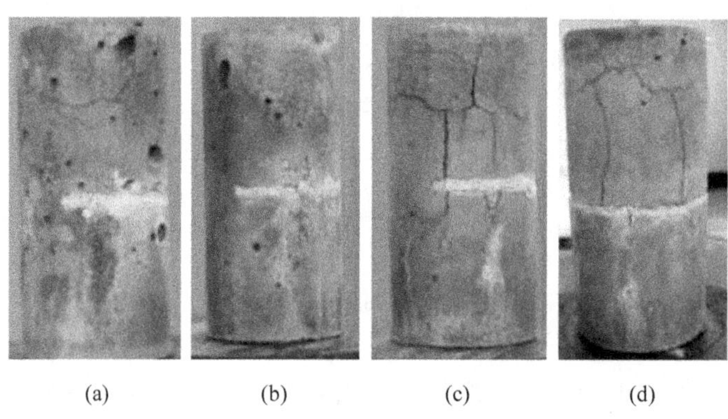
(a)　(b)　(c)　(d)

扫一扫查看彩图

图 2-8 不同贯通度的裂隙岩体循环冻融 50 次后的形态
（a）1/4 贯通；（b）1/2 贯通；（c）3/4 贯通；（d）全贯通

(a)　(b)　(c)　(d)

扫一扫查看彩图

图 2-9 不同贯通度的裂隙岩体循环冻融 50 次后单轴压缩破坏形态
（a）1/4 贯通；（b）1/2 贯通；（c）3/4 贯通；（d）全贯通

力也相应较小，因而相比试件的其他位置，该处细观连通的裂纹并不具有优势。此时试件表面因冻胀引起的裂纹并不倾向于出现在裂隙贯通一侧。随着裂隙贯通度的增加，裂隙面积逐渐增加，裂隙面处的总冻胀力也逐渐增大。当裂隙未全部贯通时，由于裂隙未贯通处的约束，试件在承受冻胀力时相当于偏心受力，裂隙未贯通侧为受压区，裂隙贯通侧为受拉区，而岩石材料的抗压强度远大于抗拉强度，所以，随着裂隙贯通度的增加，裂纹的出现位置也逐渐靠近裂隙面，同时裂纹的出现位置也逐渐由裂隙未贯通侧向裂隙贯通侧转移。当裂隙完全贯通时，试件偏心受压消失，裂纹的出现位置取决于材料内部细观裂纹的分布情况，即各试件因循环冻融产生的裂纹主要分布在含裂隙面的一侧，随着贯通度增加，试件表面裂纹由稀变密，呈现出纵横交错的现象，而且裂纹主要集中出现在试件上部，这也是由于试件组成材料与裂隙填充材料的收缩与膨胀系数不同所致，试件上半部分由于受到的约束较少，因而膨胀及收缩变形相对较大，更易导致裂纹出现。

表 2-3 不同裂隙贯通度的试件循环冻融 50 次后单轴压缩试验力学参数及破坏形式

裂隙贯通度	试件编号	峰值强度/MPa	平均峰值强度/MPa	弹性模量/MPa	平均弹性模量/MPa	破坏形式
1/4 贯通	2-2-1	10.6	13.96	1299.25	1577.79	张拉破坏 伴有 2 次开裂声响
	2-2-2	14.4		1242.24		
	2-2-3	15.12		1642.46		
	2-2-4	15.71		2127.2		
1/2 贯通	2-3-1	10.08	5.58	940.98	435.74	张拉破坏 伴有 2 次开裂声响
	2-3-2	6.05		334.6		
	2-3-3	6.17		467.39		
3/4 贯通	2-4-1	7.55	7.9	566.52	458.05	张拉破坏 伴有 2 次开裂声响
	2-4-2	6.44		420.35		
	2-4-3	8.07		308.15		
	2-4-4	9.53		537.17		
全贯通	2-1-2	11.22	9.76	1146.19	711.9	张拉破坏
	2-1-3	9.23		251.91		
	2-1-4	8.84		737.59		

（2）冻融试件的单轴压缩破坏形态。压缩荷载作用下，试件的破坏模式将同时受到循环冻融下新产生的裂纹及原有裂隙的共同影响。首先，试件将产生明显的片落现象，这是由于冻融时已产生的损伤在外载下又进一步演化所造成的。其次，在未贯通裂隙端部有裂纹扩展与贯通，这与该部位的应力集中有较大关系。

（3）冻融试件的单轴抗压强度及弹性模量。当裂隙贯通度不同时，试件的应力-应变曲线、峰值强度及弹性模量等也有所差异，当裂隙贯通度由 0.25 逐渐增加到 1 时，其单轴抗压强度分别为 13.96MPa、5.58MPa、7.9MPa 和 9.76MPa，即首先有大幅度降低而后又有小幅度增加。对于没有经历循环冻融的试件而言，其单轴抗压强度与弹性模量一般是随着裂隙贯通度的增加而降低的，这说明经历循环冻融后不同贯通度的裂隙试件发生了不同程度的冻融损伤，因而表现出与未经历循环冻融试件所不同的规律。因此，可以认为循环冻融对试件强度及变形模量的影响程度与裂隙贯通度有关。

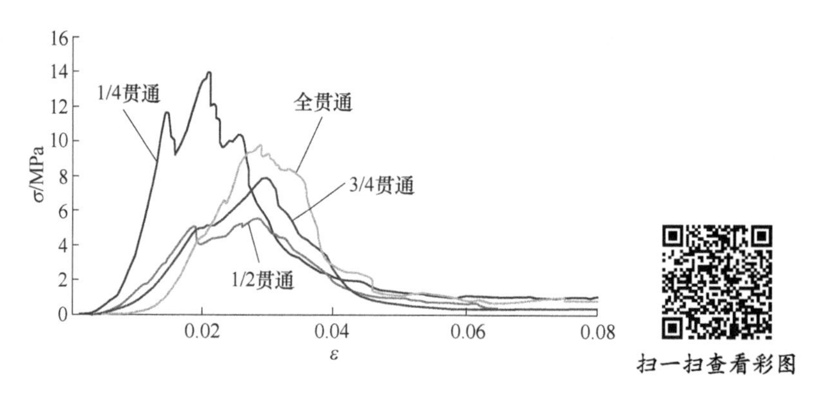

图 2-10 单轴压缩应力-应变曲线（不同裂隙贯通度）

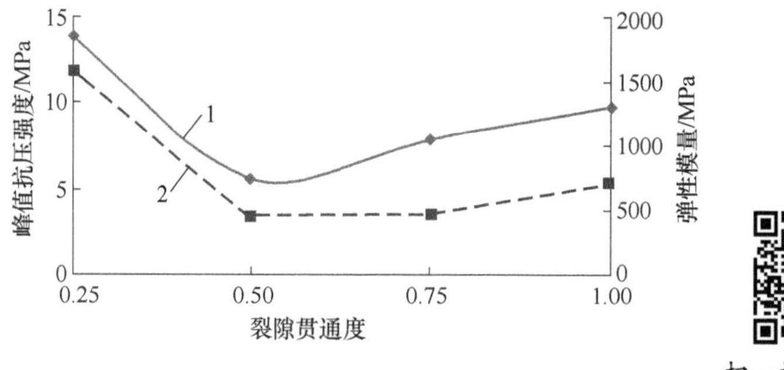

图 2-11 单轴抗压峰值抗压强度与弹性模量随裂隙贯通度变化关系

1—峰值抗压强度；2—弹性模量

2.2.4.3　裂隙条数不同时

不同裂隙条数试件的冻融破坏形态及单轴压缩试验结果分别如图 2-12～图 2-15和表 2-4 所示。由试验结果可知：

（1）试件冻融后的破坏形态。图 2-12 为不同裂隙条数试件在循环冻融 50 次后的表观形态。无裂隙试件在循环冻融 50 次后，试件表面有细小的水系状裂纹。含 1 条裂隙的试件在循环冻融 50 次后，试件表面裂纹相对于无裂隙试件而言，有加宽和加长的趋势。当裂隙条数增加到两条以后，裂隙试件在循环冻融 50 次后，试件表面冻胀剥落，裂隙条数越多，剥落情况越严重。从裂隙面积来看，随着裂隙条数的增加，裂隙面积逐渐增加。裂隙条数越多，裂隙面承受的总冻胀力也就越大；从试件内部细观裂隙的发育情况来看，裂隙条数越多，在形成裂隙时，伴随产生的细观裂隙也越多，裂纹在循环冻融过程中也更易连通。所以，随着裂隙条数的增加，试件表面的裂纹发育加剧。试件在循环冻融过程中，热量是由外向内传递的，所以试件产生冻胀也是先外后内的，当外层裂纹贯通后，试件外层与内层丧失了黏聚力，外层剥落，即随着裂隙条数增加，循环冻融对试件的影响程度明显加剧且破坏模式也发生了明显变化。

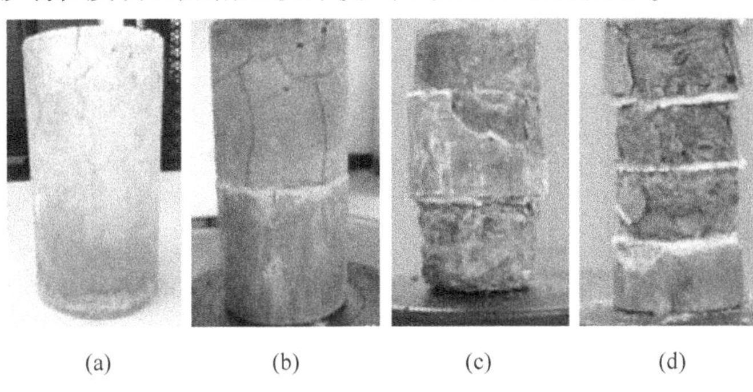

(a)　(b)　(c)　(d)

扫一扫查看彩图

图 2-12　不同裂隙条数试件循环冻融 50 次后破坏形态

（a）无裂隙；（b）1 条裂隙；（c）2 条裂隙；（d）3 条裂隙

(a)　(b)　(c)　(d)

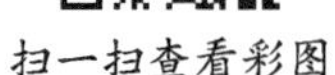

扫一扫查看彩图

图 2-13　不同裂隙条数裂隙岩体循环冻融 50 次后单轴压缩破坏形态

（a）无裂隙；（b）1 条裂隙；（c）2 条裂隙；（d）3 条裂隙

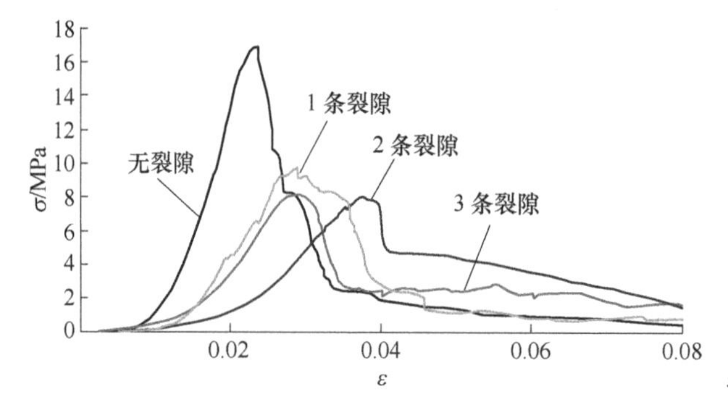

扫一扫查看彩图

图 2-14 单轴压缩应力-应变曲线（不同裂隙条数）

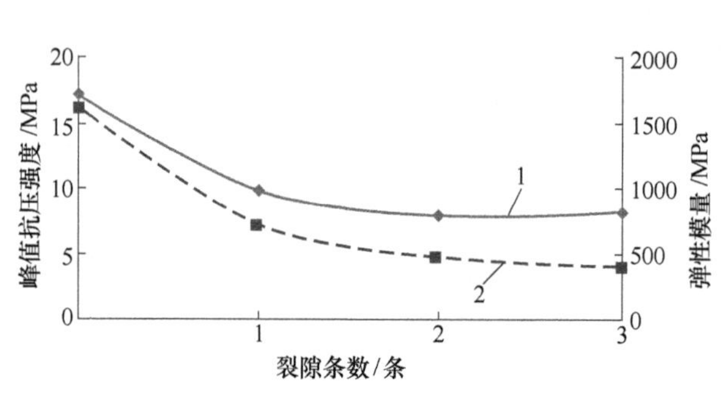

扫一扫查看彩图

图 2-15 单轴抗压峰值抗压强度与弹性模量随裂隙条数变化关系

1—峰值抗压强度；2—弹性模量

表 2-4 不同裂隙条数试件冻融后的单轴压缩试验力学参数及破坏形式

裂隙条数	试件编号	峰值强度 /MPa	平均峰值强度 /MPa	弹性模量 /MPa	平均弹性模量 /MPa	破坏形式
无裂隙	3-1-1	14.35	16.91	1763.26	1604.05	张拉破坏
	3-1-3	18		1084.65		
	3-1-4	18.39		1964.25		
1 条裂隙	3-2-2	11.22	9.76	1146.19	711.9	张拉破坏
	3-2-3	9.23		251.91		
	3-2-4	8.84		737.59		
2 条裂隙	3-3-1	6.49	8.12	287.9	467.75	塑性大变形
	3-3-3	9.74		647.59		
3 条裂隙	3-4-3	6.95	8.03	308.11	407.9	塑性大变形
	3-4-4	9.1		507.69		

（2）冻融试件的单轴压缩破坏形态。当裂隙条数较少时，试件破坏模式主要是以裂纹模式为主，而随着裂隙条数增加，逐渐转化为片落模式，这主要是由于试件被切割强烈，裂纹更容易贯通，因此，短小裂纹即可导致片落产生。另外，随着裂隙条数增加，试件塑性增加。

（3）冻融试件的单轴抗压强度及弹性模量。当裂隙由 0 条增加到 3 条时，其单轴抗压强度分别为 16.91MPa、9.76MPa、8.12MPa 和 8.03MPa，即试件强度呈现下降的趋势，但下降程度有所不同。当裂隙由 0 条增加到 1 条时，下降幅度较大，而后随着裂隙条数的继续增加，下降幅度则明显减小。弹性模量也呈现出类似规律。

2.2.4.4　裂隙充填物厚度不同时

不同裂隙充填物厚度试件的冻融破坏形态及单轴压缩试验结果分别如图 2-16~图 2-19 和表 2-5 所示。由试验结果可以看出：

（1）试件冻融后的破坏形态。裂隙充填物厚度对试件冻融破坏模式有一定影响，即当裂隙充填物厚度为 2mm，主要为裂纹破坏模式，而其他三个试件则均

(a)　(b)　(c)　(d)

扫一扫
查看彩图

图 2-16　不同裂隙厚度试件循环冻融 50 次后破坏形态

（a）2mm；（b）4mm；（c）6mm；（d）8mm

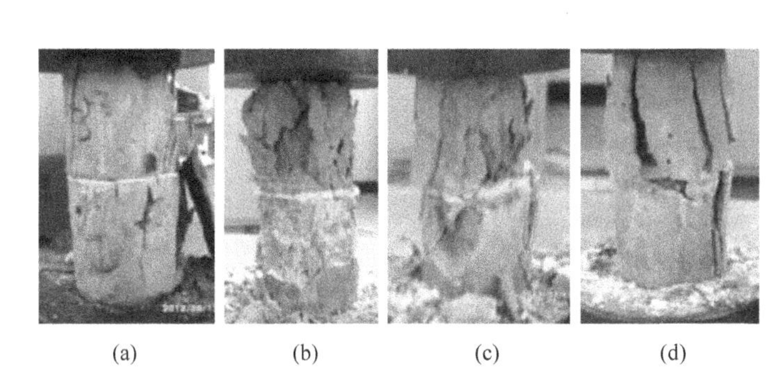

(a)　(b)　(c)　(d)

扫一扫
查看彩图

图 2-17　不同裂隙厚度试件循环冻融 50 次后单轴压缩破坏形态

（a）2mm；（b）4mm；（c）6mm；（d）8mm

件有一定程度的片落破坏模式。裂隙充填物厚度为 4mm 的试件较裂隙充填物厚度为 2mm 的试件受冻胀影响较大，表面冻蚀剥离严重，而随着裂隙充填物厚度增加，试件受冻胀的影响又逐渐减小。

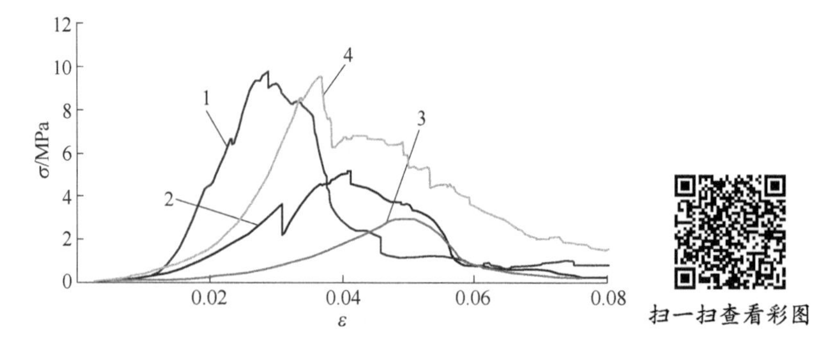

图 2-18 单轴压缩应力-应变曲线（不同裂隙厚度）

1—2mm；2—4mm；3—6mm；4—8mm

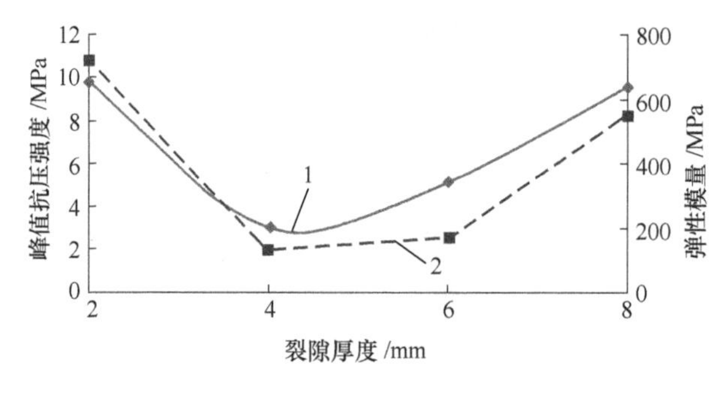

图 2-19 单轴抗压峰值抗压强度与弹性模量随裂隙厚度变化关系

1—峰值抗压强度；2—弹性模量

表 2-5 不同裂隙厚度试件循环冻融 50 次后单轴压缩试验力学参数及破坏形式

裂隙厚度 /mm	试件编号	峰值强度 /MPa	平均峰值强度 /MPa	弹性模量 /MPa	平均弹性模量 /MPa	破坏形式
2	4-1-2	11.22	9.76	1146.19	711.9	张拉破坏
	4-1-3	9.23		251.91		
	4-1-4	8.84		737.59		
4	4-2-1	2.2	2.93	39.64	126.91	裂纹发育，试件边缘片落
	4-2-2	4.06		195.95		
	4-2-3	2.66		140.11		
	4-2-4	2.79		131.96		

续表 2-5

裂隙厚度/mm	试件编号	峰值强度/MPa	平均峰值强度/MPa	弹性模量/MPa	平均弹性模量/MPa	破坏形式
6	4-3-2	5.9	5.13	201.29	163.1	张拉破坏
	4-3-3	4.87		226.38		
	4-3-4	4.63		61.63		
8	4-4-1	8.59	9.53	138.44	547.15	张拉破坏
	4-4-2	9.17		707.29		
	4-4-3	11.94		648.88		
	4-4-4	8.41		693.98		

（2）冻融试件的单轴压缩破坏形态。在单轴压缩荷载下，试件破坏模式主要是以劈裂破坏为主，随着裂隙充填物厚度增加，劈裂破坏的基本模式并没有发生改变，只是破坏程度有所不同。

（3）冻融试件的单轴抗压强度及弹性模量。随着裂隙充填物厚度增加，试件单轴抗压强度分别为 9.76MPa、2.93MPa、5.13MPa、9.53MPa，即先减小后增大，弹性模量也呈现类似规律，这与其冻融破坏损伤程度有很大关系，即冻融损伤破坏越严重，其峰值强度及弹性模量就越低，这说明裂隙充填物厚度对试件冻融破坏模式及程度均有一定的影响，但其影响程度仍有待进一步研究。

2.2.4.5 裂隙充填物类型不同时

不同裂隙充填物类型试件的冻融破坏形态及试件单轴压缩试验结果分别如图 2-20~图 2-23 和表 2-6 所示。由试验结果可知：

（1）试件冻融后的破坏形态。裂隙充填物为石膏的试件在经受循环冻融 50 次后，试件表面出现细小水系状裂纹。裂隙充填物为水泥砂浆、黏土的试件在经受循环冻融 50 次后，试件表面均出现局部外层冻胀剥离现象，受冻胀影响程度相近。就材料的强度而言，水泥砂浆、石膏、黏土三者中，水泥砂浆的强度最大，石膏最小、黏土居中；就材料抗水软化而言，三者中，水泥砂浆的抗软化能

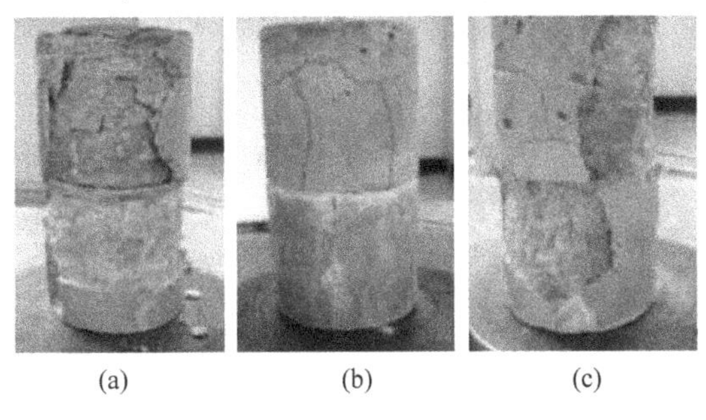

(a) (b) (c)

扫一扫查看彩图

图 2-20 不同裂隙充填物试件循环冻融 50 次后的破坏形态
（a）水泥砂浆；（b）石膏；（c）黏土

力最强，黏土次之，石膏最差。就裂隙充填物中的含水量而言，水泥砂浆含水量最小，黏土次之，石膏最大。冻胀力由裂隙面向试件传递的过程中，水泥砂浆和黏土传递冻胀力较快，而石膏则较慢，且自身会吸收一部分应变能。所以，虽然裂隙充填物为石膏的试件裂隙处含水量最大，但在试件经受循环冻融 50 次后，冻胀较为严重的却不是裂隙充填物为石膏的试件。由于裂隙充填物水泥砂浆和黏土在裂隙厚度仅 2mm 时的物理力学性质区别度不高，故循环冻融下其对试件的影响仍需进一步的实验研究才能确定，因此，试件的破坏模式仍为裂纹模式和片落模式两种。

(a) (b) (c) 扫一扫查看彩图

图 2-21 不同裂隙充填物裂隙岩体循环冻融 50 次后单轴压缩破坏形态

(a) 水泥砂浆；(b) 石膏；(c) 黏土

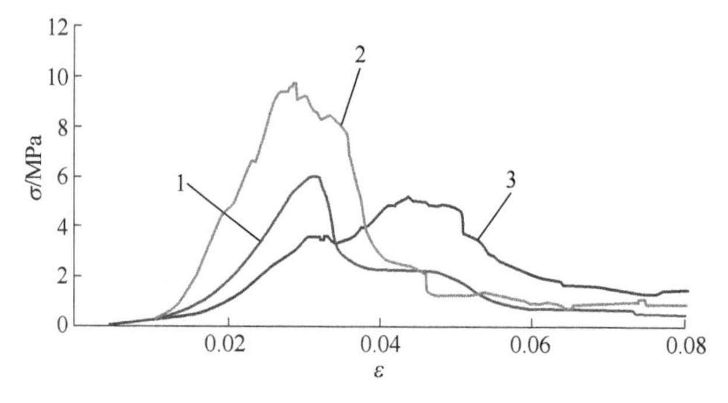

扫一扫查看彩图

图 2-22 单轴压缩应力-应变曲线

1—水泥砂浆；2—石膏；3—黏土

（2）冻融试件的单轴压缩破坏形态。在单轴压缩荷载下，试件的破坏模式仍主要是以劈裂破坏为主，裂隙充填物类型对其单轴抗压破坏模式的影响不大。

（3）冻融试件的单轴抗压强度及弹性模量。可以看出，三类试件的单轴抗压强度及弹性模量均不相同，这说明其与裂隙充填物的类型有较大关系。但是，由试验结果可知，含石膏充填物的试件单轴抗压强度及弹性模量均为最大。而从三种填充物材料的强度来说，水泥砂浆应该最大，这说明试件循环冻融后的强度与裂隙充填物的强度关系不大，与其冻融特性等有更大关系。

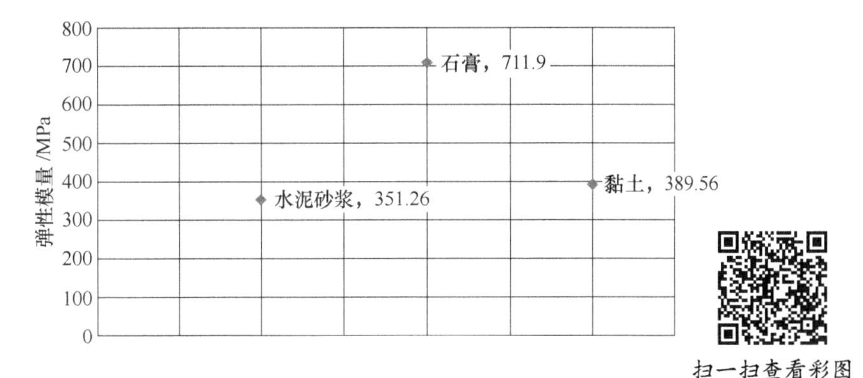

图 2-23 试件弹性模量与裂隙充填物类型关系图

表 2-6 不同裂隙充填物循环冻融 50 次后单轴压缩试验力学参数及破坏形式

裂隙充填物	试件编号	峰值强度/MPa	平均峰值强度/MPa	弹性模量/MPa	平均弹性模量/MPa	破坏形式
水泥砂浆	5-1-1	3.4	5.99	160.63	351.26	张拉破坏
	5-1-2	9.19		459.01		
	5-1-3	8.86		662.63		
	5-1-4	2.5		122.77		
石膏	5-2-2	11.22	9.76	1146.19	711.19	张拉破坏
	5-2-3	9.23		251.91		
	5-2-4	8.84		737.59		
黏土	5-3-1	5.58	5.16	321.24	389.56	张拉破坏
	5-3-2	5.5		484.87		
	5-3-3	3.78		244.77		
	5-3-4	5.78		507.35		

注：5-1、5-2、5-3 分别指裂隙充填物为水泥砂浆、石膏、黏土。

2.2.4.6 裂隙饱和度不同时

不同饱和度试件的冻融破坏形态及单轴压缩试验结果分别如图 2-24～图 2-27和表 2-7 所示。由试验结果可知：

（1）试件冻融后的破坏形态。本次试验，试件的初始饱和度分别为：0、0.3、0.6、1。饱和度为 0 的试件，融化时将其置于密闭恒温（20℃）烘箱内，其吸收烘箱内空气中的水分十分有限。饱和度为 0.3 和 0.6 的试件，将其置于箱内湿度为50%的恒温恒湿养护箱内热融，试件的水分得不到充分的补充。因此，不同初始饱和度的试件即使在循环冻融过程中能吸收外界的水分，但由于吸收较少，仍具有一定的可比性。饱和度为 0 的裂隙试件在经受循环冻融 50 次后，试件表面与冻融前基本上没变化，但随着试件饱和度的增加，试件表面的裂纹发育逐渐加剧，且裂纹渐宽、延伸渐长。从上述试验现象可以看出，裂隙试件饱和度显著影响其冻融损伤情况。试件中的水冻结成冰后，体积膨胀，引起裂隙的萌生与扩展。当冰融化成水后，水分会进入新产生的裂隙中。试件饱和度越高，进入新生裂隙中的水就越多。相应地，当新裂隙中的水冻结后，产生的裂纹也相应更多。所以，试件饱和度越高，其经受循环冻融后产生的损伤也就越严重。相比之下，干燥试件循环冻融 50 次后，其表面基本无肉眼可见裂纹，但随着饱和度的增加，试件表面裂纹发育程度有所变化，这说明水分在试件冻融损伤中起到了重要作用。

扫一扫查看彩图

图 2-24 不同饱和度试件循环冻融 50 次后的破坏形态
(a) 饱和度为 0；(b) 饱和度为 0.3；(c) 饱和度为 0.6；(d) 完全饱和

扫一扫查看彩图

图 2-25 不同饱和度裂隙试件循环冻融 50 次后单轴压缩试验
(a) 饱和度为 0；(b) 饱和度为 0.3；(c) 饱和度为 0.6；(d) 完全饱和

（2）冻融试件的单轴压缩破坏形态。在单轴压缩下，饱和度高的试件往往会沿着冻融裂纹扩展而发生破坏，形成大面积的片落。但其破坏模式仍主要以劈裂破坏为主，因此，试件饱和度对其单轴抗压破坏模式影响不大。

(3) 冻融试件的单轴抗压强度及弹性模量。试件抗压强度与弹性模量随饱和度基本上呈抛物线变化，即存在一个最不利的饱和度，此时试件受冻融影响最大。

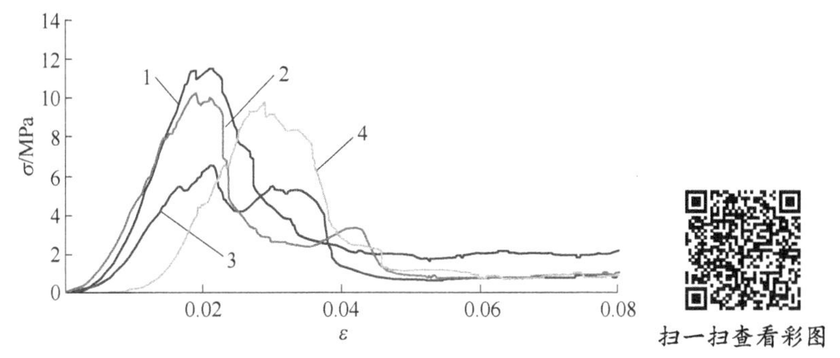

扫一扫查看彩图

图 2-26 单轴压缩应力-应变曲线（不同饱和度）

1—干燥；2—饱和度为 0.3；3—饱和度为 0.6；4—完全饱和

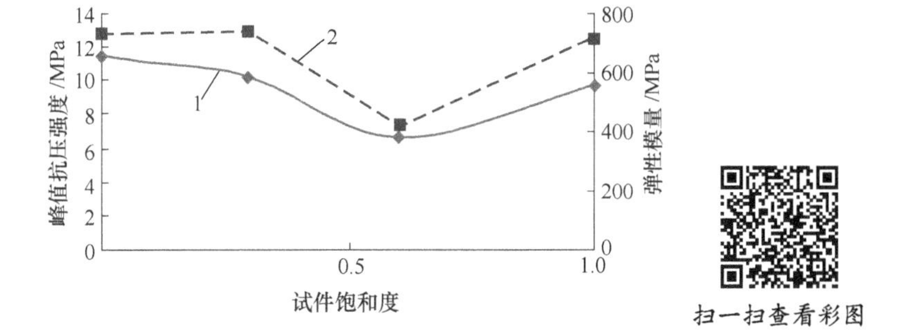

扫一扫查看彩图

图 2-27 单轴压缩峰值抗压强度与弹性模量随试件饱和度变化关系

1—峰值抗压强度；2—弹性模量

表 2-7 不同饱和度裂隙试件循环冻融 50 次后单轴压缩试验力学参数及破坏形式

饱和度	试件编号	峰值强度 /MPa	平均峰值强度 /MPa	弹性模量 /MPa	平均弹性模量 /MPa	破坏形式
0	6-1-1	11.04	11.48	415.02	727.91	张拉破坏
	6-1-2	14.77		947.36		
	6-1-3	10.17		537.79		
	6-1-4	9.92		1011.45		
0.3	6-2-1	11.08	10.23	393.04	735.12	张拉破坏
	6-2-2	11.61		1001.63		
	6-2-3	8.01		422.55		
	6-2-4	10.21		1123.26		

续表 2-7

饱和度	试件编号	峰值强度/MPa	平均峰值强度/MPa	弹性模量/MPa	平均弹性模量/MPa	破坏形式
0.6	6-3-2	5.56	6.59	270.62	408.73	张拉破坏
	6-3-3	6.72		256.08		
	6-3-4	7.5		699.48		
1	6-4-2	11.22	9.76	1146.19	711.9	张拉破坏
	6-4-3	9.23		251.91		
	6-4-4	8.84		737.59		

2.2.4.7 循环冻融次数不同时（裂隙试件）

不同循环冻融次数的裂隙试件冻融破坏形态及单轴压缩试验结果分别如图 2-28～图 2-31 和表 2-8 所示。由试验结果可知：

（1）试件冻融后的破坏形态。随着循环冻融次数的增加，试件表面因冻胀引起的裂纹逐渐增多、变宽，并逐步汇合贯通，导致试件表面剥离脱落，即随着循环冻融次数的增加，裂隙试件表面的裂纹发育明显加剧，裂纹渐宽，延伸渐长。当循环冻融次数达到一定值如 100 次时，试件外层冻胀剥离，因此，循环冻融是一个循环加、卸载的过程。水冻结成冰是加载，冰融化成水是卸载。循环冻融也是一个损伤累积的过程，表现为裂纹的起裂和扩展，循环冻融次数越多，损伤累积的也就越多，当损伤累积到一定程度时，材料就会发生破坏，原有的整体结构发生改变。

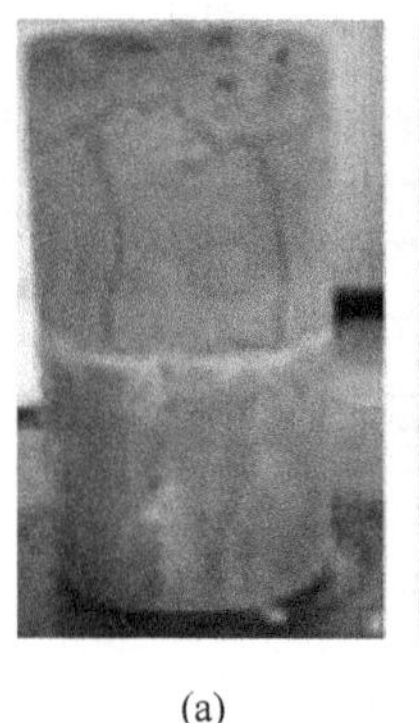
(a)
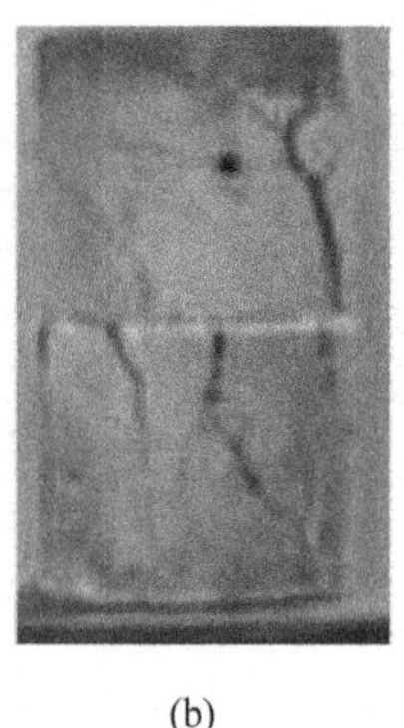
(b)

(c)

扫一扫查看彩图

图 2-28 不同循环冻融次数下试件的破坏形态
（a）50 次；（b）75 次；（c）100 次

（2）冻融试件的单轴压缩破坏形态。单轴压缩荷载作用下，循环冻融次数多的试件往往会沿着冻融裂纹扩展并破坏，形成大面积的片落，但其破坏模式仍以劈裂破坏为主。

扫一扫查看彩图

图 2-29　不同循环冻融次数冻融后单轴压缩破坏形态

（a）50 次；（b）75 次；（c）100 次

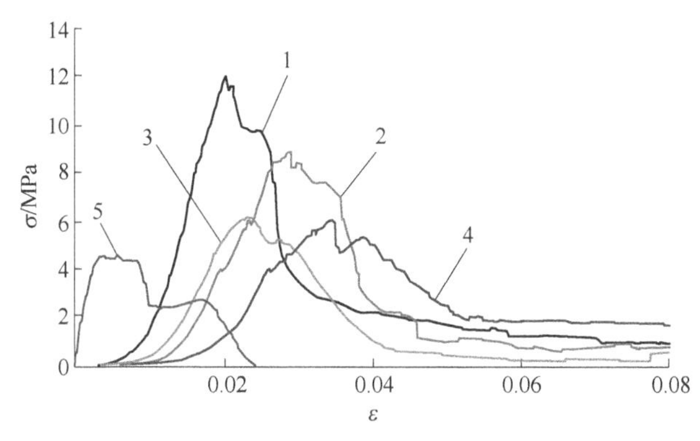

扫一扫查看彩图

图 2-30　单轴压缩应力-应变曲线（不同循环冻融次数）

1—0 次；2—25 次；3—30 次；4—75 次；5—100 次

（3）冻融试件的单轴抗压强度及弹性模量。随着循环冻融次数增加，试件单轴抗压强度逐渐减小，但其降低幅度表现为前期较大而后期较小，这说明冻融次数对试件强度的影响比较明显。相比之下，弹性模量的变化规律则较为复杂，即先降低而后又有所增加，尤其是在经历 100 次循环冻融后，试件的弹性模量突然增大，结合图 2-28 和图 2-29 分析认为随着循环冻融次数的增加，试件表面剥落越加严重，导致承载面积减小，类似于试件长径比变大，进而使得试件压密阶段减小，试件趋向于失稳破坏，变形减小，应力增加，最终表现为弹性模量的增加。

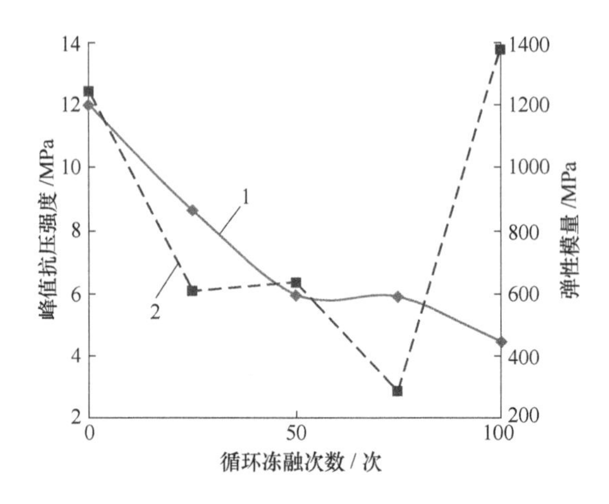

图 2-31 单轴抗压峰值抗压强度与弹性模量随循环冻融次数变化关系

1—峰值抗压强度；2—弹性模量

表 2-8 不同循环冻融次数裂隙试件单轴压缩试验力学参数及破坏形式

循环冻融次数	试件编号	峰值强度/MPa	平均峰值强度/MPa	弹性模量/MPa	平均弹性模量/MPa	破坏形式
0	7-0-1	11.33	12.06	1130.83	1239	张拉破坏
	7-0-3	10.94		1287.42		
	7-0-4	13.93		1298.75		
25	7-1-1	8.85	8.65	672.37	602	张拉破坏
	7-1-2	9.52		745.13		
	7-1-3	7.58		388.52		
50	7-2-2	6.72	5.93	746.19	630	张拉破坏
	7-2-3	5.73		551.91		
	7-2-4	5.34		591.9		
75	7-3-1	5.05	5.89	320.52	284	张拉破坏
	7-3-3	6.73		247.48		
100	7-4-3	4.87	4.49	157.06	1377	张拉破坏
	7-4-4	4.11		2596.94		

2.2.4.8 循环冻融次数不同时（完整岩体）

经历不同循环冻融次数的完整试件的冻融破坏形态及其单轴压缩试验结果分别如图 2-32~图 2-35 和表 2-9 所示。由试验结果可知：

（1）试件冻融后的破坏形态。完整岩体经历 25、50、75、100 次冻融后表面均只有细小裂纹，且裂纹发展情况相近，完整岩体的抗冻融性较相应的裂隙岩体的抗冻融性要强。

（2）冻融试件的单轴压缩破坏形态。在单轴压缩荷载下，试件的破坏形态基本类似，均沿单条或多条主裂纹张拉开裂。

（3）冻融试件的单轴抗压强度及弹性模量。对经历循环冻融后的试件进行单轴压缩试验发现，其完整试件的强度及弹性模量随循环冻融次数的增加均明显降低。

对比有、无裂隙两类试件的试验结果可以发现：裂隙存在对循环冻融强度影响较大，在实际工程中应对两类试件区别对待。

图 2-32 不同循环冻融次数下完整试件的破坏形态
（a）25 次；（b）50 次；（c）75 次；（d）100 次

图 2-33 不同循环冻融次数完整岩体循环冻融后单轴压缩破坏形态
（a）25 次；（b）50 次；（c）75 次；（d）100 次

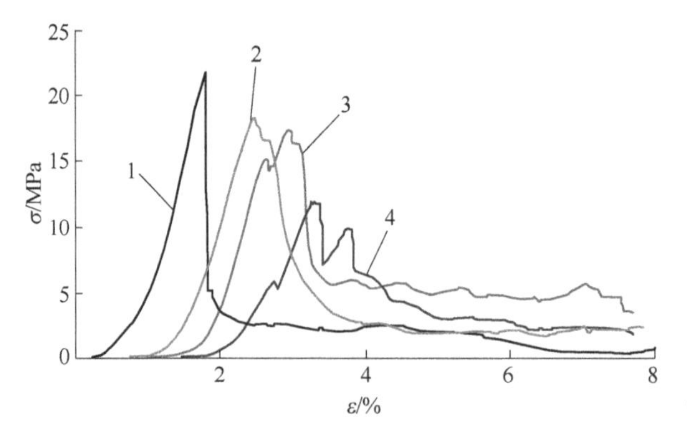

扫一扫查看彩图

图 2-34 单轴压缩应力-应变曲线（不同循环冻融次数）

1—25 次；2—50 次；3—75 次；4—100 次

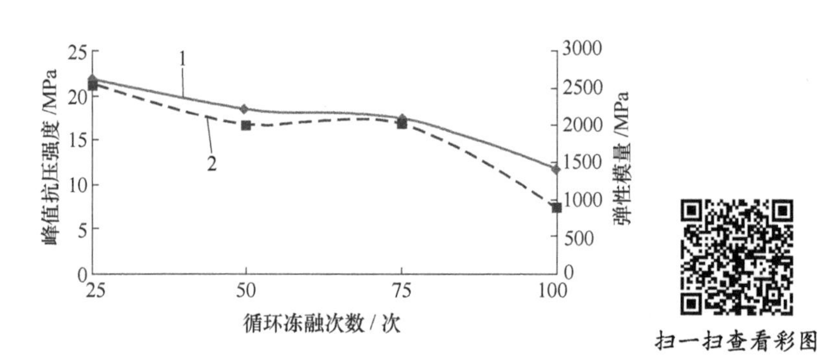

图 2-35 单轴抗压峰值抗压强度与弹性模量随循环冻融次数的变化关系

1—峰值抗压强度；2—弹性模量

表 2-9 不同循环冻融次数完整试件单轴压缩试验力学参数及破坏形式

循环冻融次数	试件编号	峰值强度/MPa	平均峰值强度/MPa	弹性模量/MPa	平均弹性模量/MPa	破坏形式
25	8-1-2	21.73	21.73	2525.33	2525.33	张拉破坏
50	8-2-2	18.36	18.36	2003.33	2003.33	张拉破坏
75	8-3-1	17.43	17.43	2022.86	2022.86	张拉破坏
100	8-4-1	11.91	11.91	901.4	901.4	张拉破坏

总之，由上述试验结果可知：

（1）从裂隙面的胶结程度来看，裂隙倾角为 0°的试件在裂隙面处的胶结程度是最致密的，随着裂隙倾角的增大，矿物颗粒间连接的紧密度也逐渐减小；从裂隙面的面积来看，裂隙倾角为 0°的试件裂隙面面积最小，随着裂隙倾角的增大，试件裂隙面面积逐渐增大。理论上来讲，当试件中的水冻结时，裂隙倾角为0°的试件裂隙面处受力面积最小，总的冻胀力也最小。所以，裂隙倾角为0°的试件冻融损伤最小，这也与试验结果吻合，而随着裂隙倾角的增大，理论上试件抗冻胀的能力也应逐渐减弱，裂隙面处的裂纹应逐渐变宽，然而此次试验结果并未出现这一现象，这可能与试件经受的循环冻融次数不够有关。

（2）随着裂隙贯通度的增加，裂隙面积逐渐增大，相应的裂隙面处的冻胀力也逐渐增大。当裂隙未全部贯通时，由于裂隙未贯通处的约束，试件在承受冻胀力时相当于偏心受压，裂隙未贯通侧为受压区，裂隙贯通侧为受拉区，而岩石的抗拉强度远低于抗压强度，所以，随着裂隙贯通度的增加，裂纹出现的位置也逐渐靠近裂隙面，同时也逐渐由裂隙未贯通侧向裂隙贯通侧转移，且裂纹数量也增多。当裂隙完全贯通试件时，偏心受压消失，新生裂纹的分布主要取决于材料内部细观裂纹的分布情况。

（3）从裂隙面积来看，随着裂隙条数的增加，裂隙面积逐渐增加。裂隙条数越多，裂隙面承受的冻胀力也越大；从试件内部细观裂隙发育情况来看，裂隙条数越多，在形成裂隙时，伴随产生的细观裂隙也越多，裂纹在循环冻融过程中也更易贯通。所以，随着裂隙条数的增加，试件表面的裂纹加剧发育。试件在循环冻融过程中，热量是由外向内传递的，所以试件产生冻胀也是先外后内的，当外层裂纹贯通后，试件外层与内层间黏聚力丧失，导致外层剥落。

（4）随着裂隙充填物厚度的增加，裂隙中的初始含水量相应增加。裂隙试件在循环冻融初期，裂隙充填物越厚的试件承受的冻胀力也越大。随着循环冻融的持续进行，裂隙充填物厚度大的试件承受的冻胀力却不一定大，因此，可能存在一个裂隙充填物厚度区间，在此区间试件的冻胀最为严重。

（5）就裂隙充填物的强度而言，水泥砂浆、石膏、黏土三者中，水泥砂浆的强度最大，石膏最小、黏土居中；就材料抗水软化性而言，三者中，水泥砂浆的抗软化能力最强，黏土次之，石膏最差；就裂隙充填物的含水量而言，水泥砂浆含水量最小，黏土次之，石膏最大。冻胀力由裂隙面向试件传递的过程中，水泥砂浆和黏土传递冻胀力迅速，而石膏较慢，且自身会吸收一部分应变能。所以，虽然裂隙充填物为石膏的试件在裂隙处的含水量最大，但在经受循环冻融50次后，冻胀较为严重的却不是裂隙充填物为石膏的试件。由于裂隙充填物水泥砂浆和黏土在裂隙厚度尺寸仅2mm时的物理力学性质区别度不高，循环冻融下，其对试件的影响仍需进一步的实验研究才能确定。

（6）裂隙试件的含水量显著影响其冻融损伤情况。试件中的水冻结成冰后，体积膨胀，引起裂隙的产生；当冰融化后，水会进入新产生的裂隙中。试件含水量越高，进入新生裂隙中的水就越多，这样当新裂隙中的水冻结后，产生的裂纹也相应更多。所以，试件含水量越高，试件经受循环冻融后的损伤也就越严重。

（7）循环冻融是一个循环加卸载的过程。水冻结成冰是加载，冰融化成水是卸载。循环冻融也是一个损伤累积的过程，表现为裂纹的产生和扩展。循环冻融次数越多，损伤累积也就越多。当损伤累积到一定程度，材料就会发生破坏，原有的整体结构发生改变，如当试件经受循环冻融 100 次后，外层发生了冻胀剥离。

（8）循环冻融次数相同时，完整试件的冻融损伤破坏程度远小于相应的裂隙试件，这说明宏观裂隙的存在明显加剧了试件的冻融损伤破坏。

2.3　循环冻融对裂隙岩体物理性质的影响试验

试件制作所采用的相似配比材料同 2.2 节，为了研究循环冻融对裂隙岩体物理性质的影响，主要开展了以下试验工作：

（1）裂隙倾角为 0°、30°、45°、60°、90°的中心全贯通单裂隙试件，用配比材料进行充填，充填厚度控制在 2mm 左右，循环冻融 28 次，循环冻融步骤同 2.2 节；

（2）冻融后，对部分试件的细观破坏状态进行电镜扫描；

（3）对 30°裂隙试件分别测其在循环冻融 0、7、14、21、28 次后的超声波速；

（4）对完整试件分别测其在循环冻融 0、7、14、21、28 次后的超声波速。

试验用到的恒温恒湿养护箱、冰箱和万能材料试验机等同 2.2 节，另外还需要用的仪器有：JA2102 电子秤（精度为 0.01g，量程为 2100g）、CTS-25 型非金属超声检测仪（0.4～9900.0μs，精度±0.1μs）和 KYKY-2008 型扫描电镜，如图 2-36 所示。

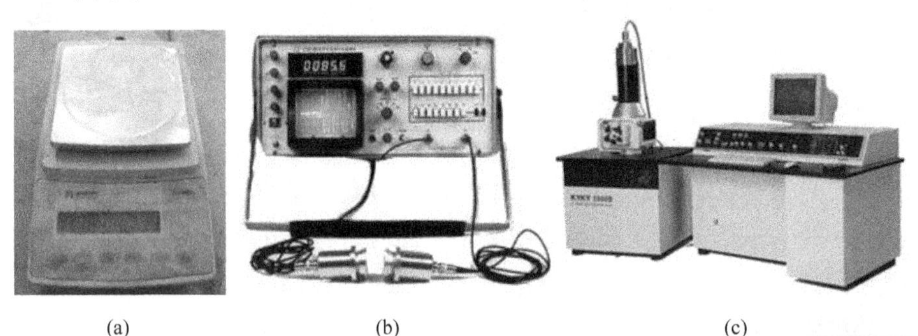

(a)　　(b)　　(c)

图 2-36　试验仪器图

（a）JA2102 型电子秤；（b）CTS-25 型非金属超声检测仪；（c）KYKY-2008 型扫描电镜

扫一扫查看彩图

2.3.1 冻融过程中试件表观形态分析

试验结果如图2-37所示，据冻融过程中试件的表观形态来看，完整和裂隙试件经历循环冻融14次后均有毛细裂纹产生；循环冻融21次后，裂隙试件充填处有明显的裂缝，完整和裂隙试件表面也均出现了肉眼可见的裂缝；循环冻融28次后，两类试件侧面及端面的裂缝宽度均明显增加，数量也随着循环冻融次数的增加而增多，裂隙充填物与试件黏结处两侧都产生了裂缝。由于冻融次数较少，试件均无明显剥落现象。在整个循环冻融过程中，温度的变化是引起岩体内发生水冰相变的主要因素，同时水冰相变产生的冻胀力也导致试件本身的物理力学性质发生了某些变化，导致岩体材料颗粒之间、充填物颗粒之间及充填物与岩体之间的黏结强度发生变化。

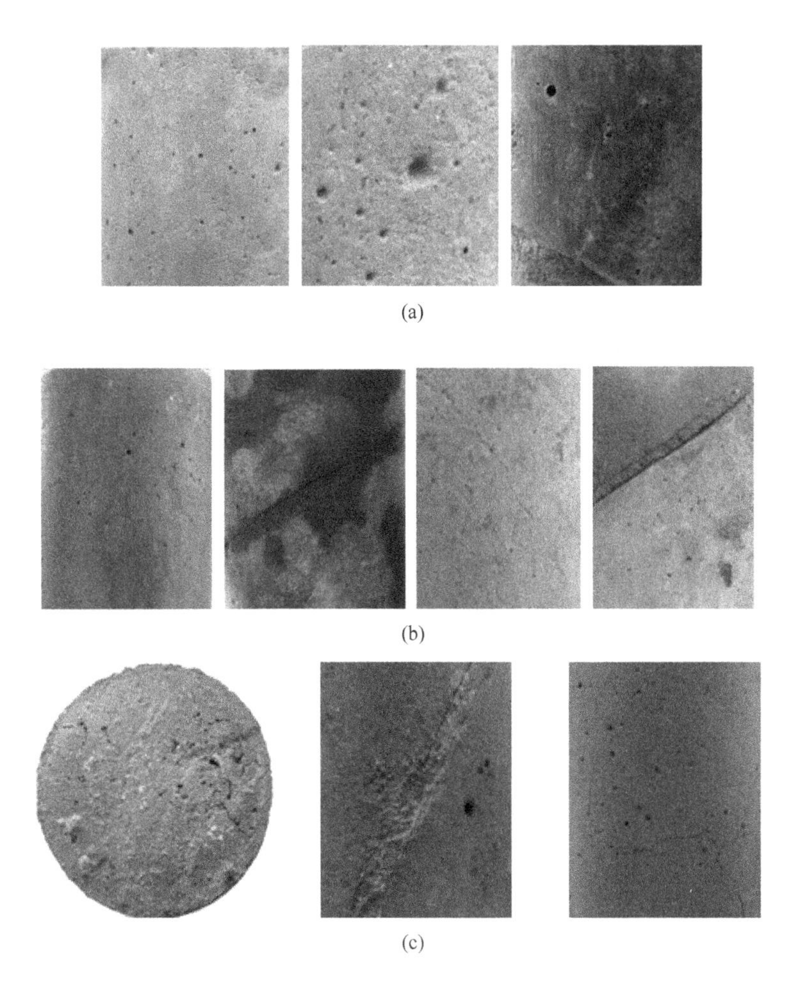

(a)

(b)

(c)

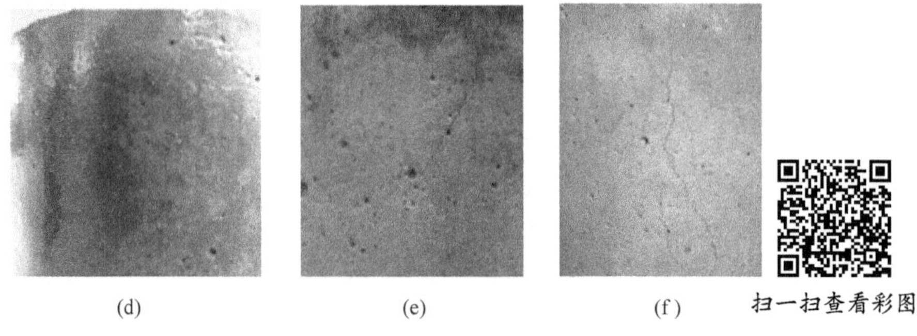

图 2-37 岩体试件冻融后表观形态

（a）30°裂隙试件循环冻融 14 次；（b）45°裂隙试件循环冻融 21 次；（c）60°裂隙试件循环冻融 28 次；（d）完整试件循环冻融 14 次；（e）完整试件循环冻融 21 次；（f）完整试件循环冻融 28 次

2.3.2 扫描电镜现象分析

目前大多数理论仍认为，岩体产生冻融损伤的主要原因是由于水相变成冰后体积发生约 9%膨胀，造成微观裂纹扩展延伸，进而降低岩体的物理力学特性所引起的。为了能够更好地对冻融引起的岩体细观破坏特征进行研究，采用电子扫描显微镜对循环冻融后的试件表面细观结构特征进行观察，扫描电镜电压为 15kV，试件放大倍数为 140 倍时，扫描结果如图 2-38 所示。据图 2-38 可知：循环冻融 7 次时，试件表层无明显变化；当循环冻融次数增加到 21 次时，试件

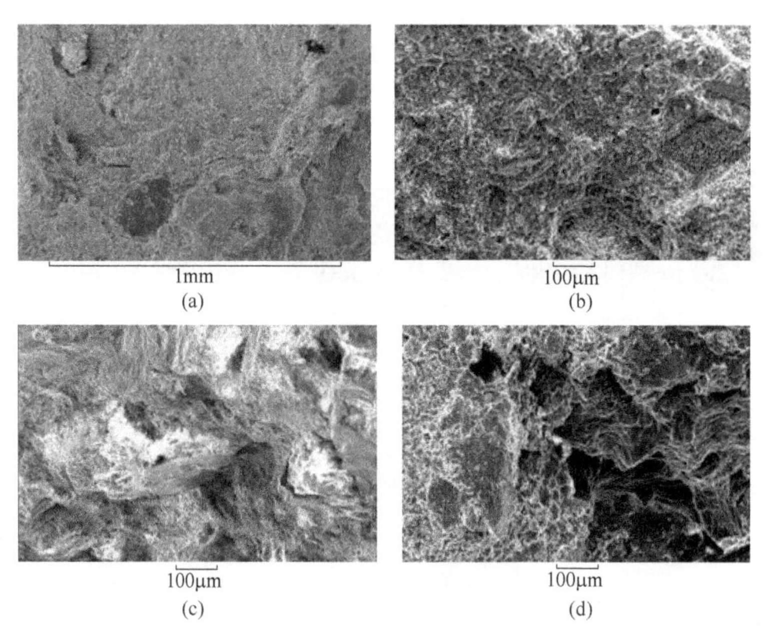

扫一扫查看彩图

图 2-38 不同循环冻融次数下的裂隙岩体电镜扫描结果

（a）循环冻融 7 次；（b）循环冻融 14 次；（c）循环冻融 21 次；（d）循环冻融 28 次

中出现了较多的絮状裂纹，内部孔隙也变得更加疏松，微观结构也越来越多；循环冻融28次后，可看到明显的裂隙及孔洞存在，絮状裂纹的长度和深度也明显增加，因此，试件的损伤破坏随着循环冻融次数的增加而呈明显增加的趋势。

2.3.3　物理参数变化分析

所采用试件的基本物理参数为：干密度 $\rho_d = 1.81\text{g/cm}^3$、饱和密度 $\rho_s = 2.13\ \text{g/cm}^3$、饱和含水量 $\omega = 15.57\%$、孔隙度 $n = 16.9\%$、泊松比 $\nu = 0.26$。

2.3.3.1　质量变化分析

由图2-39可以看出，在循环冻融过程中，完整饱和试件和用配比材料充填的30°全贯通裂隙试件的质量在前期都几乎无变化，冻融后完整试件质量有微小的上升趋势，而裂隙试件质量在后期增加明显；低配比材料充填的30°、45°试件循环冻融后的质量比未冻融时都有所下降。在整个过程中影响质量变化的主要因素有岩体内水分的变化、试件剥落或颗粒流失，如式（2-1）所示：

$$\Delta m = \Delta m_1 + \Delta m_2 \tag{2-1}$$

式中，Δm 为循环冻融后的岩体质量变化；Δm_1 为循环冻融后的水分变化；Δm_2 为循环冻融后的岩体材料质量变化；对于完全饱和试件，$\Delta m_1 \geqslant 0$，$\Delta m_2 \leqslant 0$；对于非饱和试件，$\Delta m_2 \leqslant 0$，Δm_1 则受外界环境作用。

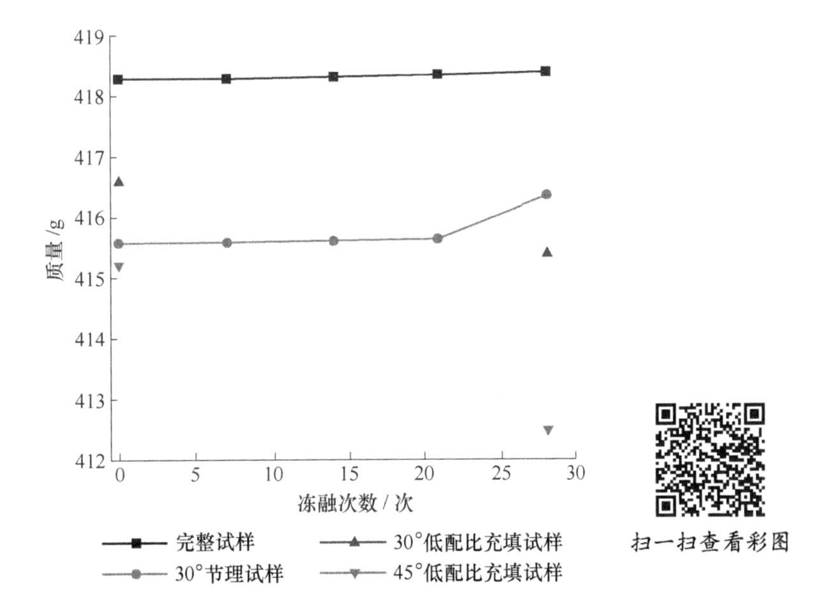

图2-39　冻融过程中试件质量变化图

在循环冻融中，岩体试件最初产生的毛细裂纹开始不断扩展，形成宏观裂缝，使岩体的体积和孔隙体积都不断增加，增加的孔隙会在冻融过程中逐渐被水充满，使得岩体质量增大，当冻融造成岩体发生剥落时，质量又会减小，二者的反复作用使得岩体质量不断发生变化。本实验中完整岩体、配比材料充填的30°全贯通裂隙试件仅有裂纹产生，却未发生剥落现象，所以总质量有所增加；而低配比材料充填的30°、45°岩体试件在试验中虽有裂纹产生，但裂隙充填物在冻融过程中不断流失，总体上使得岩体的质量发生了损失。

2.3.3.2 波速变化分析

目前超声波检测已经被广泛运用于岩石的无损检测中。岩体中的很多因素都影响着其声波波速的大小，如组成岩石的矿物类型、化学成分、颗粒组成、孔隙率、胶结物、风化程度、变质程度以及岩石的结构形式等，通过对岩体的超声波检测，可以准确地估计岩体在一段时间内的强度变化或风化、损伤程度，从而能够对岩体工程做出较为可靠的评价。

根据固体弹性参数与其纵波波速之间的关系 $V_p = \sqrt{\frac{E_d}{\rho} \cdot \frac{1-\nu}{(1+\nu)(1-2\nu)}}$，可得弹性模量为：

$$E_d = V_p^2 \cdot \rho \cdot \frac{(1+\nu)(1-2\nu)}{1-\nu} \tag{2-2}$$

表2-10为不同试件在不同循环冻融次数下的波速值，可以看出，无论完整试件还是裂隙试件，其纵波波速都会因受冻融作用而降低，对于同一种岩体，由式（2-2）可知，试件的动弹性模量随着波速的减小而降低，且降低幅度较波速变化大；30°裂隙与45°裂隙试件的充填物都是配比材料，未冻融时其波速相差不大，但是经历冻融后裂隙试件的波速较完整试件衰减较大，这是由于在裂隙面处，冻融作用将导致裂隙逐渐变大或有颗粒析出，因此裂隙试件产生的冻融损伤更大，并且随着裂隙倾角的增大，试件纵波波速的衰减幅度也越大。

表2-10 不同试件在不同冻融次数下的波速值

冻融次数	完整试件波速/$m \cdot s^{-1}$	30°裂隙试件波速/$m \cdot s^{-1}$	45°裂隙试件波速/$m \cdot s^{-1}$
0	4677.92	4644.05	4607.51
7	4624.76	4559.53	4527.36
14	4464.52	4472.31	4381.51
21	4446.56	4352.14	4278.60
28	4418.28	4225.94	4108.60

2.3.3.3 冻融系数及抗冻性分析

根据文献（蔡美峰，2006），岩石冻融系数可表示为：

$$K_f = \frac{\overline{R_f}}{\overline{R_s}} \tag{2-3}$$

式中，K_f 为冻融系数，在 0~1 之间，其值越大表明抗冻性越强；$\overline{R_f}$为冻融后的饱和单轴抗压强度，MPa；$\overline{R_s}$为冻融前的饱和单轴抗压强度，MPa。

岩石抗冻系数：

$$C_f = \frac{\sigma_c - \sigma_{cf}}{\sigma_c} \tag{2-4}$$

式中，C_f 为抗冻系数，取值在 0~1 之间，C_f 值越小，表明岩体抗冻性越强；σ_c 为冻融前岩样的饱和单轴抗压强度，MPa；σ_{cf}为冻融后岩样的饱和单轴抗压强度，MPa。

据公式（2-3）和公式（2-4）可知，$K_f + C_f = 1$，两者都是反映岩石抗冻性的指标。

表 2-11 为试件的冻融系数、抗冻系数，可以看出岩体的冻融系数与循环冻融次数呈负相关，而抗冻系数与循环冻融次数呈正相关；裂隙试件的冻融系数较完整试件要低，30°试件的 K_f、C_f 与完整试件相近，但 45°岩体试件 K_f 却衰减较快，表明对于斜裂隙岩体，随着裂隙倾角的增大，冻融系数逐渐降低，其下降速率也逐渐增大。

表 2-11 试件的冻融系数、抗冻系数

冻融次数	试件					
	完整试件单轴抗压强度/MPa	K_f/C_f	30°裂隙试件单轴抗压强度/MPa	K_f/C_f	45°裂隙试件单轴抗压强度/MPa	K_f/C_f
0	16.89	1/0	12.27	1/0	4.95	1/0
7	16.36	0.940/6.0	11.98	0.976/2.4		
14	15.13	0.842/15.8	10.18	0.830/17.0		
21	13.4	0.793/20.7	9.43	0.769/23.1		
28	12.21	0.723/27.7	8.82	0.719/28.1	2.13	0.430/57.0

2.3.3.4 风化程度分析

风化程度系数 K_y 是用于评价岩石风化程度的重要指标，此处用来评价循环冻融对岩体性质的影响：

$$K_y = \frac{1}{3}(K_n + K_R + K_w) \tag{2-5}$$

式中，K_y 为岩石风化程度系数；K_n 为孔隙率系数，$K_n = \frac{n_1}{n_2}$；K_R 为强度系数，$K_R = \frac{R_2}{R_1}$；K_w 为吸水率系数，$K_w = \frac{w_1}{w_2}$；n_1，R_1，w_1 分别为新鲜未风化岩石的孔隙率、抗压强度和吸水率；n_2，R_2，w_2 分别为风化后岩石的孔隙率、抗压强度和吸水率。

由于冻融完成后，完整试件与配比材料充填的30°裂隙试件的质量变化不大，产生的裂缝较小，故孔隙率系数 K_n 和吸水率系数 K_w 都近似取为1，此时岩体风化程度主要由强度系数来评定，由式（2-5）可计算出完整及配比材料充填的30°裂隙试件由于冻融造成的风化程度系数接近0.91，属于微风化；而45°裂隙试件冻融后的风化程度系数接近0.8，属中等风化。由此可知裂隙岩体比完整岩体更易风化，对于斜裂隙岩体，裂隙倾角越大，其风化程度也越大。

2.3.4 裂隙岩体冻融劣化机理分析

由上述试验结果可知，在循环冻融下裂隙岩体的物理力学参数均会发生变化，外界温度的循环变化使岩体内部孔隙水不断发生相变是导致冻融裂隙岩体破坏的最直接原因。在温度降低的过程中，岩体内的孔隙水也开始由液态逐渐转换为固态，体积相应地增大从而对孔隙壁产生膨胀力，该膨胀力对岩体作用表现为拉应力，使得岩石颗粒之间的黏结力降低，内部出现损伤，产生新的宏观裂纹。当温度升高时，岩石内部的水由固相向液相转变，与此同时，岩体内部冻胀力开始释放，水分向新裂纹处发生迁移，对于裂隙面较弱的充填物，充填物颗粒会随着水分迁移而流失；冻胀力的存在与冻融时间相关，循环冻融次数越多，冻胀力交变地作用于岩体骨架上的时间也就越长，易导致岩体内局部区域损伤，以及孔隙之间逐步连通和扩展，充填物材料颗粒在水分迁移时也会流失，这就破坏了岩体内部结构，降低了岩体密实度及颗粒间的黏聚力，使岩块产生了不可逆的疲劳损伤破坏，宏观上表现为强度、刚度下降，变形增大，形态剥落且比较破碎，从而影响其物理力学特性和工程寿命。

影响裂隙岩体冻融损伤的因素可分为内因和外因两种。内因包括岩石类型、抗拉强度、裂隙发育特征、裂隙倾角、充填物特征及性质、密实度、孔隙度、孔隙特征、渗透性等。外因包括岩体所处的冻融环境，如最高温度、最低温度、循环周期、初始含水状态、水分补给条件及岩石应力状态等。内因会随着循环冻融次数的增加和岩石冻融损伤的增加而不断变化，如岩体抗拉强度和密实度的降低，孔隙度、渗透性和裂隙数量的增加等；岩体的水分补给条件及应力状态在循环冻融中也会发生变化。下面从以下几个方面来分析裂隙岩体冻融损伤的影响因素。

2.3.4.1 岩性

岩性决定着组成岩体的矿物成分，决定了岩体的基本物理性质和力学特性，前人所做的各种冻融试验中都明确证实了这一点，因此它对冻融岩体的劣化有着极其重要的影响。岩性对岩体的影响主要体现在以下方面：矿物成分及颗粒大小、颗粒间黏结强度、裂隙发育情况及其分布特征、密度、岩块的拉压强度及刚度等。研究表明，岩体受冻融作用的影响与矿物颗粒密度、颗粒间黏结强度、拉压强度和刚度呈现反相关关系，与裂隙发育程度呈正相关关系。对于三大类型的岩石而言，通常是岩浆岩受冻融作用最小，沉积岩次之，变质岩受影响最大，且对于岩性相同的岩体而言，其本身强度越高，则受风化影响就越小，冻融损伤也就越小。

2.3.4.2 岩体孔隙特征

岩体的孔隙度、孔隙尺寸及其分布特征对岩石的冻融损伤劣化有着显著影响，不考虑其他因素时，孔隙度越大，其抗拉强度越低，岩体的含水量相应地就较多；当外界温度降低时，内部冻胀力就会越大，导致岩体体积膨胀、内部结构破坏相对严重。因此，试件孔隙尺寸越大，循环冻融对岩体造成的损伤也就越大。

2.3.4.3 裂隙参数及充填物特性

裂隙的倾角、贯通度、充填物材料、厚度等对岩体的强度及稳定性起着重要作用，斜裂隙岩体，其倾角越大、贯通度越大，循环冻融后的强度衰减就越大；充填物与岩块之间的黏结强度越强，岩体抵抗冻融的能力就会相应地增加，这可根据上文试验结果得出。一般的裂隙岩体，其充填物的力学性质明显弱于岩块，在循环冻融中最易在此处首先发生损伤，对于较弱充填物，由于其强度较低，随着循环冻融的作用，该充填物会不断流失甚至导致岩体失稳破坏。

2.3.4.4 循环冻融次数及周期

循环冻融次数及冻融周期是导致岩体发生疲劳破坏的首要原因。循环冻融次数越多，冻融周期越短，温度变化率就越大，岩体受冻融作用的影响也就越明显。不同类型的岩石抵抗冻融作用的能力不同，对于同一类型的岩石而言，其总体的变化趋势是强度与循环冻融次数呈反相关，循环冻融次数的逐渐增加将导致其强度不断下降，这主要是因为循环冻融破坏了岩体结构，产生了新的裂纹且促使原有裂隙扩展，研究还发现，当循环冻融次数达到一定程度时，岩体力学性质将逐渐趋于稳定状态。

2.3.4.5 冻融温度范围

冻融温度对岩体的冻融损伤劣化有着直接影响。当岩体所处环境的温度变化幅度越大，冻融产生的损伤效应也就越大，同时冻融对严寒地区工程的影响要比对季节性冻区工程的影响大。李金玉等对不同温度范围内的混凝土进行冻融试验，发现在-17～5℃条件下，只需经过7次冻融，混凝土强度就降低了40%，而在-5～5℃条件下，需要经历133次冻融才可达到同样的损伤效果，因此，试件受冻融温度范围的影响是非常大的。冻融温度对岩体的效果同样如此，这是因为温度变化幅度越大，水冰相变就会越充分，同时因为岩体中不同矿物成分的导热系数及膨胀性的差别，也会导致岩体所受的冻胀力较大且分布极不均匀，损伤劣化效果也就越明显。

2.3.4.6 未冻水、盐溶液

岩体中的液态水包括结合水和自由水。一般而言，自由水在温度足够低的环境下会转化为冰，但对于结合水则一般不会发生冻结，因此即使在0℃以下，岩石中仍然存在水分。研究发现：环境温度在-5～-20℃范围时，岩体中的自由水方可完全冻结，假如水中含有盐分，则水完全冻结需要的温度更低；在0℃以下未冻结的水称为未冻水或过冷水，过冷水能使岩体的冻胀效应降低，也能改变岩体的导热性和膨胀系数，使得冻融过程更为复杂，因此它是研究冻融的一个重要因素。总之，岩石孔隙的形态、尺寸、盐分、应力状态和分布特征等对未冻水均有重要影响，水中含盐量越多、微孔隙越小，则岩石中的未冻水就越多，岩石孔隙水完全冻结时所需的温度越低。孔隙水对岩石冻融损伤的影响主要通过三种方式：第一种方式是水冻胀体积增加，如果岩体饱和度达到90%以上时，水冰相变则会对孔隙壁产生较大的压力；第二种方式是水由液相变为冰凌或冰透镜体，极大地促进了岩体裂纹的扩展；第三种方式是水变成冰并且存在于孔隙或原生缺陷中，那些未变成冰的水分便会被冰向孔隙外挤，这便在岩体内部形成了孔隙水压力。

2.3.4.7 应力状态

天然岩体都是处于一种特定的应力状态，因此，应力状态对岩体冻融损伤的影响主要体现在两个方面：一是从能量守恒方面，岩体内部的温度、压力和体积之间存在一种平衡关系，经过冻融必然引起内部温度发生变化，打破其原有的平衡状态；二是从损伤机理方面，冻融作用不仅改变岩体的温度分布，还产生了应力损伤和岩体的蠕变损伤等，彼此之间又存在着复杂的互相作用，因此，应从多场耦合的角度来分析其对岩体冻融损伤的影响。

3 基于 Drucker-Prager 准则的岩石弹塑性损伤模型

本章首先针对岩石小范围屈服裂纹尖端塑性区模型，推导了 Drucker-Prager 屈服准则的复合型裂纹无量纲塑性区径长 ρ 的函数，分析纯Ⅰ、纯Ⅱ及Ⅰ、Ⅱ复合型三种塑性区模型，并与 Mises 屈服准则的塑性区进行对比后分析了体应力对塑性区形状和大小的影响及 Drucker-Prager 屈服准则的Ⅰ、Ⅱ复合型裂纹塑性区随泊松比变化的影响。

然后，考虑塑性及损伤共同对岩石软化力学性能的影响，塑性屈服函数采用 Borja 等（2003）提出的应力张量三个不变量的应变硬化函数，以反映塑性内变量及应力状态对硬化函数的影响；由于指数函数的形式比较符合岩土材料损伤规律，许多学者都采用这一形式，如 Carol 等（2001）、Zhu 等（2010）。在考虑了岩石损伤软化是由于微裂隙发展所导致的体积膨胀引起的基础上，本章提出了用体积应变表征岩石损伤变量的演化，损伤变量是体积应变的指数函数，并用回映隐式积分算法编制了岩石的弹塑性损伤本构程序。在此基础上，把弹塑性硬化/软化模型（无损伤）与弹塑性损伤本构模型进行对比，并对单轴压缩及拉伸荷载作用下的岩石材料试验进行数值模拟，最后，对提出的弹塑性损伤本构模型进行议证分析。

3.1 小范围屈服裂纹尖端塑性区

由于体应力对岩石材料的屈服有很大影响，而 Mises 屈服准则不能很好地描述岩土材料性质，但 Drucker-Prager 准则很好地考虑体应力对岩石材料屈服的影响，因此，基于 Drucker-Prager 准则的复合型裂纹无量纲塑性区的探究对于岩石小范围屈服裂纹尖端塑性区研究有重要的意义。

3.1.1 裂纹尖端应力场

Ⅰ-Ⅱ复合型问题中，裂纹尖端附近应力场由Ⅰ型和Ⅱ型应力场叠加而成，对平面应变状态应力场（Sih，1974）：

$$\sigma_x = \frac{K_{\mathrm{I}}}{\sqrt{2\pi r}}\cos\frac{\theta}{2}\left(1 - \sin\frac{\theta}{2}\sin\frac{3\theta}{2}\right) - \frac{K_{\mathrm{II}}}{\sqrt{2\pi r}}\sin\frac{\theta}{2}\left(2 + \cos\frac{\theta}{2}\cos\frac{3\theta}{2}\right)$$

$$\sigma_y = \frac{K_{\mathrm{I}}}{\sqrt{2\pi r}}\cos\frac{\theta}{2}\left(1 + \sin\frac{\theta}{2}\sin\frac{3\theta}{2}\right) + \frac{K_{\mathrm{II}}}{\sqrt{2\pi r}}\sin\frac{\theta}{2}\cos\frac{\theta}{2}\cos\frac{3\theta}{2}$$

$$\sigma_z = \nu(\sigma_x + \sigma_y) = 2\nu \frac{K_{\mathrm{I}}}{\sqrt{2\pi r}}\cos\frac{\theta}{2} - 2\nu\frac{K_{\mathrm{II}}}{\sqrt{2\pi r}}\sin\frac{\theta}{2}$$

$$\sigma_z = 0$$

$$\tau_{xy} = \frac{K_{\mathrm{I}}}{\sqrt{2\pi r}}\cos\frac{\theta}{2}\sin\frac{\theta}{2}\cos\frac{3\theta}{2} + \frac{K_{\mathrm{II}}}{\sqrt{2\pi r}}\cos\frac{\theta}{2}\left(1 - \sin\frac{\theta}{2}\sin\frac{3\theta}{2}\right)$$

$$\tau_{yz} = \tau_{zx} = 0 \tag{3-1}$$

把式（3-1）代入 Drucker-Prager 屈服准则$f(\sigma)=\alpha I_1 + \sqrt{J_2} - \kappa = 0$中，可得$I_1$、$J_2$：

$$I_1 = \sigma_x + \sigma_y + \sigma_z = \frac{2(1+\nu)}{\sqrt{2\pi r}}\left(K_{\mathrm{I}}\cos\frac{\theta}{2} - K_{\mathrm{II}}\sin\frac{\theta}{2}\right) \tag{3-2}$$

$$J_2 = \frac{1}{6}[(\sigma_x - \sigma_y)^2 + (\sigma_y - \sigma_z)^2 + (\sigma_z - \sigma_x)^2 + 6\tau_{xy}^2 + 6\tau_{yz}^2 + 6\tau_{zx}^2]$$

$$= \frac{1}{12(2\pi r)}\left\{(3K_{\mathrm{I}}^2 - 9K_{\mathrm{II}}^2)\sin^2\theta + [4(1-2\nu)^2K_{\mathrm{I}}^2 + 12K_{\mathrm{II}}^2]\cos^2\frac{\theta}{2} + \right.$$

$$\left. 16(1-\nu+\nu^2)K_{\mathrm{II}}^2\sin^2\frac{\theta}{2} + K_{\mathrm{I}}K_{\mathrm{II}}[6\sin 2\theta - 4(1-2\nu)^2\sin\theta]\right\} \tag{3-3}$$

再把式（3-2）和式（3-3）代入 Drucker-Prager 屈服准则，经整理得如下三种裂纹尖端塑性区模型。

3.1.2 纯Ⅰ型裂纹尖端塑性区径长

对于纯Ⅰ型，即令$K_{\mathrm{II}}=0$，Drucker-Prager 准则的裂纹尖端塑性区无量纲径长ρ表示为：

$$\rho = \frac{r}{\frac{1}{2\pi}\left(\frac{K_{\mathrm{I}}}{\kappa}\right)^2} = \left\{2\alpha(1+\nu)\cos\frac{\theta}{2} + \cos\frac{\theta}{2}\sqrt{[(1-2\nu)^2 + 3\sin^2(\theta/2)]/3}\right\}^2 \tag{3-4}$$

式中，r为塑性区矢径，有量纲，下同。

3.1.3 纯Ⅱ型裂纹尖端塑性区径长

对于纯Ⅱ型，即令$K_{\mathrm{I}}=0$，Drucker-Prager 准则的裂纹尖端塑性区无量纲径长ρ表示为：

$$\rho = \frac{r}{\frac{1}{2\pi}\left(\frac{K_{\mathrm{II}}}{\kappa}\right)^2}$$
$$= \left[-2\alpha(1+\nu)\sin\frac{\theta}{2} + \frac{1}{\sqrt{6}}\sqrt{-\frac{9}{2}\sin^2\theta + 6\cos^2\frac{\theta}{2} + 8(1-\nu+\nu^2)\sin^2\frac{\theta}{2}}\right]^2 \tag{3-5}$$

3.1.4 Ⅰ/Ⅱ复合型裂纹尖端塑性区径长

对于复合型断裂，即同时考虑Ⅰ、Ⅱ型，Drucker-Prager 准则的裂纹尖端塑性区无量纲径长 ρ 如下式表示：

$$\rho = \frac{r}{\frac{1}{2\pi}\left(\frac{K_{\mathrm{II}}}{\kappa}\right)^2}$$
$$= \left\{2\alpha(1+\nu)\left(\tan\theta_2\cos\frac{\theta}{2} - \sin\frac{\theta}{2}\right) + \frac{1}{\sqrt{6}}\left[\left(\frac{3}{2}\tan^2\theta_2 - \frac{9}{2}\right)\sin^2\theta + \right.\right.$$
$$(2(1-2\nu)^2\tan^2\theta_2 + 6)\cos^2\frac{\theta}{2} + 8(1-\nu+\nu^2)\sin^2\frac{\theta}{2} +$$
$$\left.\left.\tan\theta_2(3\sin2\theta - 2(1-2\nu)^2\sin\theta)\right]^{1/2}\right\}^2 \tag{3-6}$$

其中，对式（3-6），$\tan\theta_2 = K_{\mathrm{I}}/K_{\mathrm{II}}$，$\theta_2 = 70.5°$，与 Mises 准则（令 $\alpha=0$）的无量纲塑性区径长进行比较，取摩擦角 $\varphi=30°$，则 $\alpha=0.231$；令泊松比 $\nu=0.1$，则得纯Ⅰ、纯Ⅱ及Ⅰ、Ⅱ复合型裂纹尖端塑性区无量纲径长 ρ 分别如图 3-1～图 3-4所示。

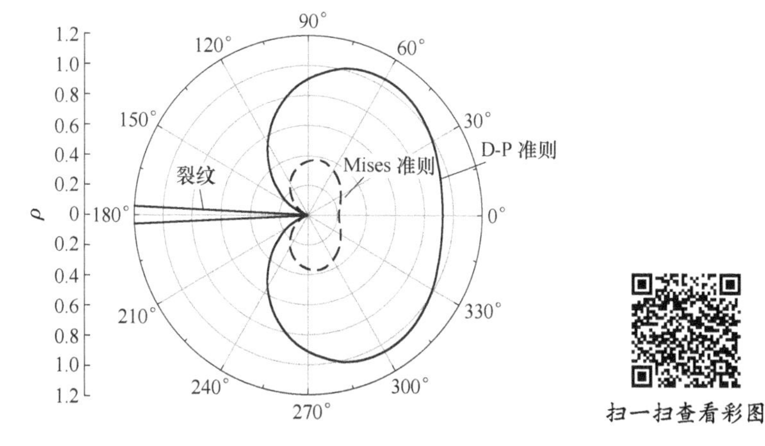

图 3-1 Drucker-Prager 和 Mises 准则纯Ⅰ型裂隙尖端塑性区对比

如图 3-1 所示，考虑体应力的影响，Drucker-Prager 准则的纯 Ⅰ 型裂纹尖端塑性区比 Mises 准则的尖端塑性区大，沿着裂隙方向，前者是后者径长 ρ 的 4.43 倍，这说明 Drucker-Prager 准则中 αI_1 项对尖端塑性区影响较大，但两者塑性区形状较为相似。如图 3-2 所示，由于纯 Ⅱ 应力的反对称性，Drucker-Prager 准则的纯 Ⅱ 型裂纹尖端塑性区在裂纹上下表面不连续，且上表面塑性区小于 Mises 屈服准则的尖端塑性区，而下表面塑性区大于 Mises 的尖端塑性区。如图 3-3 所示，由于 Drucker-Prager 准则中 αI_1 项对尖端塑性区影响，Drucker-Prager 准则的复合型裂纹尖端塑性区与纯 Ⅰ 相似的是其塑性区比 Mises 屈服准则的尖端塑性区大，且上表面塑性区径长 ρ 几乎与 Mises 的尖端塑性区径长 ρ 都收敛于裂隙尖端，但其塑性区在裂纹上下表面也不连续，下表面塑性区径长 ρ 不收敛于裂隙尖端，而收敛于裂隙下表面某一位置。

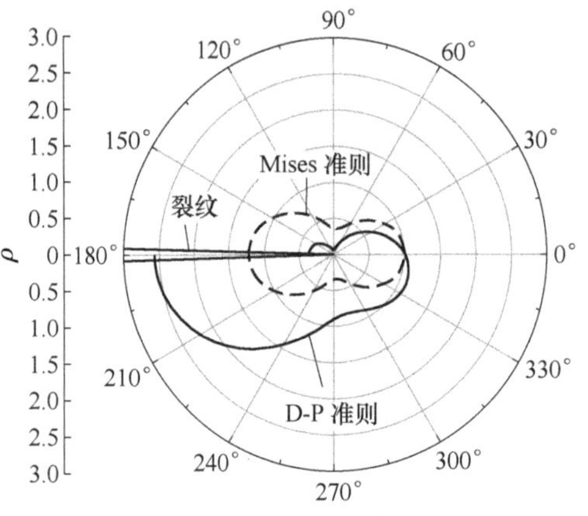

图 3-2　Drucker-Prager 和 Mises 准则纯 Ⅱ 型裂隙尖端塑性区对比

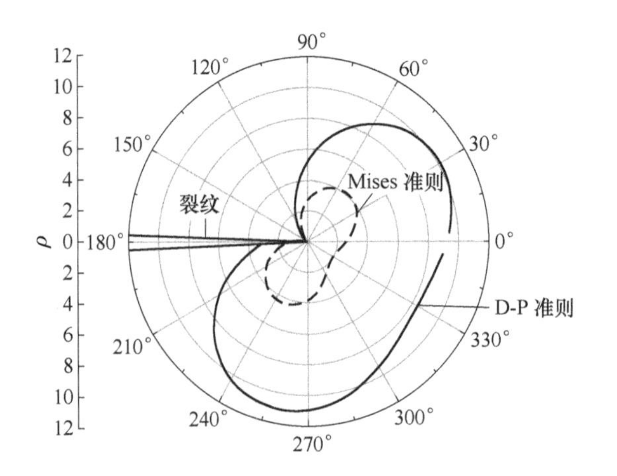

图 3-3　Drucker-Prager 和 Mises 准则 Ⅰ/Ⅱ 复合型裂隙尖端塑性区对比

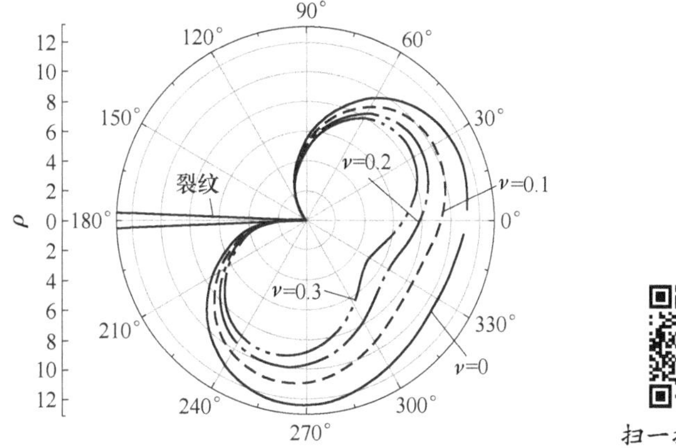

扫一扫查看彩图

图 3-4 Drucker-Prager 准则Ⅰ/Ⅱ复合型裂隙尖端塑性区随泊松比变化

图 3-4 反映泊松比 ν 对复合型裂纹尖端塑性区的影响，参数取 $\theta_2=70.5°$，摩擦角 $\varphi=30°$，$\alpha=0.231$；令泊松比 ν 分别为 0、0.1、0.2 和 0.3。可以看出随着泊松比增大，塑性区变小，上表面塑性区径长 ρ 都收敛于裂隙尖端，而下表面塑性区径长 ρ 收敛于在裂隙下表面某一固定位置。

3.2 宏观弹塑性损伤模型积分算法

3.2.1 考虑宏观损伤弹塑性的 Drucker-Prager 模型

基于 Drucker-Prager 模型的弹塑性损伤屈服函数和塑性势函数分别为：

$$F(\boldsymbol{\sigma},\ \kappa,\ D)=\alpha\boldsymbol{I}_1+\sqrt{\boldsymbol{J}_2}-(1-D)\kappa$$
$$G(\boldsymbol{\sigma},\ \kappa,\ D)=\beta\boldsymbol{I}_1+\sqrt{\boldsymbol{J}_2}-(1-D)\kappa \tag{3-7}$$

式中，$I_1=\mathrm{tr}(\boldsymbol{\sigma})=\boldsymbol{\sigma}_{ii}$；$\boldsymbol{J}_2=\dfrac{1}{2}\boldsymbol{s}:\boldsymbol{s}$ 其中 $\boldsymbol{s}=\boldsymbol{\sigma}-\dfrac{\boldsymbol{I}_1}{3}\boldsymbol{1}$；$(\boldsymbol{1})_{ij}=\delta_{ij}(i,\ j=1,\ 2,\ 3)$；

$\alpha=\dfrac{2\sin\varphi}{\sqrt{3}(3-\sin\varphi)}$；$\beta=\dfrac{2\sin\psi}{\sqrt{3}(3-\sin\psi)}$，其中的 φ，ψ 为岩石的摩擦角和膨胀角，当 $\varphi=\psi$，即 $\alpha=\beta$ 时，为相关联流动法则；κ 为岩石的硬化函数；D 为岩石的宏观损伤变量。

流动法则表示为如下形式：

$$\dot{\boldsymbol{\varepsilon}}^{\mathrm{p}}=\dot{\gamma}\frac{\partial G}{\partial\boldsymbol{\sigma}}=\dot{\gamma}\left[\alpha\boldsymbol{1}+\frac{\boldsymbol{s}}{2\sqrt{J_2}}-(1-D)\frac{\partial\kappa}{\partial\boldsymbol{\sigma}}\right] \tag{3-8}$$

式中，$\dot{\gamma}$ 为塑性乘子，其加卸载准则可由 Kuhn-Tucker 形式（Simo，1998）表示为：

$$F(\boldsymbol{\sigma},\ \kappa,\ D) \leqslant 0\ ,\ \dot{\gamma} \geqslant 0\ ,\ F(\boldsymbol{\sigma},\ \kappa,\ D)\ \dot{\gamma} = 0 \tag{3-9}$$

硬化函数 κ 可以表示为:

$$\kappa = \kappa(\boldsymbol{\sigma},\ \kappa_c) = \boldsymbol{\sigma}_0 + \kappa_c \tag{3-10}$$

式中, $\boldsymbol{\sigma}_0 = \dfrac{6c\cos\varphi}{\sqrt{3}(3 - \sin\varphi)}$; κ_c 为岩石的摩擦硬化或软化塑性内变量，可表示成下列 $\boldsymbol{\sigma}$、γ 的函数（Borja, 2003）:

$$\kappa_c = \kappa_c(\boldsymbol{\sigma},\ \gamma) = a_1\gamma\exp(a_2\boldsymbol{I}_1 - a_3\gamma) \tag{3-11}$$

式中, a_1, a_2 和 a_3 为正常数; κ 随着 γ 的变化如图 3-5 所示。

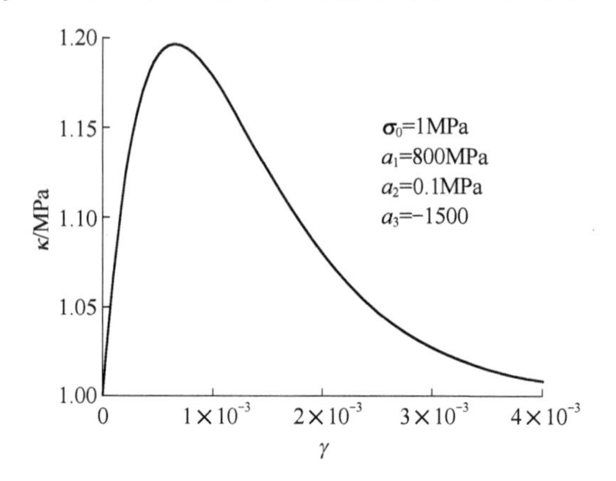

图 3-5 硬化/软化关系（κ-γ）

3.2.2 宏观损伤变量演化方程

在考虑了岩石宏观损伤软化是由于微裂隙发展所导致的体积膨胀引起的（Salari, 2004; Shao, 2006）基础上，本章提出了用体积应变表征岩石宏观损伤变量的演化，损伤变量 D 是体积应变的指数函数。

对于时刻 t 的体积应变量 $(\boldsymbol{\varepsilon}^{\mathrm{v}})_t$ 更新为:

$$(\boldsymbol{\varepsilon}^{\mathrm{v}})_t = \max\{\boldsymbol{\varepsilon}_0^{\mathrm{v}},\ \max_{s\in[0,\ t]}(\boldsymbol{\varepsilon}^{\mathrm{v}})_s\} \tag{3-12}$$

式中, $\boldsymbol{\varepsilon}^{\mathrm{v}}$ 和 $\boldsymbol{\varepsilon}_0^{\mathrm{v}}$ 分别为体积应变及所对应的体积应变阈值。

则对于时刻 t 的岩石宏观损伤变量 $(D)_t$ 的演化方程具体表示如下:

$$(D)_t = 1 - \exp[-a_4((\boldsymbol{\varepsilon}^{\mathrm{v}})_t - \boldsymbol{\varepsilon}_0^{\mathrm{v}})] \tag{3-13}$$

式中，体积应变阈值 $\boldsymbol{\varepsilon}_0^{\mathrm{v}}=0$，即体积膨胀时有损伤演化; a_4 为试验所得正常数。

3.2.3 模型积分算法

隐式积分算法目的就是给定 t_n 时刻应变增量 $\Delta\boldsymbol{\varepsilon}_{n+1}$、应力 $\boldsymbol{\sigma}_n$、塑性内变量 κ_n 及宏观损伤内变量 D_n，求出 t_{n+1} 时刻的应力 $\boldsymbol{\sigma}_{n+1}$ 及内变量 κ_{n+1}、D_{n+1} 等参数，本

章采用 Simo 所提出的回映算法（Simo，1986），其特点是弹性预测、塑性修正及损伤修正，此算法在应力空间的几何解释如图 3-6 所示，其主要思路为：

（1）已知 t_n 时刻应变增量 $\Delta\boldsymbol{\varepsilon}_{n+1}$、应力 $\boldsymbol{\sigma}_n$，假设试应力 $\boldsymbol{\sigma}_{n+1}^{tr}$ 是基于应力增量为线弹性，即：

$$\boldsymbol{\sigma}_{n+1}^{\mathrm{tr}} = \boldsymbol{\sigma}_n + (\boldsymbol{c}_{\mathrm{d}}^{\mathrm{e}})_n : \Delta\boldsymbol{\varepsilon}_{n+1} \tag{3-14}$$

式中，$\boldsymbol{c}_{\mathrm{d}}^{\mathrm{e}}$ 为损伤弹性矩阵，$\boldsymbol{c}_{\mathrm{d}}^{\mathrm{e}} = \lambda(D)\boldsymbol{1}\otimes\boldsymbol{1} + 2\mu(D)\ \boldsymbol{I}$，$\boldsymbol{I}$ 为四阶对称张量，$(\boldsymbol{I})_{ijkl} = \dfrac{1}{2}(\delta_{ik}\delta_{jl} + \delta_{il}\delta_{jk})$；$\lambda(D)$，$\mu(D)$ 为损伤拉梅常数，可以用拉梅常数 λ_0，μ_0 表示，其表达式为：

$$\begin{aligned}\lambda(D) &= (1 - D)\lambda_0 \\ \mu(D) &= (1 - D)\mu_0\end{aligned} \tag{3-15}$$

所以损伤弹性矩阵 $\boldsymbol{c}_{\mathrm{d}}^{\mathrm{e}}$ 也可表示为：

$$\boldsymbol{c}_{\mathrm{d}}^{\mathrm{e}} = (1 - D)\boldsymbol{c}_0^{\mathrm{e}} \tag{3-16}$$

在弹性预测阶段，内变量保持不变，即：

$$\begin{aligned}\boldsymbol{\gamma}_{n+1}^{\mathrm{tr}} &= \boldsymbol{\gamma}_n \\ \boldsymbol{\kappa}_{n+1}^{\mathrm{tr}} &= \boldsymbol{\kappa}_n \\ D_{n+1}^{\mathrm{tr}} &= D_n\end{aligned} \tag{3-17}$$

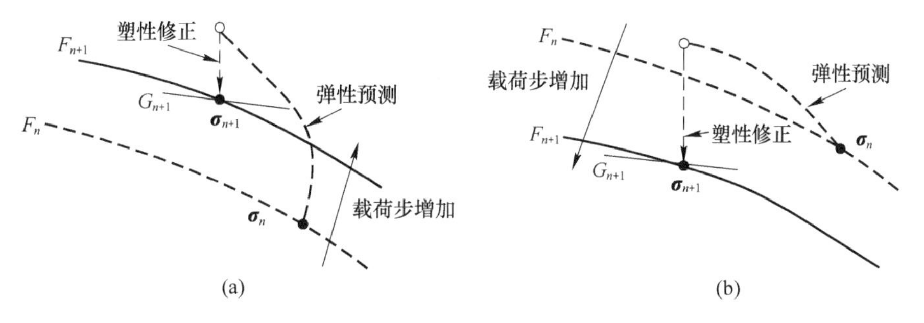

图 3-6 隐式积分算法的几何原理

（a）硬化；（b）软化

（2）将上述预测的应力 $\boldsymbol{\sigma}_{n+1}^{\mathrm{tr}}$ 及内变量 $\boldsymbol{\kappa}_{n+1}^{\mathrm{tr}}$ 代入屈服方程，若 $F(\boldsymbol{\sigma}_{n+1}^{\mathrm{tr}}, \boldsymbol{\kappa}_{n+1}^{\mathrm{tr}}, D_{n+1}^{\mathrm{tr}}) \leqslant 0$，表示处于弹性状态没有屈服，返回（1）；若 $F(\boldsymbol{\sigma}_{n+1}^{\mathrm{tr}}, \boldsymbol{\kappa}_{n+1}^{\mathrm{tr}}, D_{n+1}^{\mathrm{tr}}) > 0$，表示已经屈服，进入（3），求解应力、塑性应变及宏观损伤因子等内变量。

（3）塑性修正过程中，应变增量 $\Delta\boldsymbol{\varepsilon}_{n+1}$ 及宏观损伤变量 D_n 保持不变，应力修正为：

$$\boldsymbol{\sigma}_{n+1} = \boldsymbol{\sigma}_{n+1}^{\mathrm{tr}} - \Delta\gamma(\boldsymbol{c}_{\mathrm{d}}^{\mathrm{e}})_n : \left(\frac{\partial G}{\partial \boldsymbol{\sigma}}\right)_{n+1} \tag{3-18}$$

塑性内变量修正为：

$$
\begin{aligned}
\gamma_{n+1} &= \gamma_n + \Delta\gamma \\
\kappa_{n+1} &= \boldsymbol{\sigma}_0 + a_1\gamma_{n+1}\exp(a_2(\boldsymbol{I}_1)_{n+1} - a_3\gamma_{n+1})
\end{aligned}
\tag{3-19}
$$

此时令屈服函数为：

$$
F(\boldsymbol{\sigma}_{n+1},\ \kappa_{n+1},\ D_n) = 0 \tag{3-20}
$$

上述非线性方程组（3-12）~（3-14）可采用下列方法求解，所求解构成的向量及残余向量如下，可分别表示为：

$$
\boldsymbol{x} = \{\boldsymbol{\sigma}\quad \kappa\quad \Delta\gamma\}^{\mathrm{T}}_{8\times1} \tag{3-21}
$$

$$
\boldsymbol{r}(\boldsymbol{x}) = \begin{Bmatrix} (\boldsymbol{c}^{\mathrm{e}})^{-1}:\ (\boldsymbol{\sigma} - \boldsymbol{\sigma}^{\mathrm{tr}}_{n+1}) + \Delta\gamma\partial G/\partial\boldsymbol{\sigma} \\ \kappa - \kappa(\boldsymbol{\sigma},\ \gamma) \\ F(\boldsymbol{\sigma},\ \kappa,\ D) \end{Bmatrix}_{8\times8} \tag{3-22}
$$

残余向量切线矩阵 $\boldsymbol{r}'(\boldsymbol{x})$ 为：

$$
\boldsymbol{r}'(\boldsymbol{x}) = \begin{bmatrix} ((\boldsymbol{c}^{\mathrm{e}})^{-1} + \Delta\gamma G_{,\boldsymbol{\sigma}\boldsymbol{\sigma}}) & \Delta\gamma G_{,\boldsymbol{\sigma}\kappa} & G_{,\boldsymbol{\sigma}} \\ -\kappa_{,\boldsymbol{\sigma}} & 1 & -\kappa_{,\Delta\gamma} \\ F^{\mathrm{T}}_{,\boldsymbol{\sigma}} & F^{\mathrm{T}}_{,\kappa} & 0 \end{bmatrix}_{8\times8} \tag{3-23}
$$

采用 Newton-Raphson 迭代方法求解，迭代格式为：

$$
\boldsymbol{x}^{k+1}_{n+1} = \boldsymbol{x}^{k}_{n+1} - [(\boldsymbol{r}'(\boldsymbol{x}))^{k}_{n+1}]^{-1}\boldsymbol{r}(\boldsymbol{x})^{k}_{n+1} \tag{3-24}
$$

式中，k 为迭代步数。可设定子迭代步数最多为 40 步，若在 40 步内相对误差满足要求，则该子增量步通过，从而求得 t_{n+1} 时刻的 γ_{n+1}、κ_{n+1} 和 $\boldsymbol{\sigma}'_{n+1}$。

（4）宏观损伤变量 D_{n+1} 修正：

由式（3-12）第 $n+1$ 步的体积因变量 $(\boldsymbol{\varepsilon}^{\mathrm{v}})_{n+1}$更新为：

$$
(\boldsymbol{\varepsilon}^{\mathrm{v}})_{n+1} = \max\{\boldsymbol{\varepsilon}^{\mathrm{v}}_0,\ \max_{t\in[0,\ n]}(\boldsymbol{\varepsilon}^{\mathrm{v}})_t\} \tag{3-25}
$$

$$
D_{n+1} = 1 - \exp[-a_4((\boldsymbol{\varepsilon}^{\mathrm{v}})_{n+1} - \boldsymbol{\varepsilon}^{\mathrm{v}}_0)] \tag{3-26}
$$

（5）而 t_{n+1} 时刻所对应的应力张量 $\boldsymbol{\sigma}_{n+1}$为：

$$
\begin{aligned}
\boldsymbol{\sigma}_{n+1} &= (\boldsymbol{c}^{\mathrm{e}}_{\mathrm{d}})_{n+1}:\ \boldsymbol{\varepsilon}^{\mathrm{e}}_{n+1} = (\boldsymbol{c}^{\mathrm{e}}_{\mathrm{d}})_{n+1}:\ (\boldsymbol{\varepsilon}^{\mathrm{e}}_n + \Delta\boldsymbol{\varepsilon}_{n+1} - \Delta\boldsymbol{\varepsilon}^{\mathrm{p}}_{n+1}) \\
&= \frac{(\boldsymbol{c}^{\mathrm{e}}_{\mathrm{d}})_{n+1}}{(\boldsymbol{c}^{\mathrm{e}}_{\mathrm{d}})_n}(\boldsymbol{\sigma}^{\mathrm{tr}}_{n+1} - (\boldsymbol{c}^{\mathrm{e}}_{\mathrm{d}})_n:\ \Delta\boldsymbol{\varepsilon}^{\mathrm{p}}_{n+1}) = \frac{1 - D_{n+1}}{1 - D_n}\boldsymbol{\sigma}'_{n+1}
\end{aligned}
\tag{3-27}
$$

与 Salari 等（2004）所推应力更新值一致。

3.2.4 一致性切线模量

有限元在增量迭代弹塑性分析中存在速度慢、精度低问题。在隐式方法中，需要合适的切线模量。由于在屈服时突然转化为塑性行为，连续体弹塑性切线模量可能引起伪加载和卸载。为了避免这点，采用了一个基于本构积分算法的系统线性化的算法模量（也称为一致切线模量（Simo and Taylor，1985））。一致切线模量还具有一阶精度、二阶迭代收敛速度、计算量少和无条件稳定等优点。理想 Drucker-Prager 弹塑性模型的一致性切线模量可以参考 Mahnken 等（2000）的论文，对于本章弹塑性损伤模型，一致性切线模量 $\boldsymbol{c}_{n+1}=(\partial\boldsymbol{\sigma}/\partial\boldsymbol{\varepsilon})_{n+1}$ 就是 $\boldsymbol{r}'(\boldsymbol{x})^{-1}$ 矩阵左上角 6×6 的子矩阵，即：

$$\boldsymbol{c}_{n+1}=[\boldsymbol{I}_{6\times6}|0]\cdot\boldsymbol{r}'(\boldsymbol{x})^{-1}\cdot\left[\frac{\boldsymbol{I}_{6\times6}}{0}\right] \tag{3-28}$$

3.3 岩石宏观弹塑性损伤本构模型数值验证

在数值模拟过程中，岩石宏观弹塑性损伤本构模型参数分别取为：弹性模量 $E=20\text{GPa}$，泊松比 $\nu=0.2$，重度 $\gamma=25\text{kN/m}^3$，凝聚力 $c=6\text{MPa}$，内摩擦角及膨胀角都取 40°，为相关联流动法则；$a_1=5\times10^9\text{MPa}$，$a_2=5\times10^{-8}/\text{MPa}$，$a_3=700$，对于有损伤 $a_4=1000$；对于无损伤，即弹塑性硬化/软化模型中，$a_4=0$，此时宏观损伤变量 $D=0$。图 3-7 所示为单轴压缩状态下岩石类材料的应力-应变关系。图 3-8所示为单轴压缩状态下岩石损伤变量随轴向应变之间的关系曲线。

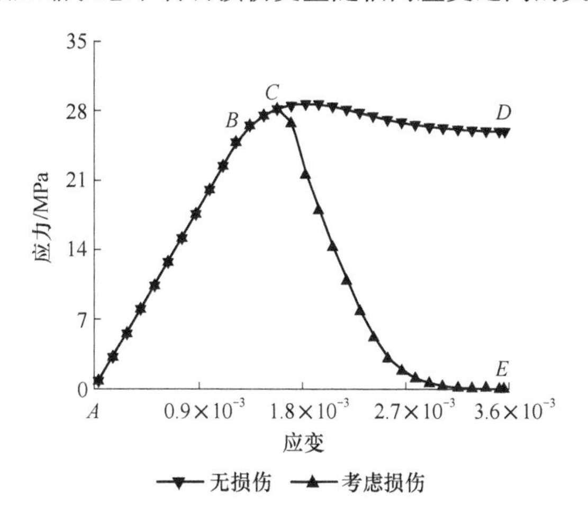

图 3-7 损伤/无损单轴压缩应力与应变关系对比

图 3-7 中 *ABCD* 曲线为忽略体积膨胀引起的损伤时弹塑性应力应变关系，其中，*AB* 段为线弹性段，*BC* 段为塑性硬化段，*CD* 段为塑性软化段；*ABCE* 曲线为考虑体积膨胀引起的损伤时弹塑性损伤本构曲线，*AB* 段和 *BC* 段与以上相同，*CE* 段为塑性和损伤共同作用下所得到的软化段。岩石类材料开始表现为线弹性，当应变增加到一定程度，岩石出现塑性硬化，而后当应变继续增加时，岩石表现为损伤和塑性软化，最后屈服应力趋于平缓直至岩石发生破坏。岩石宏观弹塑性损伤本构模型反映了压缩载荷下初始屈服强度 f_0^- 与屈服极限 f_u^- 不等的关系，与弹塑性硬化/软化模型相比，所提出的岩石宏观弹塑性损伤模型更符合岩石类材料的特性。

图 3-8 所示为单轴压缩状态下岩石宏观损伤变量随轴向应变之间的关系曲线。当轴向应变为 1.72×10^{-3}时，即体积开始膨胀（$\boldsymbol{\varepsilon}_n^{\mathrm{v}}\geqslant0$），宏观损伤变量$D=0.05783$，对应于图 3-7 中弹塑性损伤模型的 C 点开始出现损伤软化；当轴向应变为 3.08×10^{-3}（体积应变 $\boldsymbol{\varepsilon}_n^{\mathrm{v}}=4.66\times10^{-3}$）时，$D$ 超过 0.99，材料几乎完全破坏。

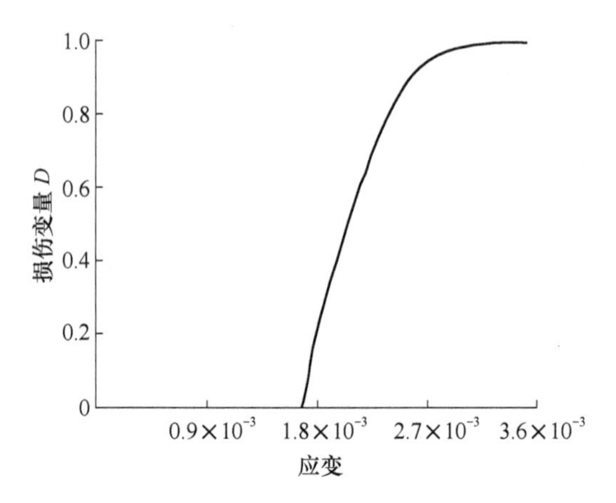

图 3-8 单轴压缩下岩石宏观损伤演化与轴向应变的关系

3.4 算例分析

算例一为图 3-9 所示的岩石单轴压缩试验与弹塑性损伤模型对比，试验采用的仪器为中国地质大学（北京）岩石三轴实验室岩石 TAW-2000 微机控制电液伺服岩石三轴试验机。试验数据及岩石抗剪强度参数值如下：弹性模量 $E=17.8\text{GPa}$，泊松比 $\nu=0.2$，重度 $\gamma=25.3\text{kN/m}^3$，凝聚力 $c=19.2\text{MPa}$，内摩擦角

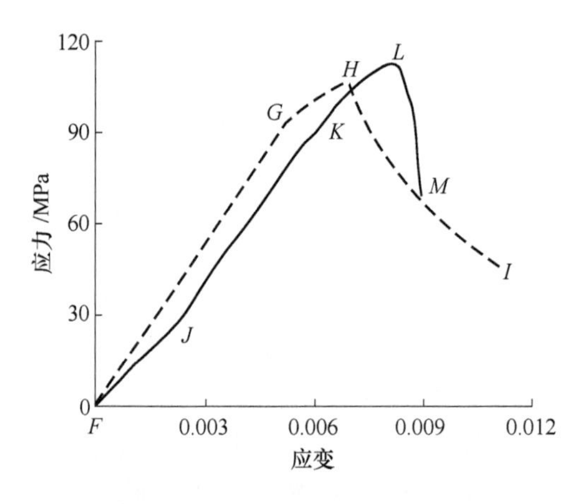

图 3-9 岩石单轴压缩应力应变曲线

$\varphi=45°$，膨胀角为 45°，单轴抗压强度 $\boldsymbol{\sigma}_c=113.04$MPa，塑性及损伤参数分别取 $a_1=1\times10^7$GPa，$a_2=2\times10^{-8}$MPa，$a_3=100$，$a_4=500$。

图 3-9 中岩石单轴压缩试验曲线为 *FJKLM*，*FJ* 段表示岩石微裂隙闭合段，*JK* 段为线弹性段，*KL* 段为塑性硬化段，*LM* 段为塑性和损伤软化段。岩石弹塑性损伤模型所得模拟曲线与岩石单轴压缩试验曲线趋势比较吻合，数值模拟所得单轴抗压强度 $\boldsymbol{\sigma}_c=106.69$MPa，比试验所得单轴抗压强度小 5.62%。模型曲线与岩石单轴压缩试验曲线没有重合可能是与弹塑性损伤模型理论有关，本章中岩石弹塑性损伤模型忽略岩石材料初始微裂隙闭合对模型的影响，即 *FG* 段仅表现为线弹性，而没有反映试验中 *FJ* 段所表示的岩石微裂隙闭合段。

算例二为图 3-10 所示的单轴拉伸试验与弹塑性损伤模型对比，参数取 Chiarelli（2003）、Kupfer（1969）和 Geopalaeratnam（1985）等的试验或模拟数据，弹性模量 $E=31.7$GPa，泊松比 $\nu=0.2$，单轴抗拉强度 $\boldsymbol{\sigma}_t=3.48$MPa。在弹塑性损伤模型数值模拟中，模型参数分别取为：弹性模量 $E=31.7$GPa，泊松比 $\nu=0.2$，凝聚力 $c=4.5$MPa，内摩擦角及膨胀角都为 40°，塑性及损伤参数分别取 $a_1=5\times10^6$GPa，$a_2=5\times10^{-8}$/MPa，$a_3=700$，$a_4=6000$。

对于单轴拉伸，当位移开始加载时就开始出现体积膨胀（$\boldsymbol{\varepsilon}_n^v\geqslant0$），即有损伤。如图 3-10 所示，与单轴压缩不同的是，岩石弹塑性损伤模型曲线并未出现塑性硬化段就进入损伤软化阶段，反映了在拉伸载荷下初始屈服强度 f_0^+ 与屈服极限 f_u^+ 相等的关系；另一方面，由于考虑了损伤对材料弹性性质的影响，在弹性阶段表现为非线性弹性，这比较符合岩石材料的拉伸特性。与 Chiarelli（2003）模型相比，本章所提出的岩石弹塑性损伤模型在弹性阶段更符合 Kupfer（1969）和 Geopalaeratnam（1985）单轴拉伸试验所表现出的刚度弱化现象。

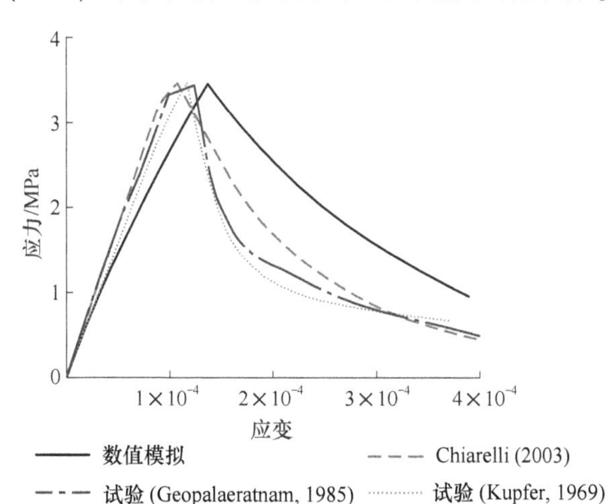

扫一扫查看彩图

图 3-10 岩石单轴拉伸应力应变曲线

4 基于微裂纹扩展的岩石细观弹塑性损伤模型

鉴于岩石中往往存在微裂隙，本章考虑宏观塑性及损伤对岩石细观力学性能的影响，建立岩石弹塑性损伤模型。损伤变量采用微裂隙统计的二参数 Weibull 函数反映绝对体积应变对微裂纹分布数目的影响，并采用微裂纹在压缩载荷下作稳定扩展时裂纹长度的函数来表示应力释放体积，进而用翼裂纹长度所表征的应力释放体积和微裂纹数目来表示含有微裂隙的岩石损伤演化变量。考虑到宏观塑性和损伤耦合时，弹塑性损伤模型的显示积分算法与应变增量大小有关，求解不稳定，本章用回映隐式积分算法编制了岩石弹塑性损伤模型有限元程序。在此基础上，从围压和短微裂隙长度等因素分析弹塑性损伤模型的岩石损伤和宏观塑性特性。

4.1 岩石细观弹塑性损伤模型及算法

4.1.1 考虑细观损伤的弹塑性 Drucker-Prager 模型

基于 Drucker-Prager 模型的宏观弹塑性损伤屈服函数和塑性势函数分别为：

$$F(\boldsymbol{\sigma},\ \kappa,\ D) = \alpha \boldsymbol{I}_1 + \sqrt{\boldsymbol{J}_2} - (1 - D)\kappa$$
$$G(\boldsymbol{\sigma},\ \kappa,\ D) = \beta \boldsymbol{I}_1 + \sqrt{\boldsymbol{J}_2} - (1 - D)\kappa \tag{4-1}$$

式中，$\boldsymbol{I}_1=\mathrm{tr}(\boldsymbol{\sigma}) = \boldsymbol{\sigma}_{ii}$，$\boldsymbol{J}_2=1/2\boldsymbol{s}$：$\boldsymbol{s}=1/2\boldsymbol{s}_{ij}$：$\boldsymbol{s}_{ij}$，$\boldsymbol{s}=\boldsymbol{\sigma}-\boldsymbol{I}_1/3\boldsymbol{1}$，$(\boldsymbol{1})_{ij}=\delta_{ij}$ $(i,\ j=1,\ 2,\ 3)$；$\alpha=2\sin\varphi/[\sqrt{3}(3-\sin\varphi)]$，$\beta=2\sin\psi/[\sqrt{3}(3-\sin\psi)]$，$\varphi$，$\psi$ 分别为岩石的摩擦角和膨胀角，当 $\varphi=\psi$，即 $\alpha=\beta$ 时，为相关联流动法则；κ 为岩石的硬化函数；D 为细观损伤变量。

则流动法则的形式表示为：

$$\dot{\boldsymbol{\varepsilon}}^{\mathrm{p}} = \dot{\gamma}\frac{\partial G}{\partial \boldsymbol{\sigma}} = \dot{\gamma}\left[\alpha \boldsymbol{1} + \frac{\boldsymbol{s}}{2\sqrt{\boldsymbol{J}_2}} - (1 - D)\frac{\partial \kappa}{\partial \boldsymbol{\sigma}}\right] \tag{4-2}$$

式中，$\dot{\gamma}$ 为塑性乘子，其加卸载准则可由 Kuhn-Tucker 形式（Simo and Hughes, 1998）表示：

$$F(\boldsymbol{\sigma},\ \kappa,\ D) \leqslant 0,\ \dot{\gamma} \geqslant 0,\ F(\boldsymbol{\sigma},\ \kappa,\ D)\ \dot{\gamma} = 0 \tag{4-3}$$

硬化函数 $\boldsymbol{\kappa}$ 可以表示成下列形式：

$$\kappa = \kappa(\boldsymbol{\sigma},\ \kappa_c) = \boldsymbol{\sigma}_0 + \kappa_c \tag{4-4}$$

式中，$\boldsymbol{\sigma}_0 = 6\boldsymbol{c}\cos\varphi/[\sqrt{3}(3 - \sin\varphi)]$，$\kappa_c$为岩石的塑性硬化内变量，为反映塑性内变量对硬化函数的影响，本章采用 Voyiadjis 等（2008）的压缩载荷作用下内变量 γ 的等效塑性应变硬化函数：

$$\kappa_c = \kappa_c(\gamma) = Q[1 - \exp(-b\gamma)] \tag{4-5}$$

式中，Q，b 为岩石塑性正参数，Q 的单位为 MPa，b 无量纲，分别为岩石饱和应力和应力饱和率；当 $b \to 0$ 时，$\kappa_c \to 0$；当 $b \to +\infty$ 时，$\kappa_c \to Q$；且当 Q、b 保持不变时，κ_c 随内变量 γ 的增加而增加，体现塑性硬化，具体详见文献（Voyiadjis，2008）。

4.1.2 岩石微裂隙扩展细观损伤演化方程

岩石在压缩载荷作用下，微裂纹表面的剪应力使得微裂隙有滑移趋势，由于裂隙闭合，摩擦力方向与滑移方向相反，当沿微裂隙面的剪应力超过摩擦力，发生摩擦滑移。随着压缩载荷的增加，引起翼裂纹从微裂隙尖端以大约为 70.5°（Ashby，1986；Sammis，1986；Huang，2003；Paliwal，2008），即沿最大张应力方向扩展，经过短初始弯曲，翼裂纹沿竖直方向较直地扩展，如图 4-1 所示。翼裂纹的形成是由于微裂隙面摩擦滑动所导致的微裂隙尖端局部拉应力引起的。

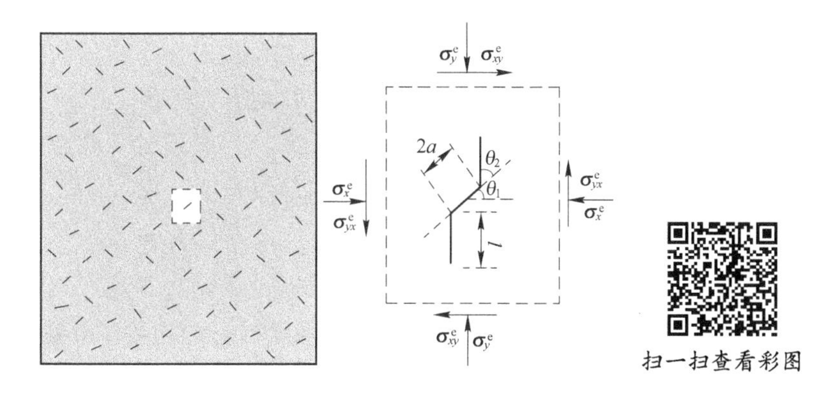

图 4-1 翼裂纹扩展模型示意图

微裂隙面上的驱动力可表示为：

$$\boldsymbol{\tau}_{\text{eff}} = \boldsymbol{\tau} - \mu\boldsymbol{p} \tag{4-6}$$

式中，$\boldsymbol{\tau}$ 和 $\boldsymbol{p}$ 分别为微裂隙面上的剪切力和正应力；μ 为微裂隙间的摩擦系数。

微裂隙尖端翼裂纹Ⅰ和Ⅱ型应力强度因子 K_{I} 和 K_{II} 可参照周小平等（2003a）、Lee（2003）、Ravichandran（1995）等，考虑翼裂纹扩展方向后修改为：

$$K_{\mathrm{I}} = -\frac{2a\boldsymbol{\tau}_{\mathrm{eff}}\sin\theta_2}{\sqrt{\pi(l+l^*)}} + p(\boldsymbol{\sigma},\ \theta_1+\theta_2)\sqrt{\pi l}$$

$$K_{\mathrm{II}} = -\frac{2a\boldsymbol{\tau}_{\mathrm{eff}}\cos\theta_2}{\sqrt{\pi(l+l^*)}} - \tau(\boldsymbol{\sigma},\ \theta_1+\theta_2)\sqrt{\pi l} \tag{4-7}$$

式中，a 为微裂隙半长；l 为翼裂纹的扩展长度；引入 $l^* = 0.27a$，使 $l = 0$ 时，K_{I}、K_{II} 非奇异；θ_2 为微裂隙尖端翼裂纹扩展角，由于翼裂纹初始弯曲较短，翼裂纹主要沿竖直方向扩展，故本章令翼裂纹扩展角 $\theta_2 = 90° - \theta_1$。

裂纹尖端的应变能密度 S（Sih，1974）如下表示：

$$S = a_{11}K_{\mathrm{I}}^2 + 2a_{12}K_{\mathrm{I}}K_{\mathrm{II}} + a_{22}K_{\mathrm{II}}^2 \tag{4-8}$$

式中，系数 a_{11}，a_{12} 和 a_{22} 为沿翼裂纹方向的应变能密度，可参照文献（Sih，1974）。

最小应变能密度 S_{C}（Sih，1974）如下表示：

$$S_{\mathrm{C}} = \frac{(1+\nu)(1-2\nu)}{2\pi E}K_{\mathrm{IC}}^2 \tag{4-9}$$

式中，K_{IC} 为岩石的断裂韧度；S_{C} 也可称为断裂阈值。

Ashby 等（1986）认为翼裂纹扩展主要是由拉张引起的，采用Ⅰ型应力强度因子求翼裂纹长度。而翼裂纹扩展往往是以复合型断裂的形式扩展，本章用应变能密度准则（Sih，1974）计算稳态扩展时翼裂纹长度，这里认为当微裂隙尖端翼裂纹应变能密度 S 大于最小应变能密度 S_{C} 时开始扩展。

对于时间 t 时翼裂纹尖端的应变能密度 $(S)_t$，通过下式与最小应变能密度 S_{C} 比较并用 Newton 迭代法计算时间 t 的翼裂纹长度 l_t 为：

$$\begin{cases} l_t = 0, & 若(S)_t \leqslant S_{\mathrm{C}} \\ 令(S)_t = S_{\mathrm{C}}，计算\ l_t, & 若(S)_t > S_{\mathrm{C}} \end{cases} \tag{4-10}$$

对于岩石损伤变量，损伤弹性模量是微裂纹数的函数，可采用翼裂纹长度所表征的应力释放体积和微裂纹数目来表示含有微裂隙的岩石损伤演化变量，Walsh 等（1965）提出的岩石损伤变量可如下定义为：

$$D_t = N_t V_t \tag{4-11}$$

式中，N_t 为单位体积微裂纹将要扩展的数目，个/立方米；$V_t = \dfrac{4\pi l_t^3}{3}$ 为半径取翼裂

纹长度 l_t 时的球形体积，表示由于翼裂纹扩展所导致的应力释放体积。

由于 Weibull 统计可以较好地描述岩石内部的微裂隙分布数目，Huang 等（2003）采用弹性体积应变的二参数 Weibull 分布函数形式计算单位体积微裂隙分布，本章要考虑宏观塑性应变对微裂纹分布的影响，采用的绝对体积应变 $\boldsymbol{\varepsilon}_{|V|}$ 的二参数 Weibull 分布函数形式为：

$$\eta_t = k(\boldsymbol{\varepsilon}_{|V|})_t^m \tag{4-12}$$

$$(\boldsymbol{\varepsilon}_{|V|})_t = \left|(\boldsymbol{\varepsilon}_V^{\mathrm{e}})_t\right| + \left|(\boldsymbol{\varepsilon}_V^{\mathrm{p}})_t\right| \tag{4-13}$$

式中，k，m 为岩石微裂隙特征正参数，k 的单位为个/立方米，m 无量纲；η_t 为在绝对应变（$\boldsymbol{\varepsilon}_{|V|}$）$_t$ 时单位体积微裂纹可激活数目，由式（4-12）和式（4-13）可知，随着载荷增加，绝对体积应变增加，则新的裂隙不断被激活，微裂纹数不断增加。

在时间 t 时，D_t 可以表示时间 t 时的微裂纹所占的损伤比例，则未损伤的微裂纹所占的比例为 $1-D_t$，所以实际将要被激活的微裂隙数目 N_t 可表示（Huang and Subhash，2003）为：

$$N_t = \eta_t(1 - D_t) \tag{4-14}$$

由式（4-12）~式（4-14），则时间 t 的损伤变量可表示为：

$$D_t = \frac{\eta_t V_t}{1 + \eta_t V_t} \tag{4-15}$$

令 $\rho_t = \eta_t V_t$，则 $D_t = \rho_t/(1 + \rho_t)$；由式（4-15）可知，载荷增加时绝对体积应变增加，此时微裂纹数不断积累，当 $(S)_t \leqslant S_{\mathrm{C}}$ 时，微裂隙尖端翼裂纹不扩展，此时 $V_t = 0$，即损伤变量 $D_t = 0$；当 $(S)_t > S_{\mathrm{C}}$ 时，微裂隙尖端翼裂纹扩展，此时 $V_t > 0$，损伤变量 $D_t > 0$，即有损伤出现。

4.1.3　细观弹塑性损伤模型积分算法

把上述弹塑性和损伤思路采用隐式积分算法导入到有限元程序中，隐式积分算法求解和时间无关，无条件稳定，采用的是牛顿迭代法求解，通常用于求解高度非线性问题，本章采用隐式积分算法编制岩石弹塑性损伤模型程序以提高程序稳定性。隐式积分算法目的就是给定 t_n 时刻应变增量 $\Delta\boldsymbol{\varepsilon}_{n+1}$、应力 $\boldsymbol{\sigma}_n$、塑性内变量 $\boldsymbol{\kappa}_n$ 及损伤内变量 D_n，求出 t_{n+1} 时刻的应力 $\boldsymbol{\sigma}_{n+1}$ 及内变量 $\boldsymbol{\kappa}_{n+1}$、$D_{n+1}$ 等参数，本章采用 Simo 等（1986；1988）所提出的回映算法，其特点在于弹性预测、塑性修正及损伤修正，此算法的主要思路在应力空间的几何解释如图 4-2所示。

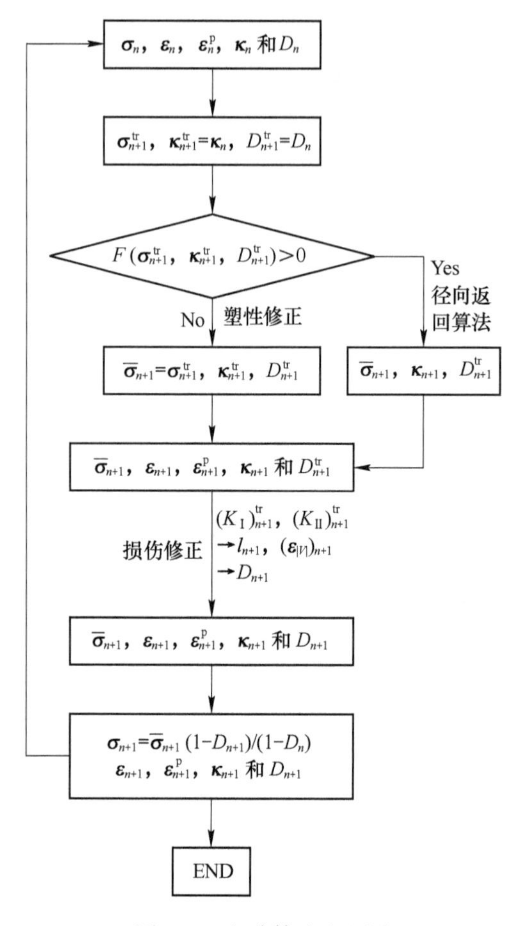

图 4-2 积分算法流程图

4.2 岩石弹塑性损伤模型数值验证

在数值模拟过程中，岩石弹塑性损伤模型参数分别取为：弹性模量 $E=2.0\times 10^4$MPa、泊松比 $\nu=0.2$、容重 $\gamma=25$kN/m^3、黏聚力 $c=3.0\times 10^4$kPa、内摩擦角及膨胀角都取 40°，为相关联流动法。微裂隙参数为：微裂隙倾角 $\theta_1=45°$、翼裂纹的开裂角 $\theta_2=45°$、微裂隙间摩擦系数 $\mu=0.1$、微裂隙的二参数 Weibull 函数特征参数 $k=4.0\times 10^{23}/\mathrm{m}^3$、$m=5$；岩石的断裂韧度 $K_{\mathrm{IC}}=0.5\mathrm{MPa}\cdot\mathrm{m}^{1/2}$、塑性参数 $b=200$、$Q=30$MPa。

4.2.1 微裂纹长度影响

图 4-3 为轴向应力-应变关系和损伤演化随微裂隙半长的变化曲线，微裂隙半长 a 分别取 400μm、600μm 和 800μm。可以看出，随着微裂隙半长增加，屈服

极限也随之减小。$A-B-D$ 曲线为微裂隙 a 为 800μm 时考虑损伤的弹性损伤本构曲线。其中，$A-B$ 段为线弹性段，$B-D$ 段为宏观弹性损伤段。

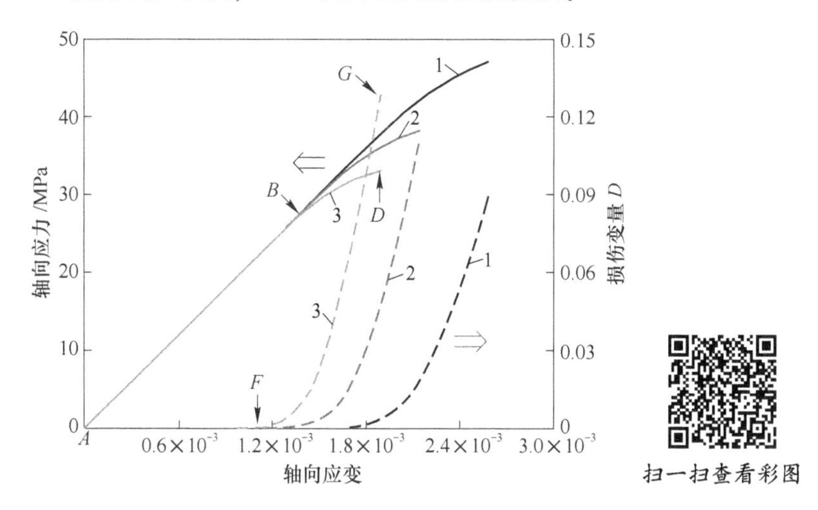

图 4-3 轴向应力-应变关系与损伤演化随微裂隙半长变化曲线

1—a=400μm；2—a=600μm；3—a=800μm

由于所加载荷没有达到岩石的屈服极限，故弹塑性损伤在其屈服极限范围内属于弹性损伤模型。图 4-3 中 $A-F-G$ 段所示为微裂隙 a 为 800μm 时弹性损伤本构曲线所对应的岩石损伤变量随轴向应变之间的关系。当轴向应变为 8.28×10^{-4} 时，此时微裂纹尖端的应变能密度大于最小应变能密度，即微裂纹开始扩展，细观损伤随之产生，应变增加直到 F 点出现宏观损伤，对应于图中弹性损伤模型 B 点开始出现损伤；当轴向应变为 1.9×10^{-3}时，即 G 点，岩石轴向应力达到最大值，对应图中弹性损伤模型 D 点。由图 4-3 所示，随微裂隙变短，损伤相对滞后且损伤演化速率变缓。与基于连续介质的弹塑性模型相比，本研究所提出的基于细观裂隙的弹塑性损伤模型在损伤研究方面更能反映岩石的破坏往往是由于岩石中微裂纹扩展直至最后贯通引起的。

4.2.2 围压影响

图 4-4 为轴向应力-应变关系与损伤演化随围压变化曲线。微裂隙半长 a= 800μm，围压分别取 0MPa、6MPa、12MPa 和 18MPa，可以看出：随着围压增加，屈服极限也随之增加，在应变增加的整个过程中，围压较大，对应的应力也较大，所提模型比较符合岩石在围压作用下的力学特性。从图 4-4 所对应的损伤变量随围压的变化曲线可以看出：围压对初始宏观损伤影响较小，宏观损伤几乎同时出现，即围压与初始损伤点几乎无关，这一点与微裂纹长度对岩石的应力影响不同；围

压与损伤速率有关，随围压增加，损伤速率也相对变缓，但在轴向应力达到屈服极限前，损伤段持续较长；同样的轴向应变，围压较大，绝对体积应变较小，微裂纹尖端翼裂纹的扩展长度也较小，由公式（4-15）可知相应的损伤也较小。

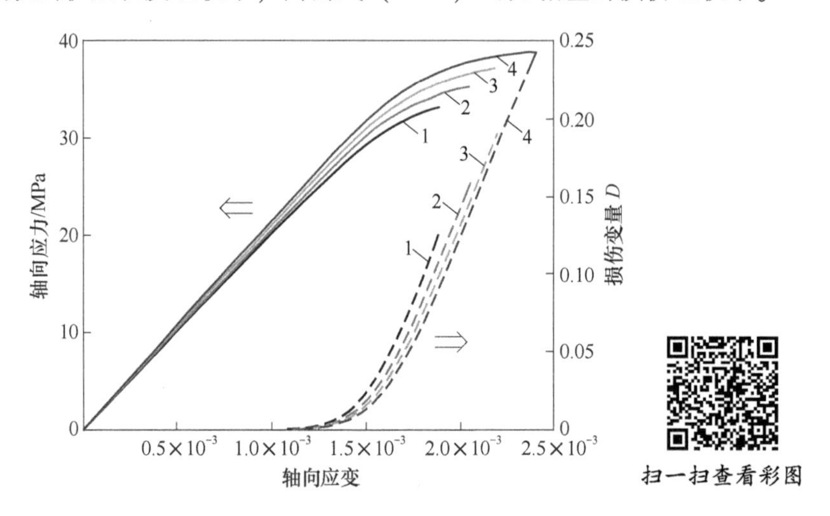

图 4-4 轴向应力-应变关系与损伤演化随围压变化曲线

1—0MPa；2—6MPa；3—12MPa；4—18MPa

4.2.3 Weibull 参数 *k* 影响

图 4-5 为屈服极限随着 Weibull 参数 k（裂隙密度参数）变化趋势图，$k=(1\sim9)\times10^{23}/\text{m}^3$，微裂隙半长 $a=800\mu\text{m}$。可以看出屈服极限随着 k 的增加而减

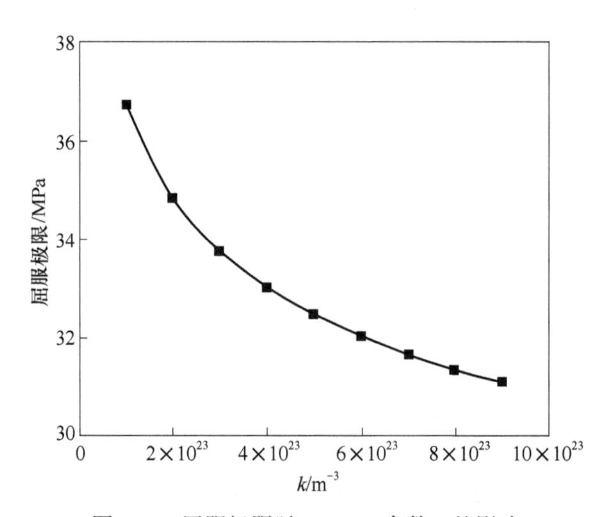

图 4-5 屈服极限随 Weibull 参数 k 的影响

小，其结果与式（4-12）中单位体积微裂隙数 η 随着 k 的增加而增加的规律是一致的。同时，当 $k=(1\sim5)\times10^{23}/m^3$ 时，屈服极限降低较快，当 $k>5\times10^{23}/m^3$ 时，屈服极限降低较缓。

4.2.4 微裂隙长度对塑性的影响

图 4-6 为微裂隙长度对岩石塑性的影响。微裂隙半长 a 分别取 50μm、100μm 和 150μm。由于微裂隙长较小，较大的载荷才能使微裂纹扩展，当载荷增加到一定程度，超过岩石的屈服极限，岩石便会发生塑性变形，此时由前面讨论的弹性损伤模型转变为弹塑性损伤模型。微裂隙半长 $a=150$μm 的曲线段 $O-P-Q-R$ 中，$O-P$ 段为非线性弹性段（宏观损伤不明显），$P-Q$ 段为宏观损伤段，$Q-R$段为塑性和损伤共同作用下所得到的应变软化段。在短微裂隙长的情况下，微裂隙长增加，如从 50μm 增至 100μm，屈服极限变小，塑性下降段变陡，且有明显的损伤弹性段。

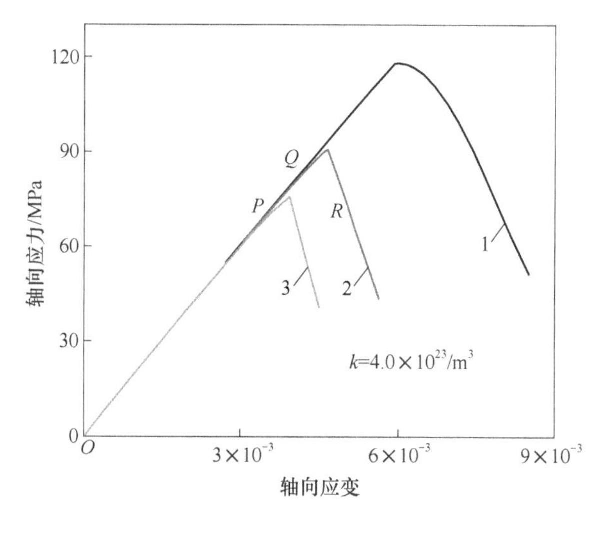

图 4-6 短微裂隙半长对岩石塑性的影响

1—50μm；2—100μm；3—150μm

扫一扫查看彩图

4.2.5 微裂隙倾角对塑性的影响

图 4-7 为微裂隙倾角 θ_1（$\theta_1=20°\sim45°$）对岩石塑性的影响，微裂隙半长$a=200$μm，微裂隙参数 $k=4.0\times10^{23}/m^3$。屈服极限随着裂隙倾角的减小而增加，因为式（4-6）中微裂隙面上的驱动力也随裂隙倾角的减小而增加，当裂隙倾角和裂隙长度小到一定程度，随着轴向载荷的增加，出现塑性应变，本构模型演化为

弹塑性本构模型。在达到屈服极限前，应力曲线有明显的硬化段，与4.2.4节微裂隙长度（如 $a=50\mu m$）相比可知，微裂隙较长时，微裂隙扩展对损伤演化的影响比较明显。

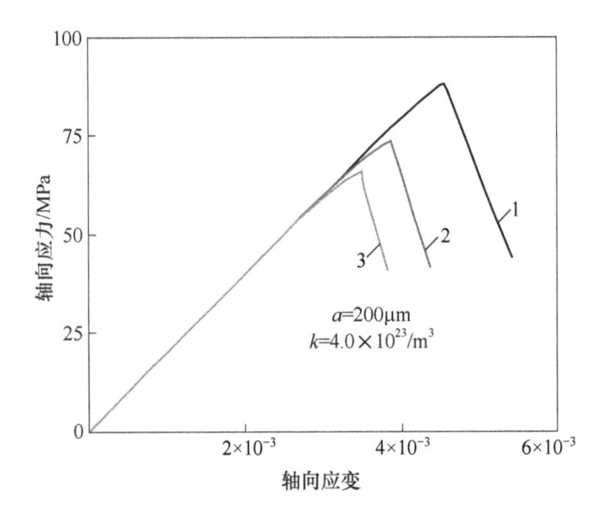

扫一扫查看彩图

图 4-7 微裂隙倾角对岩石塑性的影响

1—$\theta_1=20°$；2—$\theta_1=30°$；3—$\theta_1=45°$

5 基于非弹性变形和能量耗散的岩石细观模型

鉴于岩石中往往存在微裂隙，本章考虑宏观塑性及损伤共同对岩石细观力学性能的影响，建立岩石弹塑性损伤本构模型，并在微裂隙扩展的基础上考虑岩石基质的塑性变形将是一个很有意义的探索。

本章中，宏观塑性屈服函数采用 Voyiadjis 等（2008）的等效塑性应变硬化函数，以反映塑性内变量对硬化函数的影响。损伤变量采用微裂隙统计的二参数 Weibull 分布函数以反映绝对体积应变对微裂纹分布数目的影响，对于岩石中微裂纹破坏是一种复合型断裂问题，本章首先考虑翼裂纹复合型断裂是由于微裂纹尖端翼裂纹应变能密度 S 大于最小应变能密度 S_c 导致翼裂纹扩展引起的，用应变能密度 S 求翼裂纹稳态扩展时的裂纹长度；然后，基于岩石应变能耗散的形式推导了三维微裂隙扩展的损伤张量；考虑到宏观塑性和损伤耦合时，弹塑性损伤模型的显式积分算法与应变增量大小有关，求解不稳定，本章用回映隐式积分算法编制了岩石本构模型的有限元程序；在此基础上，分析岩石本构模型的基本特性，并从微裂隙长度等因素分析弹塑性损伤模型的岩石损伤和宏观塑性特性；最后对单轴压缩试验进行数值模拟，分析和论证所提出的岩石弹塑性损伤本构模型。

5.1 岩石本构模型建立

5.1.1 模型应变分解

在本模型中，总应变可分解为基质的弹性应变、塑性应变和由于微裂隙扩展所产生的裂隙应变，其增量的具体形式如下式表示为：

$$\Delta\boldsymbol{\varepsilon} = \Delta\boldsymbol{\varepsilon}^{e} + \Delta\boldsymbol{\varepsilon}^{p} + \Delta\boldsymbol{\varepsilon}^{c} \tag{5-1}$$

式中，$\Delta\boldsymbol{\varepsilon}^{e}$ 为基质的弹性应变；$\Delta\boldsymbol{\varepsilon}^{p}$ 为基质的塑性应变；$\Delta\boldsymbol{\varepsilon}^{c}$ 为基质的裂隙应变。基质的弹性应变 $\Delta\boldsymbol{\varepsilon}^{e}$ 和裂隙应变 $\Delta\boldsymbol{\varepsilon}^{c}$ 如下式分别表示为（Zuo et al.，2010）：

$$\Delta\boldsymbol{\varepsilon}^{e} = \boldsymbol{C}_{m}\Delta\boldsymbol{\sigma};\ \Delta\boldsymbol{\varepsilon}^{c} = \boldsymbol{D}_{c}\Delta\boldsymbol{\sigma} \tag{5-2}$$

式中，C_m 为基质的柔度张量；D_c 为损伤张量，基质的塑性应变 $\Delta\boldsymbol{\varepsilon}^{p}$ 在后文中定义。

把式（5-2）代入式（5-1）得：

$$\Delta\boldsymbol{\varepsilon} = (\boldsymbol{C}_{m} + \boldsymbol{D}_{c})\Delta\boldsymbol{\sigma} + \Delta\boldsymbol{\varepsilon}^{p} \tag{5-3}$$

对于各项同性弹性基质，其柔度张量 C_m 如下式表示为：

$$\boldsymbol{C}_{\mathrm{m}} = \frac{1}{3K}\boldsymbol{P}^{\mathrm{sp}} + \frac{1}{2G}\boldsymbol{P}^{\mathrm{d}} \tag{5-4}$$

式中，K、G 分别为基质的体积模量和剪切模量，在本模型中为常数，球形和偏斜张量分别如下式表示：

$$\boldsymbol{P}^{\mathrm{sp}} \equiv \frac{1}{3}(\boldsymbol{i} \otimes \boldsymbol{i})\text{；}\ \boldsymbol{P}^{\mathrm{d}} \equiv \boldsymbol{I} - \frac{1}{3}(\boldsymbol{i} \otimes \boldsymbol{i}) \tag{5-5}$$

式中，$\boldsymbol{i}$、$\boldsymbol{I}$ 分别为二阶和四阶特征张量（对称）。

5.1.2 微裂隙扩展的损伤张量 $\boldsymbol{D}_{\mathrm{c}}$ 表示

本章考虑三维币形裂纹扩展，假设微裂纹在空间均匀分布。岩石在压缩载荷作用下，微裂纹表面的剪应力使得微裂隙有滑移趋势，由于裂隙闭合，摩擦力方向与滑移方向相反，当沿微裂隙面的剪应力超过摩擦力，发生摩擦滑移。随着压缩载荷的增加，翼裂纹将由微裂隙尖端以大约 70.5°，即最大张应力的方向起裂、扩展［可通过断裂力学中裂隙尖端最大周向张应力理论$\left(\dfrac{\partial \boldsymbol{\sigma}_{\theta\theta}}{\partial\theta}=0,\ \dfrac{\partial^2 \boldsymbol{\sigma}_{\theta\theta}}{\partial\theta^2}<0\right)$加以证明］，经过短初始弯曲，翼裂纹沿竖直方向较直地扩展，如图 5-1 所示。翼裂纹的形成是由于微裂隙面摩擦滑动所导致的微裂隙尖端局部拉应力引起的。由于翼裂纹初始弯曲较短，翼裂纹主要沿竖直方向扩展，故本章令翼裂纹扩展角 $\theta_2 = 90° - \theta_1$，$\theta_2$ 为微裂隙尖端翼裂纹扩展角，θ_1 为微裂隙倾角。

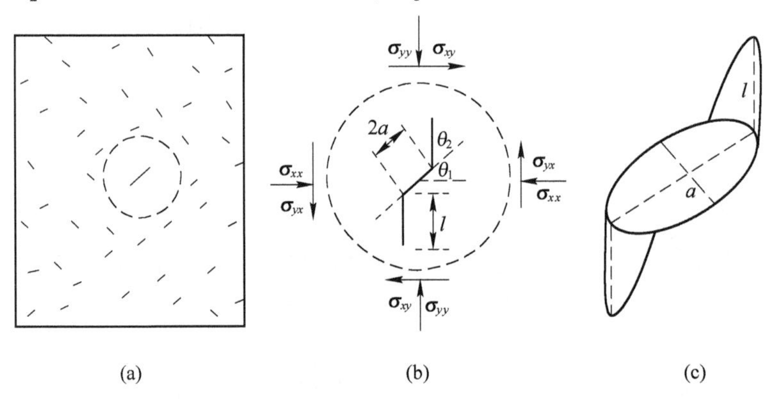

图 5-1 三维翼裂纹扩展模型示意图

（a）含微裂纹的岩石；（b）翼裂纹扩展示意图；（c）三维翼裂纹扩展示意图

在压缩载荷作用下，微裂隙面上的剪切力 $\boldsymbol{\tau}$ 和正应力 $\boldsymbol{p}$ 分别表示为：

$$\boldsymbol{\tau}(\boldsymbol{\sigma},\ \theta_1) = \frac{\boldsymbol{\sigma}_{yy} - \boldsymbol{\sigma}_{xx}}{2}\sin 2\theta_1 + \boldsymbol{\sigma}_{xy}\cos 2\theta_1$$

$$\boldsymbol{p}(\boldsymbol{\sigma},\ \theta_1) = \frac{\boldsymbol{\sigma}_{xx} + \boldsymbol{\sigma}_{yy}}{2} + \frac{\boldsymbol{\sigma}_{yy} - \boldsymbol{\sigma}_{xx}}{2}\cos 2\theta_1 - \boldsymbol{\sigma}_{xy}\sin 2\theta_1 \tag{5-6}$$

式中，$\boldsymbol{\sigma}$ 为裂隙面周围的应力；$\boldsymbol{\sigma}_{xx}$、$\boldsymbol{\sigma}_{yy}$、$\boldsymbol{\sigma}_{xy}$ 分别为其应力分量，如图 5-1 所示。

由式（5-6），则微裂隙面上的驱动力可表示为：

$$\boldsymbol{\tau}_{\text{eff}} = \boldsymbol{\tau} - \mu \boldsymbol{p} \tag{5-7}$$

式中，μ 为微裂隙间的摩擦系数。对于平面应力，当 $\theta_1 = 1/2\tan^{-1}(1/\mu)$ 时，$\boldsymbol{\tau}_{\text{eff}}$（$\boldsymbol{\sigma}$，$\theta_1$）取得最大值，此时 θ_1 是最容易扩展的方向。虽然 θ_1 在实际岩石中随机分布，本章作为简化，假设 $\theta_1 \approx 45°$（当 $\mu \to 0^+$）；对于其他角度问题也可行，只要在模拟过程中改变相应参数 θ_1 即可。

由于考虑三维裂纹扩展，币形裂纹表面的扩展力表示为：

$$\begin{aligned} F_{\text{I}} &= \pi a^2 \boldsymbol{\tau}_{\text{eff}} \cos\theta_1 \\ F_{\text{II}} &= \pi a^2 \boldsymbol{\tau}_{\text{eff}} \sin\theta_1 \end{aligned} \tag{5-8}$$

式中，a 为微裂隙半长，微裂隙半长 a 和微裂隙间摩擦系数 μ 的确定主要可根据矿物颗粒的大小确定，在这方面 Ashby 等（1986）做了大量研究。

微裂隙尖端翼裂纹 Ⅰ 和 Ⅱ 型应力强度因子 K_{I} 和 K_{II} 可参照 Ravichandran（1995）和 Lee（2003）等研究成果，考虑翼裂纹扩展方向后可修改为：

$$\begin{aligned} K_{\text{I}} &= \frac{-F_{\text{I}}}{[\pi(l + l^*)]^{\frac{3}{2}}} + \frac{2}{\pi}\boldsymbol{\sigma}_{11}^{\text{c}}\sqrt{\pi l} \\ K_{\text{II}} &= \frac{-F_{\text{II}}}{[\pi(l + l^*)]^{\frac{3}{2}}} \end{aligned} \tag{5-9}$$

式中，l 为翼裂纹的扩展长度；引入 $l^* = 0.27a$，使 $l = 0$ 时，K_{I}、K_{II} 非奇异。

则应变能释放率 G 表示为：

$$G = \frac{(\kappa + 1)(1 + \nu)}{4E}(K_{\text{I}}^2 + K_{\text{II}}^2) \tag{5-10}$$

式中，对平面应力或者三维币形裂纹 $\kappa = (3 - \nu)/(1 + \nu)$，对于平面应变 $\kappa =$（$3 - 4\nu$）。

由于微裂纹扩展，岩石的应变能则变为：

$$W = W_0 + N\Delta W \tag{5-11}$$

式中，W_0 为无裂纹扩展时岩石的应变能；ΔW 为由于裂隙扩展所导致的应变能变化；N 为单位体积微裂纹数目。

根据微裂纹应变能释放率，则应变能变化为：

$$\begin{aligned} \Delta W &= \iint_S G\text{d}S = \int_0^l \pi a G \text{d}l = \pi a \frac{(\kappa + 1)(1 + \nu)}{4E}\int_0^l (K_{\text{I}}^2 + K_{\text{II}}^2)\text{d}l \\ &= \pi a \frac{1}{E}\int_0^l (K_{\text{I}}^2 + K_{\text{II}}^2)\text{d}l \end{aligned} \tag{5-12}$$

由式（5-11）所示的岩石应变能，可得其弹性损伤张量为：

$$\boldsymbol{M}_{ijkl} = \frac{\partial^2 W}{\partial \boldsymbol{\sigma}_{ij} \partial \boldsymbol{\sigma}_{kl}} = C^{\mathrm{m}}_{ijkl} + \frac{\pi a N}{E}\int_0^l \frac{\partial^2}{\partial \boldsymbol{\sigma}_{ij} \partial \boldsymbol{\sigma}_{kl}}(K_{\mathrm{I}}^2 + K_{\mathrm{II}}^2)\,\mathrm{d}l \tag{5-13}$$

根据式（5-13）可得损伤张量 $\boldsymbol{D}_{\mathrm{c}}$：

$$\boldsymbol{D}^{\mathrm{c}}_{ijkl} = \frac{\pi a N}{E}\int_0^l \frac{\partial^2}{\partial \boldsymbol{\sigma}_{ij} \partial \boldsymbol{\sigma}_{kl}}(K_{\mathrm{I}}^2 + K_{\mathrm{II}}^2)\,\mathrm{d}l \tag{5-14}$$

将式（5-9）代入式（5-14），化简可得损伤张量与初始微裂隙长 a、单位体积微裂纹数目 N、裂纹扩展长度 l 和裂纹间的摩擦系数 μ 等因素有关，具体表示为：

$$\boldsymbol{D}^{\mathrm{c}}_{ijkl} = \frac{N(\kappa + 1)(1 + \nu)}{4E}\Bigg\{(a^5 A_{ij} A_{kl}[(l^*)^{-2} - (l + l^*)^{-2}] + 4\delta_{1i}\delta_{1j}\delta_{1k}\delta_{1l} l^2 a) - (\delta_{1i}\delta_{1j}A_{kl} + \delta_{1k}\delta_{1l}A_{ij}) a^3 \cos\theta_1 \left[\ln\left(\frac{2l}{l^*} + 1 + 2\sqrt{\left(\frac{l}{l^*}\right)^2 + \frac{l}{l^*}}\right) - 2\sqrt{l}(l + l^*)^{-1/2}\right]\Bigg\} \tag{5-15}$$

式中，$A_{ij} = \partial \boldsymbol{\tau}_{\mathrm{eff}} / \partial \boldsymbol{\sigma}_{ij}$，$A_{kl} = \partial \boldsymbol{\tau}_{\mathrm{eff}} / \partial \boldsymbol{\sigma}_{kl}$。由式（5-15）可知，当微裂纹数目 N 或者裂纹扩展长度 l 增加时，损伤张量的分量变大，又由式（5-2）可知，裂隙损伤应变也增加；另外可以注意到，当摩擦系数 $\mu = 1$ 时，张量的分量都为零；微裂纹数目 N 和翼裂纹扩展长度 l 的具体求解将在 5.1.3 节中讨论。

5.1.3 岩石内部微裂隙演化规律

岩石内部微裂隙演化规律包含两个重要方面，即微裂纹长度扩展规律和微裂纹数目演化规律。

5.1.3.1 微裂纹长度扩展规律

裂纹尖端的应变能密度 S 如下表示（Sih，1974）：

$$S = a_{11} K_{\mathrm{I}}^2 + 2a_{12} K_{\mathrm{I}} K_{\mathrm{II}} + a_{22} K_{\mathrm{II}}^2 \tag{5-16}$$

式中：

$$a_{11} = \frac{1 + \nu}{8\pi E}[(3 - 4\nu - \cos\theta_3)(1 + \cos\theta_3)]$$

$$a_{12} = \frac{1 + \nu}{8\pi E}(2\sin\theta_3)[\cos\theta_3 - (1 - 2\nu)]$$

$$a_{22} = \frac{1 + \nu}{8\pi E}[4(1 - \cos\theta_3)(1 - \nu) + (1 + \cos\theta_3)(3\cos\theta_3 - 1)] \tag{5-17}$$

式中，$\theta_3 = 0$，即沿翼裂纹方向的应变能密度。

最小应变能密度 S_{C} 如下表示（Sih，1974）：

$$S_C = \frac{(1+\nu)(1-2\nu)}{2\pi E}K_{IC}^2 \tag{5-18}$$

式中，K_{IC}为岩石的断裂韧度；S_C也可称为断裂阈值。

Ashby 等（1986）认为翼裂纹扩展主要是由拉张引起的，采用Ⅰ型应力强度因子求翼裂纹长度，而翼裂纹扩展往往是以复合型断裂的形式扩展，本章用应变能密度准则（Sih，1974）计算稳态扩展时翼裂纹长度，这里认为当微裂隙尖端翼裂纹应变能密度 S 大于最小应变能密度 S_C 时开始扩展。

对于时间 t 时翼裂纹尖端的应变能密度 $(S)_t$，通过下式与最小应变能密度 S_C 比较并用 Newton 迭代法计算时间 t 的翼裂纹长度 l_t 为：

$$\begin{cases} l_t = 0, & 若(S)_t \leqslant S_C \\ 令(S)_t = S_C，计算\ l_t, & 若(S)_t > S_C \end{cases} \tag{5-19}$$

5.1.3.2 微裂纹数目演化规律

由于 Weibull 统计可以较好地描述岩石内部的微裂隙分布数目，Huang 等（2003）采用弹性体积应变的二参数 Weibull 分布函数形式计算单位体积微裂隙分布，本章考虑宏观塑性应变对微裂纹分布的影响，采用绝对体积应变 $\boldsymbol{\varepsilon}_{|V|}$的二参数 Weibull 分布函数的形式为：

$$N_t = k(\boldsymbol{\varepsilon}_{|V|})_t^m$$
$$(\boldsymbol{\varepsilon}_{|V|})_t = |(\boldsymbol{\varepsilon}_V^e)_t| + |(\boldsymbol{\varepsilon}_V^p)_t| \tag{5-20}$$

式中，k、m 为岩石微裂隙特征正参数，k 的单位为$/\text{m}^3$，m 无量纲，对给定的岩石和加载速率下，比较难准确地确定 k、m 值，Grady 等（1980）利用广泛的试验来选择合适的 k、m 值；N_t 为在绝对应变（$\boldsymbol{\varepsilon}_{|V|}$）$_t$ 时单位体积微裂纹可激活数目，由式（5-20）可知，随着载荷增加，绝对体积应变增加，则新的裂隙不断被激活，微裂纹数不断增加。

5.1.4 岩石基质塑性演化

对于岩石材料，本章基于 Drucker-Prager 模型的相关联流动法则来表征岩石基质的塑性特征，Drucker-Prager 模型的屈服函数为：

$$F(\boldsymbol{\sigma},\ \kappa,\ \boldsymbol{D}) = \alpha \boldsymbol{I}_1 + \sqrt{\boldsymbol{J}_2} - \kappa = 0 \tag{5-21}$$

式中，$\boldsymbol{I}_1 = \text{tr}(\boldsymbol{\sigma}) = \boldsymbol{\sigma}_{ii}$，$\boldsymbol{J}_2 = 1/2\boldsymbol{s} : \boldsymbol{s} = 1/2\boldsymbol{s}_{ij} : \boldsymbol{s}_{ij}$，$\boldsymbol{s} = \boldsymbol{\sigma} - \boldsymbol{I}_1/3\boldsymbol{1}$，$(\boldsymbol{1})_{ij} = \delta_{ij}$（$i$，$j$=1，2，3）；$\alpha = 2\sin\varphi/[\sqrt{3}(3-\sin\varphi)]$，$\varphi$ 为岩石的内摩擦角；κ 为岩石基质的硬化函数。

对于相关联流动法则，其形式如下表示为：

$$\dot{\boldsymbol{\varepsilon}}^q = \dot{\gamma}\frac{\partial F}{\partial \boldsymbol{\sigma}} = \dot{\gamma}\left(\alpha \boldsymbol{1} + \frac{\boldsymbol{s}}{2\sqrt{\boldsymbol{J}_2}}\right) \tag{5-22}$$

式中，$\dot{\gamma}$ 为塑性乘子，其加卸载准则可由 Kuhn-Tucker 形式（Simo and Hughes,

1998）表示为：

$$F(\boldsymbol{\sigma}, \kappa, \boldsymbol{D}) \leqslant 0, \ \dot{\gamma} \geqslant 0, \ F(\boldsymbol{\sigma}, \kappa, \boldsymbol{D}) \dot{\gamma} = 0 \tag{5-23}$$

岩石基质的硬化函数 κ 可以表示成下列形式，即：

$$\kappa = \kappa(\boldsymbol{\sigma}, \kappa_c) = \boldsymbol{\sigma}_0 + \kappa_c \tag{5-24}$$

式中，$\boldsymbol{\sigma}_0 = 6c\cos\varphi / [\sqrt{3}(3-\sin\varphi)]$；$\kappa_c$ 为岩石基质的塑性硬化内变量，可采用 Voyiadjis 等（2008）的压缩载荷作用下内变量 γ 的函数，即：

$$\kappa_c = Q[1 - \exp(-b\boldsymbol{\varepsilon}^{eq})]$$

$$d\boldsymbol{\varepsilon}^{eq} = \sqrt{\frac{2}{3} d\boldsymbol{\varepsilon}^{q} : d\boldsymbol{\varepsilon}^{q}} \tag{5-25}$$

式中，Q、b 为塑性正参数，Q 的单位为 MPa，b 无量纲，分别为岩石饱和应力和应力饱和率；对给定的 $\boldsymbol{\varepsilon}^{eq}$，当 $b \to 0$ 时，$\kappa_c \to Q$；当 $b \to +\infty$ 时，$\kappa_c \to 0$；当 Q、b 保持不变时，κ_c 随内变量 γ 的增加而增加，呈现塑性硬化，具体详见文献 Voyiadjis 等（2008）；特别的，当 $b=0$ 时，$\kappa = \boldsymbol{\sigma}_0$，此时 D-P 模型退化为理想弹塑性模型。

把式（5-22）代入式（5-3）得如下应变和应力更新式，即：

$$\Delta\boldsymbol{\sigma} = (\boldsymbol{C}_m + \boldsymbol{D}_c)^{-1} \left[\Delta\boldsymbol{\varepsilon} - \Delta\gamma \left(\alpha \boldsymbol{1} + \frac{\boldsymbol{s}}{2\sqrt{J_2}} \right) \right] \tag{5-26}$$

5.2 模型数值算法

本章采用隐式积分算法编制岩石本构模型程序以提高程序稳定性。隐式积分算法目的就是给定 t_n 时刻应变增量 $\Delta\boldsymbol{\varepsilon}_{n+1}$、应力 $\boldsymbol{\sigma}_n$、塑性内变量 κ_n 及损伤张量 $\boldsymbol{D}_n$，求出 t_{n+1} 时刻的应力 $\boldsymbol{\sigma}_{n+1}$ 及内变量 κ_{n+1}、损伤张量 $\boldsymbol{D}_{n+1}$ 等参数，本章采用 Simo 等（1986；1998）所提出的回映算法，具有弹性预测、塑性修正及损伤修正的特点，此算法主要思路如下所述。

（1）已知 t_n 时刻应变增量 $\Delta\boldsymbol{\varepsilon}_{n+1}$、应力 $\boldsymbol{\sigma}_n$，假设试应力 $\boldsymbol{\sigma}_{n+1}^{tr}$ 基于应力增量为线弹性，即：

$$\boldsymbol{\sigma}_{n+1}^{tr} = \boldsymbol{\sigma}_n + (\boldsymbol{C}_m + \boldsymbol{D}_c)_n^{-1} : \Delta\boldsymbol{\varepsilon}_{n+1} \tag{5-27}$$

在弹性预测阶段，内变量保持不变，即：

$$\gamma_{n+1}^{tr} = \gamma_n$$

$$\kappa_{n+1}^{tr} = \kappa_n$$

$$\boldsymbol{D}_{n+1}^{tr} = \boldsymbol{D}_n \tag{5-28}$$

（2）将上述预测的应力 $\boldsymbol{\sigma}_{n+1}^{tr}$ 及内变量 κ_{n+1}^{tr} 代入屈服方程，若 $F(\boldsymbol{\sigma}_{n+1}^{tr}, \kappa_{n+1}^{tr}, \boldsymbol{D}_{n+1}^{tr}) \leqslant 0$，表示处于弹性状态，没有屈服，返回（1）；若 $F(\boldsymbol{\sigma}_{n+1}^{tr}, \kappa_{n+1}^{tr}, \boldsymbol{D}_{n+1}^{tr}) > 0$，表示已经屈服，进入（3），求解应力、塑性应变及损伤张量等变量。

（3）塑性修正过程中，应变增量 $\Delta\boldsymbol{\varepsilon}_{n+1}$ 及损伤张量 $\boldsymbol{D}_n$ 保持不变，应力修正为：

$$\boldsymbol{\sigma}_{n+1} = \boldsymbol{\sigma}_{n+1}^{\mathrm{tr}} - \Delta\gamma(\boldsymbol{C}_{\mathrm{m}} + \boldsymbol{D}_{\mathrm{c}})_n^{-1} : \left(\frac{\partial F}{\partial \boldsymbol{\sigma}}\right)_{n+1} \tag{5-29}$$

塑性内变量修正为：

$$\gamma_{n+1} = \gamma_n + \Delta\gamma$$

$$\kappa_{n+1} = \boldsymbol{\sigma}_0 + Q[1 - \exp(-b\boldsymbol{\varepsilon}_{n+1}^{\mathrm{eq}})] \tag{5-30}$$

此时令屈服函数为：

$$F(\boldsymbol{\sigma}_{n+1},\ \kappa_{n+1},\ \boldsymbol{D}_n) = 0 \tag{5-31}$$

由式（5-29）~式（5-31）可组成非线性方程组，采用 Newton-Raphson 迭代方法求解，从而求得 t_{n+1} 时刻的 γ_{n+1}、κ_{n+1} 和 $\boldsymbol{\sigma}_{n+1}$。

（4）计算损伤张量 $\boldsymbol{D}_{n+1}$：

根据式（5-9）和式（5-16），若 $(S)_{n+1}^{\mathrm{tr}} \leqslant S_{\mathrm{C}}$，试翼裂纹长度 $l_{n+1}^{\mathrm{tr}} = 0$；若 $(S)_{n+1}^{\mathrm{tr}} > S_{\mathrm{C}}$，令 $(S)_{n+1}^{\mathrm{tr}} = S_{\mathrm{C}}$，通过整理并用 Newton 迭代法计算稳态扩展时的试翼裂纹长度 l_{n+1}^{tr}。

则第 $n+1$ 步的翼裂纹长度 l_{n+1} 可更新为：

$$l_{n+1} = \max\{l_{n+1}^{\mathrm{tr}},\ 0,\ \max_{t\in[0,\ n]} l_t\} \tag{5-32}$$

计算第 $n+1$ 步的试绝对体积应变 $(\boldsymbol{\varepsilon}_{|V|})_{n+1}^{\mathrm{tr}}$ 为：

$$(\boldsymbol{\varepsilon}_{|V|})_{n+1}^{\mathrm{tr}} = |(\boldsymbol{\varepsilon}_V^{\mathrm{e}})_{n+1}| + |(\boldsymbol{\varepsilon}_V^{\mathrm{p}})_{n+1}| \tag{5-33}$$

由式（5-33），第 $n+1$ 步的绝对体积应变 $(\boldsymbol{\varepsilon}_{|V|})_{n+1}$ 可更新为：

$$(\boldsymbol{\varepsilon}_{|V|})_{n+1} = \max\{(\boldsymbol{\varepsilon}_{|V|})_{n+1}^{\mathrm{tr}},\ 0,\ \max_{t\in[0,\ n]}(\boldsymbol{\varepsilon}_{|V|})_t\} \tag{5-34}$$

第 $n+1$ 步岩石单位体积微裂纹可激活数目为：

$$N_{n+1} = k(\boldsymbol{\varepsilon}_{|V|})_{n+1}^{\mathrm{m}} \tag{5-35}$$

则第 $n+1$ 步岩石损伤张量 $\boldsymbol{D}_{n+1}$ 如下表示为：

$$[\boldsymbol{D}_{ijkl}^{\mathrm{c}}]_{n+1} = \frac{N_{n+1}(\kappa + 1)(1 + \nu)}{4E}$$

$$\Bigg\{\{a^5 A_{ij} A_{kl}[(l^*)^{-2} - (l_{n+1} + l^*)^{-2}] + 4\delta_{1i}\delta_{1j}\delta_{1k}\delta_{1l} l_{n+1}^2 a\} - (\delta_{1i}\delta_{1j}A_{kl} + \delta_{1k}\delta_{1l}A_{ij})a^3\cos\theta_1$$

$$\left[\ln\left(\frac{2l_{n+1}}{l^*} + 1 + 2\sqrt{\left(\frac{l_{n+1}}{l^*}\right)^2 + \frac{l_{n+1}}{l^*}}\right) - 2\sqrt{l_{n+1}}(l_{n+1} + l^*)^{-1/2}\right]\Bigg\}$$

$$[\boldsymbol{D}_{\mathrm{c}}]_{n+1} = \boldsymbol{D}_{ijkl}^{\mathrm{c}} e_i \otimes e_j \otimes e_k \otimes e_l \tag{5-36}$$

（5）而 t_{n+1} 时刻所对应的应力张量 $\boldsymbol{\sigma}_{n+1}$ 为：

$$\boldsymbol{\sigma}_{n+1} = \boldsymbol{\sigma}_{n+1}^{\mathrm{tr}} - (\boldsymbol{C}_{\mathrm{m}} + \boldsymbol{D}_{\mathrm{c}})_{n+1}^{-1} : \Delta\boldsymbol{\varepsilon}_{n+1}^{\mathrm{p}} \tag{5-37}$$

综上，从而更新 t_{n+1} 时刻的应力 $\boldsymbol{\sigma}_{n+1}$ 及内变量 $\boldsymbol{\varepsilon}_{n+1}^{\mathrm{p}}$、$\kappa_{n+1}$ 和 $\boldsymbol{D}_{n+1}$ 等参数。

5.3 岩石弹塑性损伤模型数值验证

在数值模拟过程中，岩石弹塑性损伤模型参数分别取为：弹性模量 $E=2.0\times10^4$MPa，泊松比 $\nu=0.2$，容重 $\gamma=25$kN/m^3，黏聚力 $c=3.0\times10^4$kPa，内摩擦角 φ 取 40°，为相关联流动法则，塑性参数 $b=200$，$Q=30$MPa。微裂隙参数为：微裂隙倾角 $\theta_1=45°$；翼裂纹开裂角 $\theta_2=45°$；微裂隙间摩擦系数 $\mu=0.1$；微裂隙的二参数 Weibull 函数特征参数 $k=4.0\times10^{23}$/m^3、$m=5$；岩石的断裂韧度 $K_{\mathrm{IC}}=0.5$MPa · m$^{1/2}$。

取 Weibull 函数特征参数 $k=0$，可得图 5-2 中弹塑性模型（无损伤）应力-应变曲线（2 号曲线），即弹塑性和弹塑性损伤模型应力-应变曲线对比。可以看出：弹塑性损伤模型（微裂隙长 $a=50\mu$m）应力-应变曲线（1 号曲线）上 A 点翼裂隙开始扩展，即出现初始损伤（对应于翼裂纹初始扩展点 A'），但由于细观损伤较不明显，直到 B 点 1 号曲线开始与 2 号曲线分离，损伤开始对应力-应变起明显的作用，至轴向压力时达到屈服极限。同时也可以注意到，微裂隙在 A'-B'段是稳定扩展，翼裂纹增长速率比较稳定，从 B'点后，翼裂纹扩展率有稍微增加的趋势。

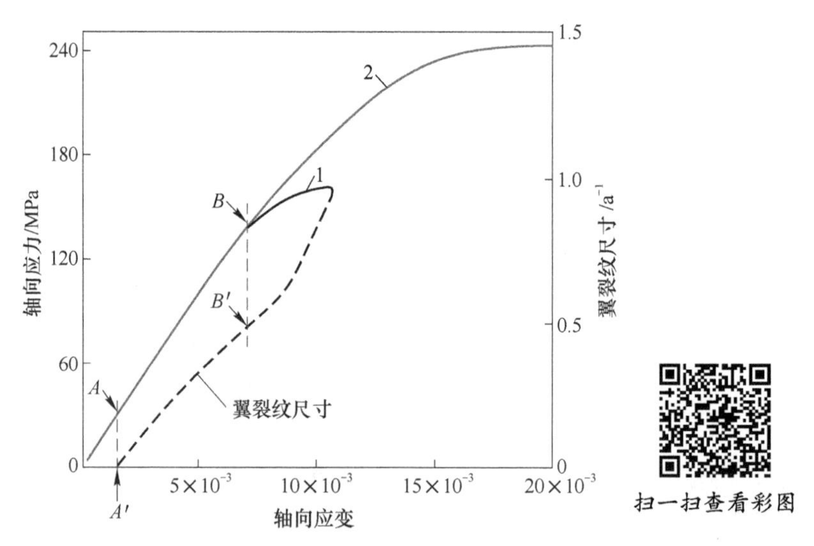

图 5-2 弹塑性和弹塑性损伤模型（微裂隙长 $a=50\mu$m）的应力-应变曲线对比

1—现在的模型；2—弹塑性模型

图 5-3 为弹性损伤和弹塑性损伤模型翼裂纹演化曲线对比图。弹塑性和弹性

损伤模型翼裂纹都从 C'点开始扩展，此时基质没有塑性变形，当翼裂纹扩展到 D'点时，弹塑性损伤模型中基质开始出现塑性变形，在塑性演化前，两者的翼裂隙演化曲线（C'-D'）几乎重合；当基质开始出现塑性变形时（D 点），两模型的翼裂纹曲线从 D'点开始偏离，且弹塑性损伤模型的翼裂纹演化曲线增长较快。另外，注意到基质塑性变形从 D 点出现到 E 点，塑性增长速率比较平稳，直到 E 点塑性增长速率有所减小，与此同时，微裂纹扩展速率（表征损伤应变）从 E' 点有所增加。

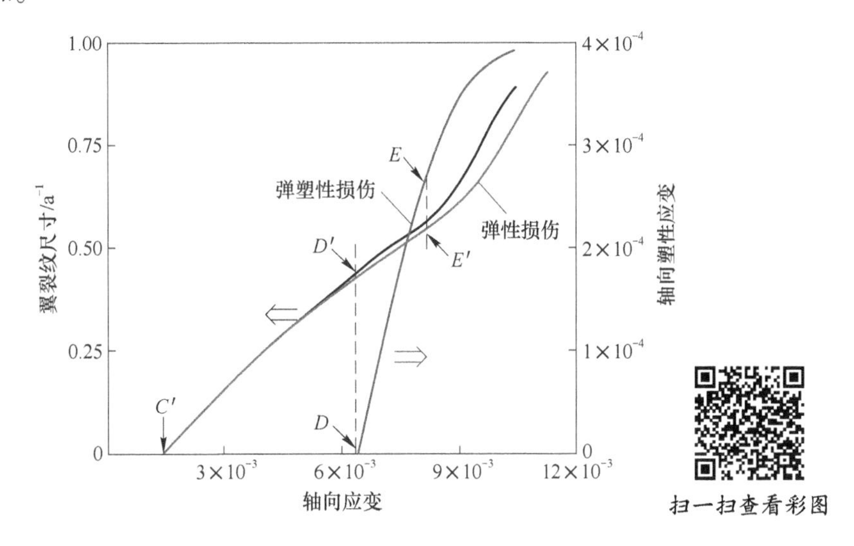

图 5-3 弹性损伤和弹塑性损伤模型翼裂纹演化曲线对比（微裂隙长 a=50μm）

图 5-4 为初始微裂隙长 a 不同时的弹塑性损伤模型的应力-应变曲线、翼裂纹扩展和塑性应变演化曲线。可以看出：当初始微裂隙较小时，屈服极限也较小，初始翼裂纹扩展的位置也相对滞后，这是因为由式（5-8）、式（5-9）可知裂纹表面的扩展力和裂纹尖端的应力强度因子较小，又根据式（5-16）、式（5-18）和式（5-19）可知，需要较大的扩展力（轴向应变）才能使其扩展；另外可以注意到当轴向压力达到屈服极限时，初始微裂隙较小时翼裂纹的扩展长度也较短。如图 5-4（b）所示，不同的初始微裂隙长对基质的初始塑性变形的出现位置无影响，但对基质塑性应变的演化有较大影响，即初始微裂隙较小时，塑性应变较大，当微裂隙长 a 增加到 50μm 时，塑性应变已经变得很小，可以预测当微裂隙长 a 增加到一定程度，只有裂隙扩展，基质不会出现塑性变形。岩石内部的初始微裂隙长对岩石的损伤和塑性都有较大影响，当施加的载荷在达到屈服极限前，若基质没有出现塑性变形，则材料表现为弹性损伤模型；当初始裂隙长较短时，载荷和应变达到一定程度，基质出现塑性变形，此时，模型演化为弹塑性损伤本构模型。

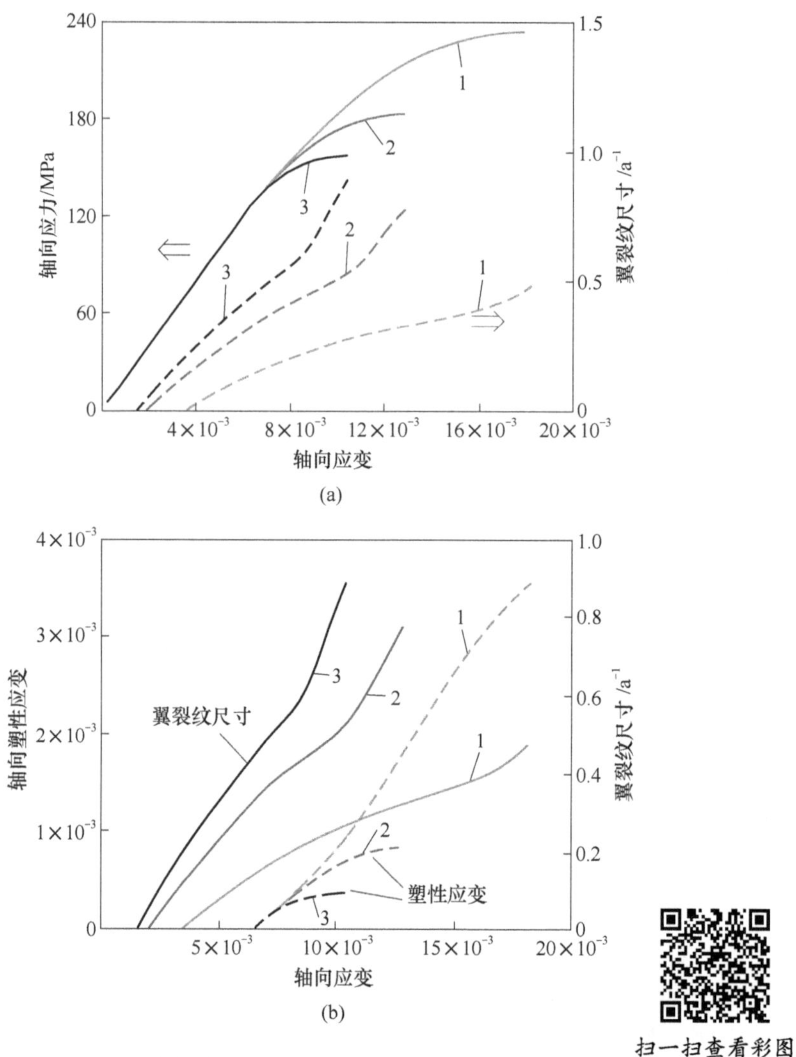

图 5-4 初始微裂隙长 a 不同时的弹塑性损伤模型

(a) 应力-应变曲线；(b) 塑性应变演化曲线

1—$a=10\mu m$；2—$a=30\mu m$；3—$a=50\mu m$

5.4 算例分析

算例为 Domolite 岩单轴压缩试验测试（Huang et al.，2002；Huang，Subhash，2003），图 5-5 为 Domolite 岩试验与弹塑性损伤模型对比。试验数据为：弹性模量 $E=3.05\times10^4$MPa，泊松比 $\nu=0.2$，容重 $\gamma=25.2$kN/m^3，微裂隙倾角 $\theta_1=45°$，翼裂纹的开裂角 $\theta_2=45°$，微裂隙半长 $a=30\mu m$，微裂隙间摩擦系数 $\mu=0.3$，微裂隙的二参数 Weibull 函数特征参数 $k=1.7\times10^{27}/m^3$、$m=8$，岩石的断裂韧度

$K_{IC}=0.3\text{MPa}\cdot\text{m}^{1/2}$，黏聚力 $c=2.0\times10^4\text{kPa}$，内摩擦角 φ 取 40°，为相关联流动法则，塑性参数 $b=500$，$Q=20\text{MPa}$。

如图 5-5 所示，数值模拟曲线与 Domolite 岩单轴压缩试验曲线比较吻合，且数值模型也表现了岩石基质塑性应变的演化规律，能较好地反映岩石微裂隙扩展损伤等性质。

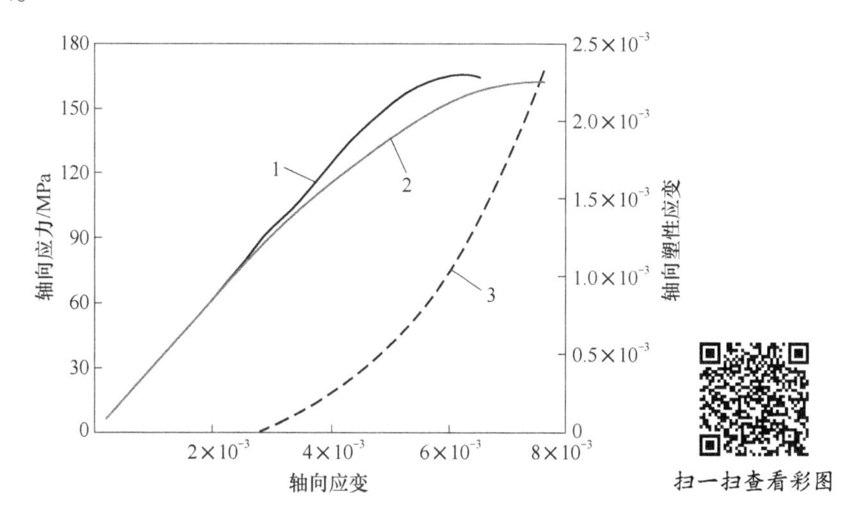

图 5-5 弹塑性损伤模型与 Domolite 岩石压缩试验对比验证

1—弹性损伤模型（Huang，2002，2003）；2—弹塑性损伤模型（现在的模型）；3—轴向塑性应变

6 基于宏细观损伤耦合的非贯通裂隙岩体损伤本构模型

针对非贯通裂隙岩体，利用损伤力学和断裂力学理论，将裂隙面力学参数引入到宏观损伤变量中，并考虑平板的尺寸效应，提出宏观损伤变量的计算方法。基于宏细观缺陷耦合的思想，建立了单轴压缩下宏细观损伤耦合的本构模型，研究了裂隙贯通程度、裂隙面倾角以及裂隙面内摩擦角等对裂隙岩体强度和变形的影响，该模型不但能全面反映裂隙岩体的宏细观损伤特性，而且能考虑多裂隙间的相互作用，这对非贯通裂隙岩体的力学特性研究是一次有益的尝试。

6.1 受荷岩石细观损伤模型

6.1.1 岩石细观缺陷受荷损伤演化

岩石是自然界中各种矿物的集合体，内部存在着大量孔隙和微裂纹，是一种天然损伤材料。岩石内部存在的诸多缺陷在外部荷载和环境的作用下，容易进一步发展演化，使得岩石材料的性能发生劣化。由于岩石内部的大量孔隙和微裂纹具有数量多、体积小、分布不规则等诸多特点，无法一一加以研究，因此，可以按照统计损伤力学的观点加以描述。统计损伤力学是用微元体强度的概念来量化岩石内部存在的细观损伤，并且假设细观损伤服从随机分布，从而建立描述岩石力学行为的损伤模型。岩石微元体强度服从的强度理论和随机分布类型成为该类损伤模型建立的主要依据，常用的岩石强度理论主要有应变强度理论、Mohr-Coulomb 准则、Drucker-Prager 准则或 Hoek-Brown 准则等；常用的随机分布模型有幂函数分布、Weibull 分布或对数正态分布等。本章中岩石细观受荷损伤模型采用岩石应变强度理论，并假设岩石微元强度服从 Weibull 分布。

假定岩石微元强度服从双参数控制的 Weibull 分布，其概率密度函数为（Wang et al.，2007）：

$$P(\boldsymbol{\varepsilon}) = \frac{m}{\boldsymbol{\varepsilon}_0}\left(\frac{\boldsymbol{\varepsilon}}{\boldsymbol{\varepsilon}_0}\right)^{m-1} \mathrm{e}^{-(\frac{\varepsilon}{\varepsilon_0})^m} \tag{6-1}$$

式中，$P(\boldsymbol{\varepsilon})$ 为岩石微元强度的概率密度函数；$\boldsymbol{\varepsilon}$ 为微元强度的随机分布变量，

本文指的是岩石的应变量；m、$\boldsymbol{\varepsilon}_0$ 为 Weibull 分布参数，可由试验数据拟合得到。

假设岩石材料的总微元数目为 N，在某一级应变荷载 $\boldsymbol{\varepsilon}$ 下已破坏的微元数目为 n，根据损伤力学中损伤变量的定义，岩石细观统计损伤变量 $\boldsymbol{D}$ 可以表示为：

$$\boldsymbol{D} = \frac{n}{N} \tag{6-2}$$

根据式（6-1）、式（6-2）以及前述假设可知，破坏的微元数目 n 和应变荷载 $\boldsymbol{\varepsilon}$ 有如下关系：

$$n = \int_0^{\boldsymbol{\varepsilon}} NP(\boldsymbol{\varepsilon})\mathrm{d}\boldsymbol{\varepsilon} = N\left[1 - \mathrm{e}^{-\left(\frac{\boldsymbol{\varepsilon}}{\boldsymbol{\varepsilon}_0}\right)^m}\right] \tag{6-3}$$

由式（6-3）可以得到受荷岩石以应变为损伤演化控制变量的细观损伤演化方程为：

$$\boldsymbol{D} = 1 - \mathrm{e}^{-\left(\frac{\boldsymbol{\varepsilon}}{\boldsymbol{\varepsilon}_0}\right)^m} \tag{6-4}$$

6.1.2 分布参数的确定及物理意义

假定岩石微元破坏前服从广义胡克定律，对式（6-4）变形后可得：

$$\frac{\boldsymbol{\sigma}}{E\boldsymbol{\varepsilon}} = \mathrm{e}^{-\left(\frac{\boldsymbol{\varepsilon}}{\boldsymbol{\varepsilon}_0}\right)^m} \tag{6-5}$$

式中，E、$\boldsymbol{\varepsilon}$ 分别为岩石的弹性模量和应变。

对式（6-5）两边取自然对数可得：

$$\ln\left(-\ln\frac{\boldsymbol{\sigma}}{E\boldsymbol{\varepsilon}}\right) = m(\ln\boldsymbol{\varepsilon} - \ln\boldsymbol{\varepsilon}_0) \tag{6-6}$$

式中，m 和 $\boldsymbol{\varepsilon}_0$ 可以通过对试验数据的拟合得到。

图 6-1（a）给出了参数 $\boldsymbol{\varepsilon}_0 = 0.0042$ 时，参数 m 对岩石细观受荷损伤演化曲线的影响，取 $E = 4250\text{MPa}$，可以得到参数 m 对岩石受荷应力应变曲线的影响，如图 6-1（b）所示。据图 6-1（b）可知：当 $\boldsymbol{\varepsilon} < \boldsymbol{\varepsilon}_0$ 时，应力值随参数 m 的增加而增加；当 $\boldsymbol{\varepsilon} > \boldsymbol{\varepsilon}_0$ 时，应力值随参数 m 的增加而减小；随参数 m 的增加，峰值强度均有不同程度的提高，峰前曲线越来越缓，峰后曲线越来越陡，这说明随参数 m 的增加，岩石由延性向脆性过渡，脆性增强。结合式（6-1）的假定，分析认为参数 m 是对岩石材料内部微元强度的分布集中程度的反映。

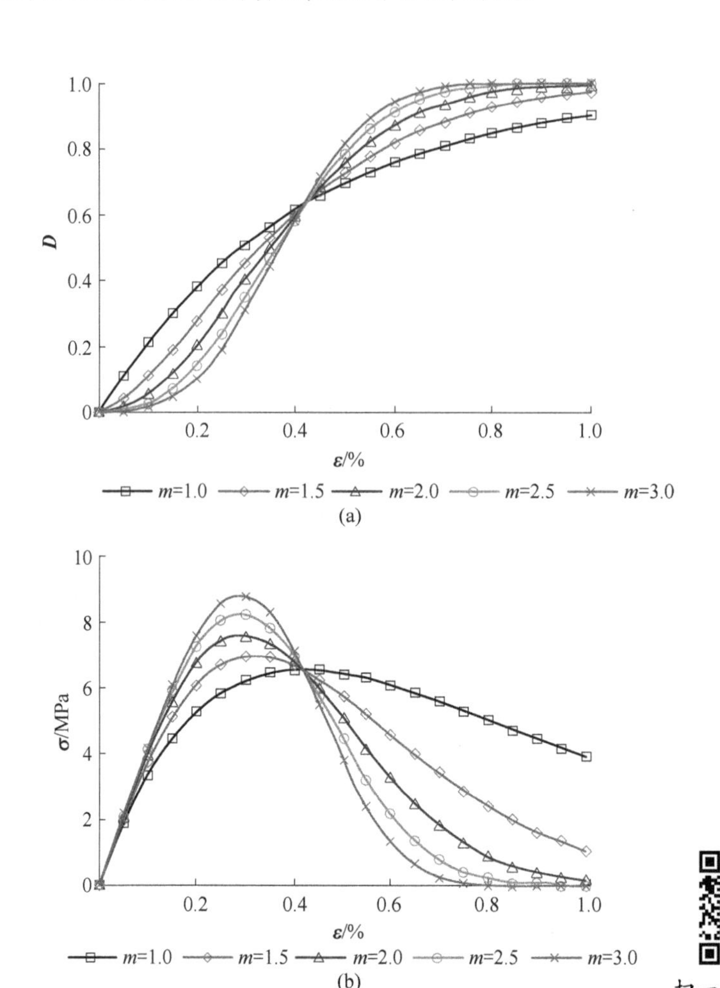

扫一扫查看彩图

图 6-1 参数 m 对岩石受荷损伤力学特性的影响

（a）$\boldsymbol{\varepsilon}$-$\boldsymbol{D}$ 关系曲线；（b）$\boldsymbol{\varepsilon}$-$\boldsymbol{\sigma}$ 关系曲线

图 6-2（a）给出了参数 $m=2.35$ 时，参数 $\boldsymbol{\varepsilon}_0$ 对岩石细观受荷损伤演化曲线的影响。据图 6-2（a）可以得出，$\boldsymbol{D}$ 值随参数 $\boldsymbol{\varepsilon}_0$ 的增加而降低，增幅随应变先增加后降低。同样，取弹性模量 $E=4250$MPa，其余参数按图 6-2（a）计算，可以得到参数 $\boldsymbol{\varepsilon}_0$ 对岩石受荷应力应变曲线的影响，如图 6-2（b）所示。据图 6-2（b）可以得出，岩石受荷过程中，应力随参数 $\boldsymbol{\varepsilon}_0$ 的增加而增加，峰值强度和峰值应变均有不同程度的提高；峰值前曲线形状在线性阶段基本不随 $\boldsymbol{\varepsilon}_0$ 的变化而改变，非线性阶段随 $\boldsymbol{\varepsilon}_0$ 的增加曲线变缓，并且改变明显；峰值后曲线斜率随 $\boldsymbol{\varepsilon}_0$ 的增加变化不大，大体保持不变。结合式（6-1）假定，分析认为参数 $\boldsymbol{\varepsilon}_0$ 是对岩石宏观统计平均强度大小的反映。

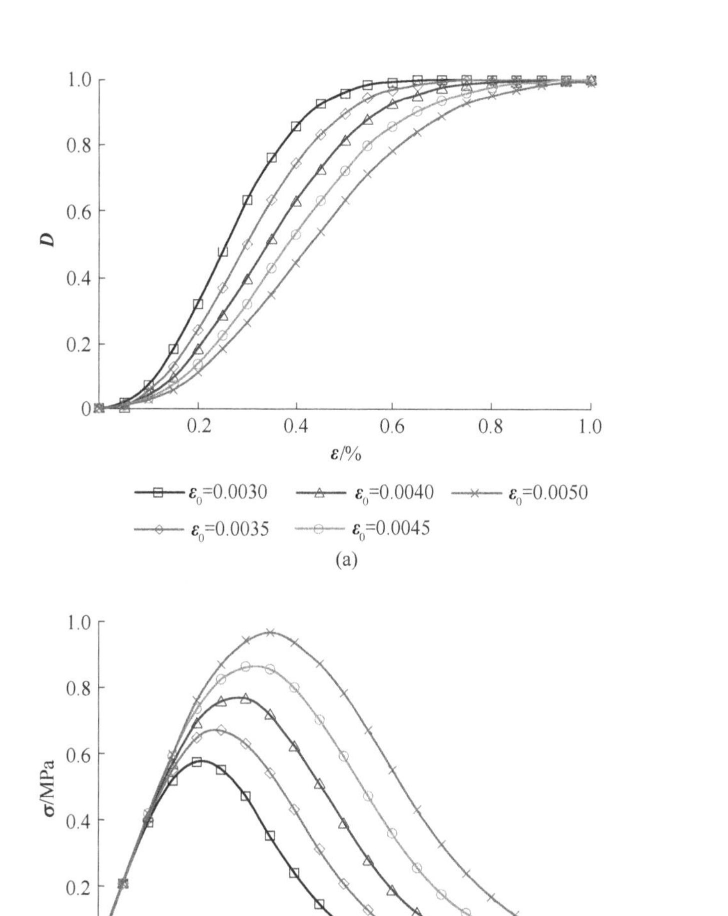

扫一扫查看彩图

图 6-2 参数 $\boldsymbol{\varepsilon}_0$ 对岩石受荷损伤力学特性的影响

(a) $\boldsymbol{\varepsilon}$-$\boldsymbol{D}$ 关系曲线；(b) $\boldsymbol{\varepsilon}$-$\boldsymbol{\sigma}$ 关系曲线

6.2 受荷裂隙岩体损伤模型

6.2.1 宏细观缺陷耦合损伤变量

定义损伤变量是建立损伤模型的前提和基础，下面讨论同时考虑宏细观缺陷的裂隙岩体耦合损伤变量。宏细观损伤变量的耦合计算采用如下基本假设：

(1) 在描述岩体损伤时，宏观损伤与细观损伤以人的肉眼可见与不可见划分。细观损伤和宏观损伤分别采用不同的描述方法，将细观损伤概化为岩石在受荷过程中所造成的损伤，将宏观损伤概化为预制宏观裂隙对岩石造成的初始损伤，且初始宏观损伤在受荷过程中不发生变化，预制宏观裂隙的扩展，即新宏观裂纹（损伤）的产生是由于细观微裂纹（损伤）不断演化而来。

(2) 在考虑宏细观损伤耦合时，不同尺度损伤缺陷的耦合集中表现为损伤变量的耦合（杨更社，2000），耦合计算方法遵循应变等效原理进行耦合。

根据前述假设条件可知，裂隙岩体宏观损伤和细观损伤引起的应变之和等于宏细观耦合损伤引起的应变，如图 6-3 所示，图 6-3（a）~（d）分别为同时含有宏观和细观缺陷的非贯通裂隙岩体、仅含有宏观缺陷的非贯通裂隙岩体、仅含有细观缺陷的完整岩石和虚拟的完全不含损伤的完整岩石，其弹性模量分别为 $\overline{E}_{12}$、$\overline{E}_1$、$\overline{E}_2$ 和 $\overline{E}_0$，其在应力 $\boldsymbol{\sigma}$ 作用下产生的应变分别为 $\boldsymbol{\varepsilon}_{12}$、$\boldsymbol{\varepsilon}_1$、$\boldsymbol{\varepsilon}_2$ 和 $\boldsymbol{\varepsilon}_0$，那么根据损伤耦合的条件，则有：

$$\boldsymbol{\varepsilon}_{12} = \boldsymbol{\varepsilon}_1 + \boldsymbol{\varepsilon}_2 - \boldsymbol{\varepsilon}_0 \tag{6-7}$$

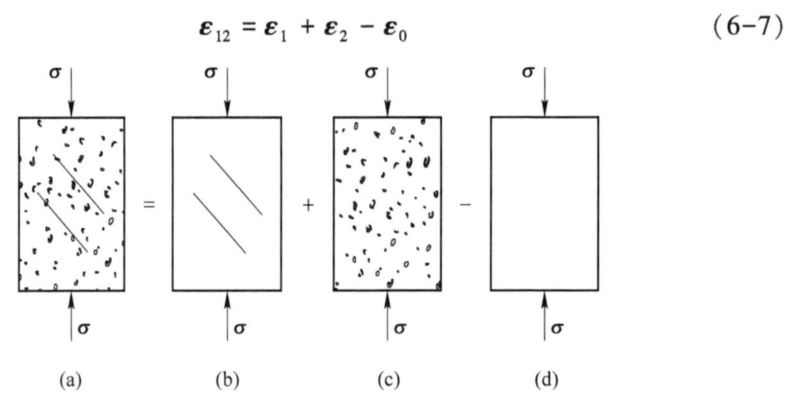

图 6-3 应变等效计算示意图

图 6-3 中 4 种岩石材料在应力 $\boldsymbol{\sigma}$ 作用下，均满足弹脆性材料的一维本构关系即胡克定律，则有：

$$\frac{\boldsymbol{\sigma}}{\overline{E}_{12}} = \frac{\boldsymbol{\sigma}}{\overline{E}_1} + \frac{\boldsymbol{\sigma}}{\overline{E}_2} - \frac{\boldsymbol{\sigma}}{\overline{E}_0} \tag{6-8}$$

根据前述假设，以图 6-3（d）完全不含损伤的岩石材料为基准损伤状态，则图 6-3（b）由于预制宏观裂隙所造成的宏观损伤为 $\boldsymbol{D}_1$，图 6-3（c）岩石材料的细观缺陷是由完全不含损伤的岩石经受荷造成的细观损伤，记为 $\boldsymbol{D}_2$，图 6-3（a）预制裂隙岩体受荷的宏细观总损伤记为 $\boldsymbol{D}_{12}$。若以弹性模量的相对大小表征岩石材料内部的劣化程度则有：

$$\left.\begin{aligned}\bar{E}_{12} &= \bar{E}_0(1 - \boldsymbol{D}_{12}) \\ \bar{E}_1 &= \bar{E}_0(1 - \boldsymbol{D}_1) \\ \bar{E}_2 &= \bar{E}_0(1 - \boldsymbol{D}_2)\end{aligned}\right\} \tag{6-9}$$

将式（6-9）代入式（6-8），整理可得：

$$\boldsymbol{D}_{12} = 1 - \frac{(1 - \boldsymbol{D}_1)(1 - \boldsymbol{D}_2)}{1 - \boldsymbol{D}_1\boldsymbol{D}_2} \tag{6-10}$$

由式（6-10）可知，当 $\boldsymbol{D}_2 = 0$ 时，$\boldsymbol{D}_{12} = \boldsymbol{D}_1$，即裂隙岩体的耦合损伤等于宏观损伤；当 $\boldsymbol{D}_1 = 0$ 时，$\boldsymbol{D}_{12} = \boldsymbol{D}_2$，即裂隙岩体的耦合损伤等于细观损伤，这符合实际情况。因此，式（6-10）中宏细观耦合损伤 $\boldsymbol{D}_{12}$ 的计算是合理的（Liu et al.，2015）。

由于完全不含损伤的岩石在自然界中是不存在的，大多数岩石都带有或多或少的初始损伤，因而真正意义上完整密实无损伤的岩石弹性模量 $\bar{E}_0$ 在测定中有较大困难。由于损伤变量的定义具有相对性，因此，可将完整岩石的初始损伤状态作为基准损伤状态，预制宏观裂隙造成的宏观损伤为 $\boldsymbol{D}_1$，完整岩石受荷造成的细观损伤为 $\boldsymbol{D}_2$，预制裂隙岩体受荷造成的宏细观总损伤为 $\boldsymbol{D}_{12}$。因此，式（6-10）可以推广使用。

6.2.2 考虑宏观缺陷的损伤张量计算

岩体中的非贯通裂隙具有数量多且方向各异等特点，因而无法逐一对其进行考虑。对于工程岩体，将其中分布的宏观裂隙视为宏观缺陷，若以完整岩石初始损伤状态为基准损伤状态，可将宏观缺陷视为宏观损伤。而如何描述裂隙等宏观缺陷所带来的损伤是岩石力学中的重难点问题，从目前研究来看，大都是先根据裂隙的几何特性定义损伤张量，而后通过修正系数对损伤张量进行修正（Kawamoto et al.，1988；Swoboda et al.，1998）。这种研究方法将宏观裂隙面的几何性质和力学特性分开考虑，不能完整反映宏观裂隙面对裂隙岩体力学特性的影响。

陈文玲等（2000）从应变能的角度出发，推导出了非贯通裂隙岩体在单轴应力下的宏观损伤表达式，这种方法能同时考虑宏观裂隙面的几何性质和力学特性。本章借鉴该模型思路，以完整岩石初始损伤状态为基准损伤状态，以断裂力学中应力强度因子的计算方法为纽带，推导能考虑岩石试件平板尺寸效应的宏观损伤变量计算方法。

在单轴应力 $\boldsymbol{\sigma}$ 作用下，裂隙岩体宏细观损伤应变能释放率 R 为（吕建国等，2013）：

$$R = -\frac{\boldsymbol{\sigma}^2}{2E_0(1 - \boldsymbol{D}_{12})^2} \tag{6-11}$$

单位体积弹性应变能 $\boldsymbol{U}^{E_{12}}$ 可写为：

$$\boldsymbol{U}^{E_{12}} = -(1-\boldsymbol{D}_{12})R = \frac{\boldsymbol{\sigma}^2}{2E_0(1-\boldsymbol{D}_{12})} \tag{6-12}$$

当岩体不含宏观裂隙时，$\boldsymbol{D}_1=0$，由式（6-10）可知，$\boldsymbol{D}_{12}=\boldsymbol{D}_2$，此时单位体积弹性应变能 $\boldsymbol{U}^{E_0}$ 为：

$$\boldsymbol{U}^{E_0} = \frac{\boldsymbol{\sigma}^2}{2E_0(1-\boldsymbol{D}_2)} \tag{6-13}$$

裂隙岩体弹性体因裂隙存在而引起的单位体积弹性应变能改变量 $\Delta\boldsymbol{U}^E$ 为：

$$\Delta\boldsymbol{U}^E = \boldsymbol{U}^{E_{12}} - \boldsymbol{U}^{E_0} = \frac{\boldsymbol{\sigma}^2}{2E_0}\left(\frac{1}{1-\boldsymbol{D}_{12}} - \frac{1}{1-\boldsymbol{D}_2}\right) \tag{6-14}$$

将式（6-10）代入式（6-14），可得：

$$\Delta\boldsymbol{U}^E = \frac{\boldsymbol{\sigma}^2}{2E_0}\left(\frac{1}{1-\boldsymbol{D}_1} - 1\right) \tag{6-15}$$

根据断裂力学，对于平面应力问题，单位体积岩体内单组倾斜中心裂隙产生的附加弹性应变能 $\Delta\boldsymbol{U}$ 为（易顺民等，2005）：

$$\Delta\boldsymbol{U} = \rho_{\mathrm{v}}\int_0^A G\mathrm{d}A = \frac{\rho_{\mathrm{v}}}{E_0}\int_0^A (K_{\mathrm{I}}^2 + K_{\mathrm{II}}^2)\mathrm{d}A \tag{6-16}$$

式中，A 为裂隙表面积，$A=2Ba$；B 为裂隙深度；a 为裂隙半长；ρ_{v} 为单组裂隙的平均体积密度；G 为能量释放率。

式（6-15）中的 $\Delta\boldsymbol{U}^E$ 和式（6-16）中的 $\Delta\boldsymbol{U}$ 都是弹性应变能改变量，而且都是由于宏观裂隙的存在而引起的，二者应相等。因此，联立式（6-15）和式（6-16）可得：

$$\boldsymbol{D}_1 = 1 - \frac{1}{1 + \dfrac{2\rho_{\mathrm{v}}}{\boldsymbol{\sigma}^2}\displaystyle\int_0^A (K_{\mathrm{I}}^2 + K_{\mathrm{II}}^2)\mathrm{d}A} \tag{6-17}$$

如图 6-4 所示，在单轴压缩荷载下，裂隙面上的正应力和切应力分别为：

$$\left.\begin{aligned} \boldsymbol{\sigma}_{\mathrm{n}}(\boldsymbol{\sigma},\ \alpha) &= \boldsymbol{\sigma}\cos^2\alpha \\ \boldsymbol{\tau}_{\mathrm{n}}(\boldsymbol{\sigma},\ \alpha) &= \frac{\boldsymbol{\sigma}}{2}\sin 2\alpha \end{aligned}\right\} \tag{6-18}$$

式中，α 为裂隙倾角。

对于宏观闭合裂隙，可知裂隙面的摩擦系数 $\mu=\tan\varphi$（φ 为裂隙面的摩擦角），如果不考虑裂隙面间的黏聚力，非贯通裂隙岩体在单轴压缩状态下裂隙面上的下滑力 $\boldsymbol{\tau}_{\text{eff}}$ 可以表示为：

$$\boldsymbol{\tau}_{\text{eff}}=\begin{cases}0, & \tan\alpha<\tan\varphi \\ \boldsymbol{\tau}_{\text{n}}-\mu\boldsymbol{\sigma}_{\text{n}}, & \tan\alpha\geqslant\tan\varphi\end{cases} \tag{6-19}$$

根据最大周向应力断裂准则可知，复合型裂纹在压缩荷载的作用下，翼裂纹沿宏观裂纹尖端大约 70.5°方向起裂（吕建国等，2013），起裂方向为最大拉应力方向，如图 6-4 所示。裂隙尖端翼裂纹的 Ⅰ 和 Ⅱ 型应力强度因子 K_{I} 和 K_{II} 可参照 Lee 等（Lee et al.，2003），在考虑了翼裂纹起裂后的扩展方向后修正为：

$$\left.\begin{aligned}K_{\text{I}}&=-\frac{2a\boldsymbol{\tau}_{\text{eff}}\sin\theta}{\sqrt{\pi(l+l^{*})}}+\boldsymbol{\sigma}_{\text{n}}(\boldsymbol{\sigma},\ \alpha+\theta)\sqrt{\pi l}\\ K_{\text{II}}&=-\frac{2a\boldsymbol{\tau}_{\text{eff}}\cos\theta}{\sqrt{\pi(l+l^{*})}}-\boldsymbol{\tau}_{\text{n}}(\boldsymbol{\sigma},\ \alpha+\theta)\sqrt{\pi l}\end{aligned}\right\} \tag{6-20}$$

式中，l 为翼裂纹的扩展长度，为使 $l=0$ 时，K_{I} 和 K_{II} 非奇异，引入 $l^{*}=0.27a$；θ 为翼裂纹起裂角。

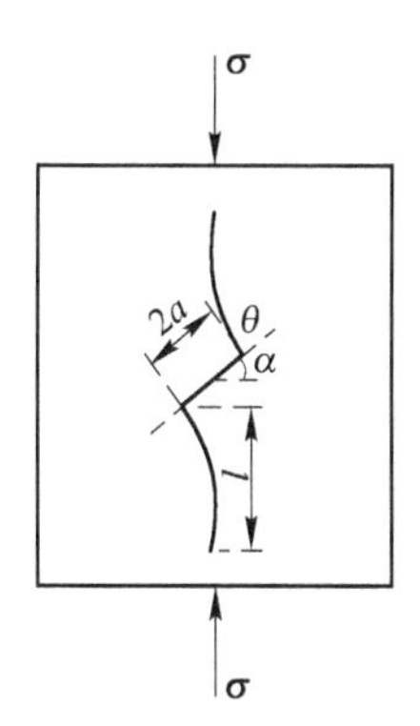

图 6-4 翼裂纹扩展模型示意图

取翼裂纹起裂的临界状态，即翼裂纹的扩展长度 $l=0$ 时，式（6-20）可改写为：

$$\left.\begin{aligned}K_{\text{I}}&=-\frac{2a\boldsymbol{\tau}_{\text{eff}}\sin\theta}{\sqrt{\pi l^{*}}}\\ K_{\text{II}}&=-\frac{2a\boldsymbol{\tau}_{\text{eff}}\cos\theta}{\sqrt{\pi l^{*}}}\end{aligned}\right\} \tag{6-21}$$

式（6-21）为利用无限大体断裂理论得到应力强度因子，分析认为：平板的尺寸为有限大时，应力强度因子与板的尺寸有关，翼裂纹尖端Ⅰ和Ⅱ型应力强度因子 K_{I} 和 K_{II} 可参照 Isida（Isida et al.，1955），按裂纹长度和平板宽度修正为：

$$\left.\begin{aligned} K_{\mathrm{I}} &= -\frac{2a\boldsymbol{\tau}_{\mathrm{eff}}\sin\theta}{\sqrt{\pi l^{*}}}\sqrt{\sec\left(\frac{\pi a}{w}\right)} \\ K_{\mathrm{II}} &= -\frac{2a\boldsymbol{\tau}_{\mathrm{eff}}\cos\theta}{\sqrt{\pi l^{*}}}\sqrt{\sec\left(\frac{\pi a}{w}\right)} \end{aligned}\right\} \tag{6-22}$$

式中，w 为平板宽度。

对于单组单排等间距的非贯通裂隙，考虑裂隙间的相互作用力，有效应力强度因子为（吕建国等，2013）：

$$\left.\begin{aligned} K_{\mathrm{I}} &= K_{\mathrm{I}0}\sqrt{\frac{2}{\pi k}\tan\frac{\pi k}{2}} \\ K_{\mathrm{II}} &= K_{\mathrm{II}0}\sqrt{\frac{2}{\pi k}\tan\frac{\pi k}{2}} \end{aligned}\right\} \tag{6-23}$$

式中，$K_{\mathrm{I}0}$、$K_{\mathrm{II}0}$分别为式（6-22）中单条非贯通裂隙的Ⅰ、Ⅱ型应力强度因子；K_{I}、K_{II}分别为单组单排非贯通裂隙的Ⅰ、Ⅱ型应力强度因子；k 为裂隙的贯通程度，$k=2a/b$，如图 6-5 所示。

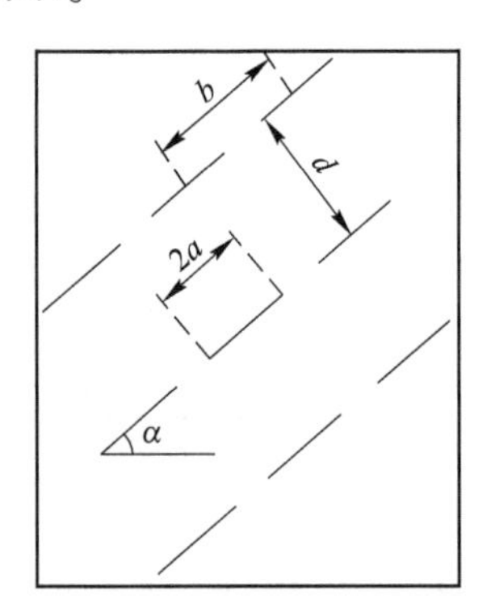

图 6-5 非贯通裂隙岩体模型

如图 6-5 所示，设 d 为单组多排非贯通裂隙的排间距，有效应力强度因子为（陈文玲等，2000）：

$$\left.\begin{aligned} K_{\mathrm{I}} &= f(a,\ b,\ d)K_{\mathrm{I}0} \\ K_{\mathrm{II}} &= f(a,\ b,\ d)K_{\mathrm{II}0} \end{aligned}\right\} \tag{6-24}$$

式中，$f(a,\ b,\ d)$ 为裂隙相互影响系数，按表 6-1 取值；a、b、d 几何意义如图 6-5 所示。

表 6-1 裂隙影响系数 f (a, b, d) 的值

$d/2a$	$b/2a$				
	∞	5.00	2.50	1.67	1.25
∞	1.000	1.017	1.075	1.208	1.565
5.00	1.016	1.020	1.075	1.208	1.563
1.00	1.257	1.257	1.258	1.292	1.580
0.25	2.094	2.094	2.094	2.094	2.107

将式（6-18）、式（6-19）、式（6-23）代入式（6-17）可得单组单排裂隙的宏观损伤变量为：

$$D_1 = \begin{cases} 0, & \tan\alpha < \tan\varphi \\ 1 - \dfrac{1}{1 + \dfrac{12\rho_v m_0 a^2 B}{k^2}\tan\dfrac{\pi k}{2}\sec\left(\dfrac{\pi a}{w}\right)}, & \tan\alpha \geqslant \tan\varphi \end{cases} \tag{6-25}$$

同理，将式（6-18）、式（6-19）、式（6-24）代入式（6-17）可得单组多排裂隙的宏观损伤变量为：

$$D_1 = \begin{cases} 0, & \tan\alpha < \tan\varphi \\ 1 - \dfrac{1}{1 + 18.86\rho_v m_0 a^2 B f^2(a,\ b,\ d)\sec\left(\dfrac{\pi a}{w}\right)}, & \tan\alpha \geqslant \tan\varphi \end{cases} \tag{6-26}$$

其中

$$m_0 = \cos^2\alpha(\sin\alpha - \cos\alpha\tan\varphi)^2 \tag{6-27}$$

式中，ρ_v 可参考文献（朱维申等，1999）计算；B 为裂隙的深度。

6.2.3 受荷裂隙岩体损伤本构方程

由前述可知，裂隙岩体的细观缺陷在荷载的作用下发生劣化，岩体内部的微孔隙可能发生扩展，产生细观损伤，同时生成新的裂纹，这些裂纹的结合可能导致宏观裂纹的产生，而裂隙等宏观缺陷的存在也会弱化岩体的强度和刚度。根据损伤力学理论，由式（6-10）可得到综合考虑宏细观缺陷和外载时，受荷裂隙岩体损伤本构模型为：

$$\boldsymbol{\sigma} = E_0 \frac{(1 - \boldsymbol{D}_1)(1 - \boldsymbol{D}_2)}{1 - \boldsymbol{D}_1\boldsymbol{D}_2}\boldsymbol{\varepsilon} \tag{6-28}$$

式中，$\boldsymbol{\sigma}$ 为应力分量；$\boldsymbol{\varepsilon}$ 为应变分量；E_0 为基准损伤状态下完整岩石的弹性模量；细观受荷损伤 $\boldsymbol{D}_2$ 按式（6-4）计算。

6.3 计算实例与模型验证

为验证上述模型在描述裂隙岩体变形及强度方面的有效性，利用陈新等（2011）所做的张开预制裂隙石膏试验结果进行对比分析。图 6-6 为其给出的试件尺寸及加载方式，试件为正方形板。鉴于研究有限体的三维断裂存在诸多困难，可将三维模型概化为二维模型的方式进行研究（任利等，2013），概化的平面模型如图 6-7 所示。

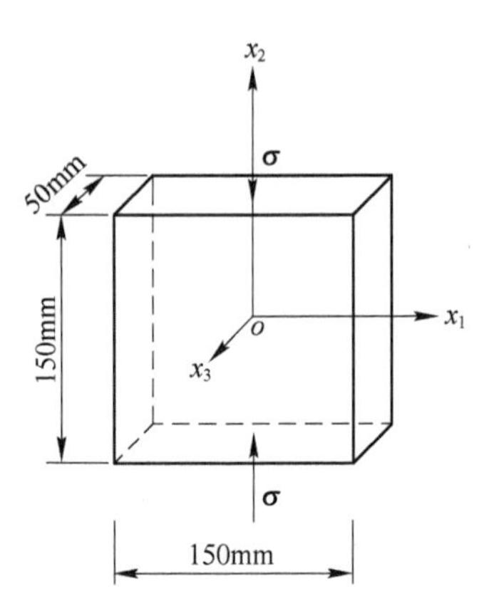

图 6-6 试件尺寸及加载方式

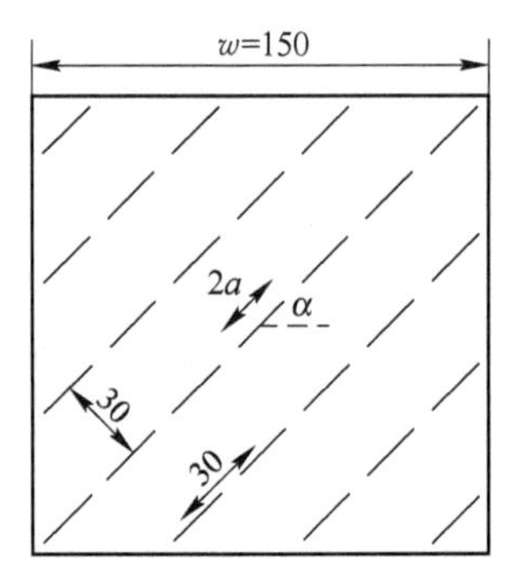

图 6-7 裂隙岩体二维力学模型（单位：mm）

裂隙连通率 k 定义为裂隙所在平面内的面积比率，$k=2a/b$，k 分别为 0、0.2、0.4、0.6、0.8，对应裂隙半长 a 分别为 0cm、0.3cm、0.6cm、0.9cm、1.2cm。图 6-8（a）给出了完整岩石（$a=0$cm）与裂隙岩体（$a=0.9$cm，$\alpha=75°$）的计算应力-应变曲线和试验得到的应力-应变曲线，图 6-8（b）给出了对应岩样的损伤演化曲线，计算参数见表 6-2。完整岩石计算应力-应变曲线采用 Weibull 分布的损伤模型进行描述，通过式（6-4）反演计算完整岩石的损伤分布控制参数，从而得到应力-应变计算曲线。裂隙岩体的应力-应变曲线按式（6-28)计算，其中 $\boldsymbol{D}_1$ 按式（6-26）计算，因预制裂隙为张开型，内摩擦角 φ 取为 0，其余计算参数见表 6-2。

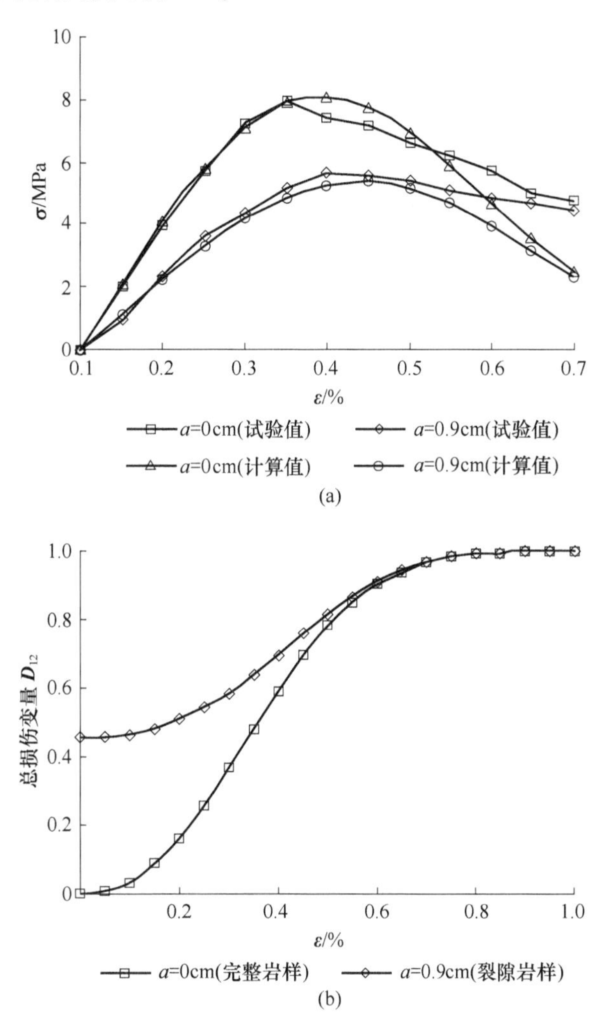

图 6-8 计算结果与试验结果比较

（a）$\boldsymbol{\varepsilon}$-$\boldsymbol{\sigma}$ 关系曲线；（b）$\boldsymbol{\varepsilon}$-$\boldsymbol{D}_{12}$ 关系曲线

表 6-2 计算参数

弹性模量 E_0 /GPa	泊松比	拟合参数 m	拟合参数 ε_0	裂隙体积密度 ρ_v 条/cm^3	裂隙深度 B /cm	平板宽度 w /cm	$f(a, b, d)$
4.25	0.11	2.345	0.004188	0.11	5	15	1.248

由图6-8（a）可知，在峰值应变之前，由基于Weibull分布的细观损伤模型得到的计算曲线与试验曲线吻合较好。由于裂隙的存在，试件峰值强度计算值由8.07MPa下降至5.37MPa，试验值由7.98MPa下降至5.58MPa；峰值应变计算值由0.003增加到0.0035，峰值应变试验值由0.0025增加到0.003。从峰值强度下降和峰值应变增加来看，当岩体存在裂隙等宏观缺陷时，强度和刚度都会在一定程度上得到弱化，延性增大。据计算得到的应力-应变曲线不难看出，裂隙岩体与完整岩石的应力差值在峰值强度之前随应变增加而逐渐加大，而在峰值强度之后则随应变增加而逐渐减小，最后二者的残余强度基本相等，这一现象与试验测试结果较为相符。由图6-8（b）也可以看出，随应变增加，裂隙岩样与完整岩样的受荷损伤演化曲线相互靠近，趋于重合，分析认为，完整岩石在压缩荷载下，峰值强度后也会有宏观裂隙产生，也就是说峰值强度后的岩石也是同时含有宏细观缺陷的试件，其力学行为也会受到两种缺陷的共同作用，因此，峰值强度后完整岩石与初始状态就含有宏观裂隙的岩体应力差值逐渐减小，具有相近的残余强度。从裂隙岩体的计算结果与试验结果来看，二者也可以吻合得较好，说明本章提出的基于宏细观缺陷耦合的损伤模型能够较好反映非贯通裂隙岩体的强度和变形特性。

图6-9给出了裂隙岩体宏观损伤值 $\boldsymbol{D}_1$ 随裂隙倾角的变化规律，从图中可以看出，宏观损伤值 $\boldsymbol{D}_1$ 随裂隙贯通度（裂隙长度）的增加而增加，宏观损伤值 $\boldsymbol{D}_1$ 随裂隙倾角的变化规律也随裂隙贯通程度（裂隙长度）的增加而越加明显，$\alpha=45°$ 时损伤取得最大值，且45°前后的损伤值差别较小。宏观损伤变量可以定义为：

$$\boldsymbol{D}_1 = 1 - E_j/E_0 \tag{6-29}$$

式中，E_j 为裂隙岩体等效弹性模量；E_0 为完整岩石的弹性模量。

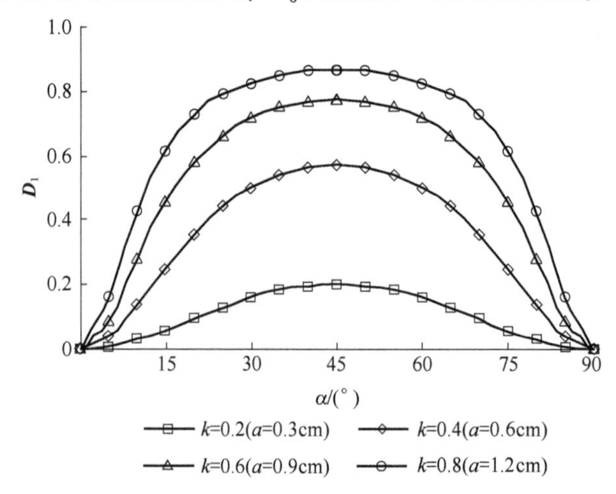

图6-9 裂隙岩体宏观损伤变量随裂隙倾角变化曲线

裂隙岩体的等效弹性模量随裂隙贯通率的变化规律如图 6-10 所示，可以看出，计算曲线与试验结果吻合较好，随着贯通率的增加，裂隙岩体等效弹性模量逐渐降低，这也符合宏观损伤 $\boldsymbol{D}_1$ 随贯通率增加而增大的规律，但在 $\alpha=90°$ 时等效弹性模量的计算曲线与试验结果有一定偏差，分析认为裂隙岩体在受荷过程中，弹性阶段裂隙没有闭合可能会导致弹性模量的大幅度降低，因而即便是 $\alpha=90°$ 的裂隙岩体其弹性模量也会有不同程度的降低。

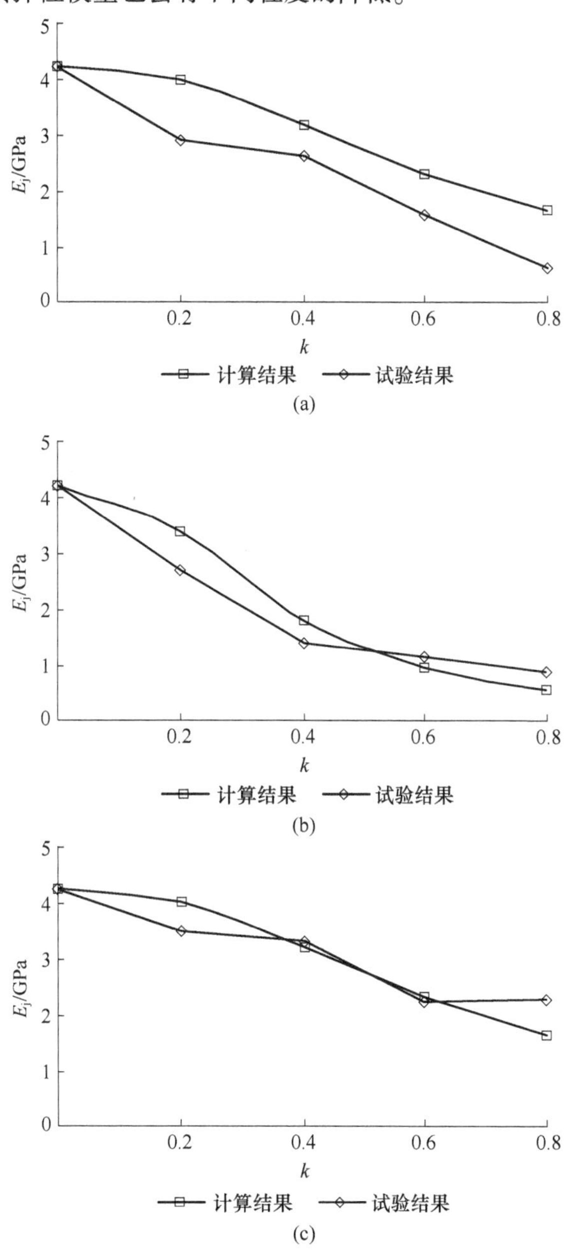

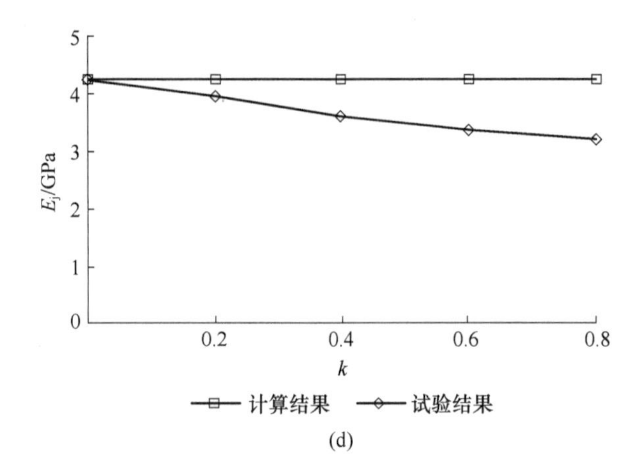

图6-10 不同裂隙倾角时裂隙岩体等效弹性模量随裂隙贯通率的变化

(a) $\alpha=15°$；(b) $\alpha=45°$；(c) $\alpha=75°$；(d) $\alpha=90°$

图 6-11 给出了裂隙岩体宏细观耦合损伤值 $\boldsymbol{D}_{12}$ 随裂隙倾角的变化规律，$\boldsymbol{D}_{12}$ 的计算以完整岩石的初始损伤状态为基准损伤状态，以应变达到峰值应变时作为计算状态，从图中可以看出：宏细观耦合损伤值 $\boldsymbol{D}_{12}$ 随裂隙倾角的变化规律与 $\boldsymbol{D}_1$ 随裂隙倾角的变化规律相似，这说明对于一定荷载下某一应变值的宏细观耦合损伤来讲，裂隙宏观损伤 $\boldsymbol{D}_1$ 对宏细观耦合损伤变量 $\boldsymbol{D}_{12}$ 影响较大。据式（6-28），裂隙岩体峰值强度 $\boldsymbol{\sigma}_j$ 可以表示为：

$$\boldsymbol{\sigma}_j = E_0(1 - \boldsymbol{D}_{12})\boldsymbol{\varepsilon}_f \tag{6-30}$$

式中，$\boldsymbol{\varepsilon}_f$ 为裂隙岩体峰值强度对应的峰值应变。

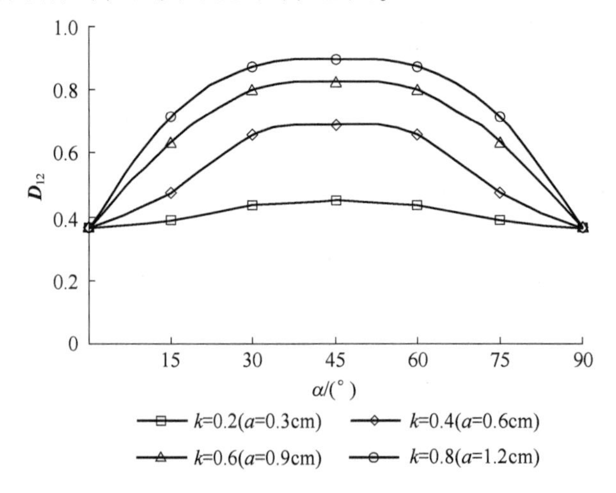

图 6-11 裂隙岩体宏细观耦合损伤变量随裂隙倾角变化曲线

裂隙岩体峰值强度随裂隙贯通率的变化规律如图 6-12 所示，可以看出，随着裂隙贯通率的增加，岩体峰值强度逐渐降低，这也符合宏细观耦合损伤 $\boldsymbol{D}_{12}$ 随贯通率增加而增大的规律，并且在 $\alpha=90°$ 时裂隙岩体峰值强度基本与完整岩石峰值强度保持一致，试验结果也论证了这一点，这也弥补了 $\alpha=90°$ 时裂隙岩体弹性模量计算值与试验值不相符的缺憾。

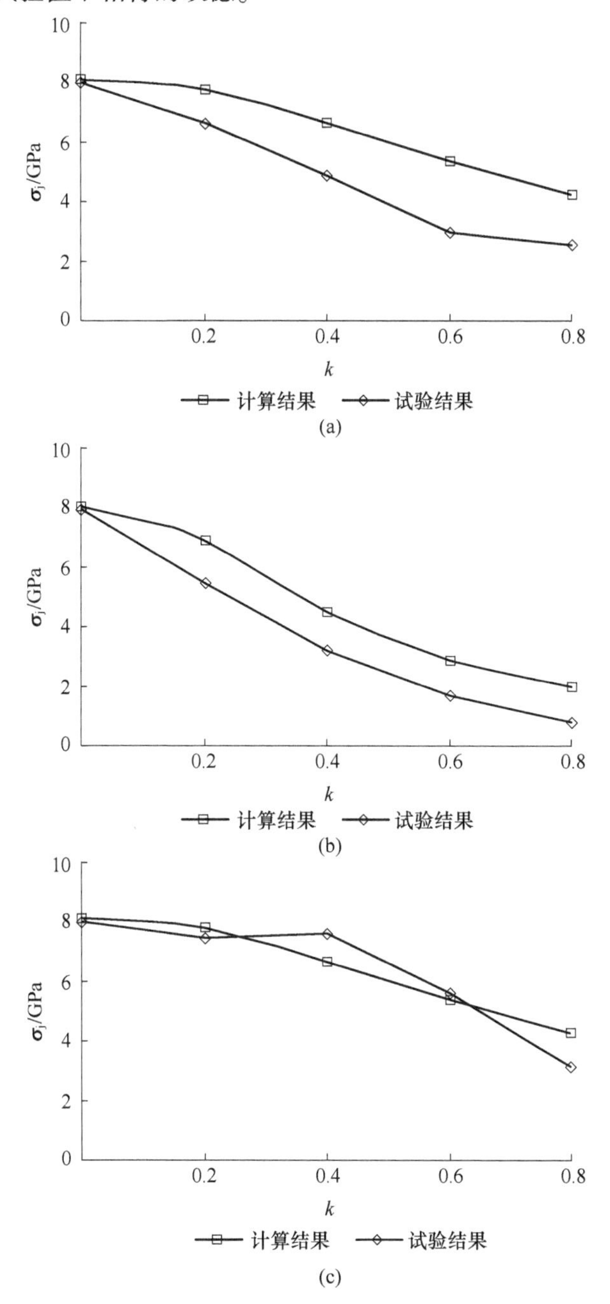

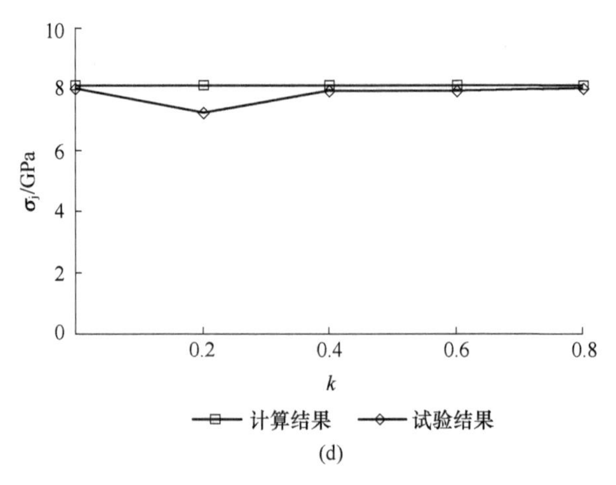

图 6-12 不同裂隙倾角时裂隙岩体峰值强度随裂隙贯通率的变化

(a) $\alpha=15°$；(b) $\alpha=45°$；(c) $\alpha=75°$；(d) $\alpha=90°$

图 6-13 给出了贯通率 $k=0.6$ 时，不同裂隙内摩擦角下，裂隙岩体强度随裂隙倾角的变化规律，可以看出，当裂隙倾角 α 小于裂隙面内摩擦角 φ_j 时，裂隙面形成自锁，此时裂隙试件的峰值强度可按完整岩样处理。在本算例下，断续裂隙岩体最易在 $\alpha=45°+\varphi_j/2$ 时发生沿裂隙面的剪切滑移破坏，此时裂隙岩体强度最低，这与贯通裂隙岩体研究所取得的认识一致（Jaeger et al.，1969；孙广忠等，2011）。前述裂隙岩体试验强度的最小值出现在 $\alpha=45°$时，而非一般认为的 $\alpha=60°$（任利，2013），分析认为试验采用的裂隙试件为一组张开预制裂隙，在受荷过程中不闭合，裂隙面间无摩擦，因此，裂隙岩体强度的最小值发生在 $\alpha=45°$时。据图 6-11 也可以得出，当计算模型采用内摩擦角 $\varphi=0°$进行计算时宏细观耦合损伤值 $\boldsymbol{D}_{12}$在 $\alpha=45°$时取得最大值，反映到强度上则为最小值。

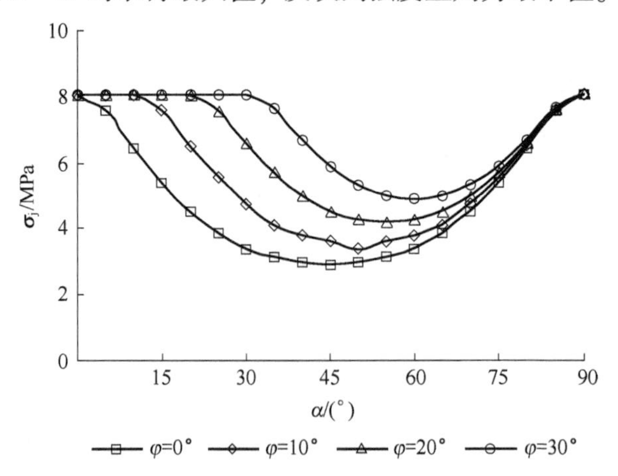

图 6-13 不同裂隙内摩擦角时岩体峰值强度随裂隙倾角的变化曲线

7 常规三轴下非贯通裂隙岩体损伤本构模型

本章基于宏细观缺陷耦合的思想，提出考虑裂隙岩体的围压效应，将宏细观损伤耦合计算方法推广到三维应力状态，建立非贯通裂隙岩体三维复合损伤本构模型，分析不同围压下裂隙岩体宏细观缺陷对岩石力学特性的影响规律。

7.1 受荷岩石细观损伤模型

式（6-4）中的分布参数需要通过岩石试验数据来确定，单轴压缩下参数的确定在第6章已作详细说明，下面讨论基于岩石常规三轴压缩试验的受荷岩石细观损伤本构模型。

假定岩石微元破坏前服从广义胡克定律，由应变等效性假设可得：

$$\boldsymbol{\varepsilon}_1 = \frac{1}{E}[(1+\nu)\boldsymbol{\sigma}_1^* - \nu(\boldsymbol{\sigma}_1^* + 2\boldsymbol{\sigma}_3^*)] \tag{7-1}$$

式中，E、ν 分别为岩石的弹性模量和泊松比；$\boldsymbol{\varepsilon}_1$ 为最大主应力方向的应变；$\boldsymbol{\sigma}_1^*$ 为有效第一主应力；$\boldsymbol{\sigma}_3^*$ 为有效第三主应力。

根据有效应力的定义可得：

$$\boldsymbol{\sigma}_i^* = \frac{\boldsymbol{\sigma}_i}{1-\boldsymbol{D}}(i=1,\ 2,\ 3) \tag{7-2}$$

将式（7-2）代入式（7-1）可得：

$$\boldsymbol{D} = 1 - \frac{1}{E\boldsymbol{\varepsilon}_1}[(1+\nu)\boldsymbol{\sigma}_1 - \nu(\boldsymbol{\sigma}_1 + 2\boldsymbol{\sigma}_3)] \tag{7-3}$$

联立式（6-4）、式（7-3），变形后可得：

$$\frac{\boldsymbol{\sigma}_1 - 2\nu\boldsymbol{\sigma}_3}{E\boldsymbol{\varepsilon}_1} = \mathrm{e}^{-(\frac{\varepsilon_1}{\varepsilon_0})^m} \tag{7-4}$$

式中，$\boldsymbol{\sigma}_1$、$\boldsymbol{\sigma}_3$ 分别为第一、三主应力，其余参数意义同前。

对式（7-4）两边取自然对数可得：

$$\ln\left(-\ln\frac{\boldsymbol{\sigma} - 2\nu\boldsymbol{\sigma}_3}{E\boldsymbol{\varepsilon}}\right) = m(\ln\boldsymbol{\varepsilon}_1 - \ln\boldsymbol{\varepsilon}_0) \tag{7-5}$$

因此，m 和 $\boldsymbol{\varepsilon}_0$ 可以通过对三轴试验数据结果进行拟合得到，若不考虑围压 $\boldsymbol{\sigma}_3$ 的作用，即可得到单轴压缩下完整岩石的细观受荷损伤本构模型。

7.2 受荷裂隙岩体损伤模型

7.2.1 宏细观缺陷耦合损伤张量

假设图 6-3（a）~（d）中岩石材料的柔度张量分别为$\overline{\boldsymbol{C}}_{12}$、$\overline{\boldsymbol{C}}_1$、$\overline{\boldsymbol{C}}_2$ 和$\overline{\boldsymbol{C}}_0$，式（6-7）可以改写为：

$$\boldsymbol{\varepsilon}_{12} = \boldsymbol{\varepsilon}_1 + \boldsymbol{\varepsilon}_2 - \boldsymbol{\varepsilon}_0 \tag{7-6}$$

式中，$\boldsymbol{\varepsilon}_{12}$、$\boldsymbol{\varepsilon}_1$、$\boldsymbol{\varepsilon}_2$ 和 $\boldsymbol{\varepsilon}_0$ 分别为其在应力 $\boldsymbol{\sigma}$ 作用下产生的应变。

根据应力与应变的关系，式（7-6）可以写为：

$$\overline{\boldsymbol{C}}_{12} : \boldsymbol{\sigma} = \overline{\boldsymbol{C}}_1 : \boldsymbol{\sigma} + \overline{\boldsymbol{C}}_2 : \boldsymbol{\sigma} - \overline{\boldsymbol{C}}_0 : \boldsymbol{\sigma} \tag{7-7}$$

式（6-9）可以改写为：

$$\begin{cases} (\overline{\boldsymbol{C}}_{12})^{-1} = (\boldsymbol{I} - \boldsymbol{\Omega}_{12}) : (\overline{\boldsymbol{C}}_0)^{-1} \\ (\overline{\boldsymbol{C}}_1)^{-1} = (\boldsymbol{I} - \boldsymbol{\Omega}_1) : (\overline{\boldsymbol{C}}_0)^{-1} \\ (\overline{\boldsymbol{C}}_2)^{-1} = (1 - D_2)(\overline{\boldsymbol{C}}_0)^{-1} \end{cases} \tag{7-8}$$

将式（7-8）代入式（7-7），整理可得：

$$\boldsymbol{\Omega}_{12} = \boldsymbol{I} - \left[(\boldsymbol{I} - \boldsymbol{\Omega}_1)^{-1} + \frac{D_2}{1 - D_2}\boldsymbol{I} \right]^{-1} \tag{7-9}$$

式中，$\boldsymbol{\Omega}_1$ 为四阶宏观损伤张量；$\boldsymbol{\Omega}_{12}$ 为四阶耦合损伤张量；$\boldsymbol{I}$ 为四阶单位张量；D_2 为细观受荷损伤变量。

根据损伤变量定义的相对性，将完整岩石的初始损伤状态作为基准损伤状态，预制宏观裂隙造成的宏观损伤为 $\boldsymbol{\Omega}_0$，完整岩石受荷造成的细观损伤为 D，预制裂隙岩体受荷造成的宏细观总损伤为 $\boldsymbol{\Omega}_{\mathrm{m}}$。则式（7-9）可变为：

$$\boldsymbol{\Omega}_{\mathrm{m}} = \boldsymbol{I} - \left[(\boldsymbol{I} - \boldsymbol{\Omega}_0)^{-1} + \frac{D}{1 - D}\boldsymbol{I} \right]^{-1} \tag{7-10}$$

式中，$\boldsymbol{\Omega}_{\mathrm{m}}$、$\boldsymbol{\Omega}_0$、$\boldsymbol{I}$ 分别为四阶耦合损伤张量、四阶宏观损伤张量、四阶单位张量；D 为细观受荷损伤变量。

7.2.2 考虑宏观缺陷的损伤张量计算

由式（7-8）~式（7-10）可知，裂隙岩体宏观损伤张量 $\boldsymbol{\Omega}_0$ 可通过裂隙岩体等效柔度张量 $\boldsymbol{C}_{\mathrm{j}}$ 与完整岩石柔度张量 $\boldsymbol{C}_0$ 表示，即：

$$\boldsymbol{\Omega}_0 = \boldsymbol{I} - (\boldsymbol{C}_{\mathrm{j}})^{-1} : \boldsymbol{C}_0 \tag{7-11}$$

如图 7-1 所示，晏石林等（2001）提出了一种分析非贯通裂隙岩体的等效弹性参数模型，裂隙只在方向 1 上是贯通的，在 2-3 方向构成的平面内是非贯通的。

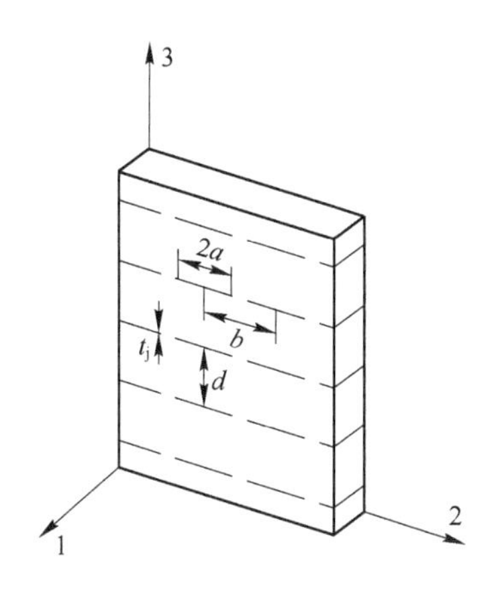

图 7-1 非贯通裂隙岩体分析模型（正轴）

在图 7-1 所示的正轴情况下，其为一正交异性体，柔度张量 $\boldsymbol{C}_1$ 由于存在 Voigt 对称性，独立的弹性常数共有 9 个，即 E_1、E_2、E_3、ν_{12}、ν_{13}、ν_{23} 和 G_{12}、G_{23}、G_{13}。柔度张量 $\boldsymbol{C}_{\mathrm{j}}$ 可以缩写成柔度矩阵 $[\boldsymbol{C}_{\mathrm{j}}]$，即：

$$[\boldsymbol{C}_{\mathrm{j}}] = \begin{bmatrix} \frac{1}{E_1} & -\frac{\nu_{12}}{E_2} & -\frac{\nu_{13}}{E_3} & 0 & 0 & 0 \\ & \frac{1}{E_2} & -\frac{\nu_{23}}{E_3} & 0 & 0 & 0 \\ & & \frac{1}{E_3} & 0 & 0 & 0 \\ & & & \frac{1}{G_{23}} & 0 & 0 \\ & \mathrm{sym} & & & \frac{1}{G_{31}} & 0 \\ & & & & & \frac{1}{G_{12}} \end{bmatrix} \tag{7-12}$$

按照晏石林等（2001）的计算方法，可得到两种不同体系下式（7-12）中各变量的表达式。

（1）E_{j} 和 ν_{j} 体系：

$$
\begin{cases}
E_1 = E_j V_j + E_r(1 - V_j) \\
E_2 = \left[1 - \dfrac{V_j(1 - E_j/E_r)}{\varphi + (1 - \varphi)E_j/E_r}\right]E_r \\
E_3 = \dfrac{1 - \varphi(1 - E_j/E_r)}{1 - \varphi(1 - L_j)(1 - E_j/E_r)}E_r \\
\nu_{12} = \dfrac{E_j\nu_j V_j + \nu_r[E_j(1 - \varphi) + E_r\varphi(1 - L_j)]}{E_r\varphi(1 - L_j) + E_j(1 - \varphi + V_j)} \\
\nu_{23} = \dfrac{E_j E_r[\nu_j\varphi + \nu_r(1 - \varphi)L_j]}{[E_r\varphi + E_j(1 - \varphi)][E_j\varphi + E_r(1 - \varphi)]} + \nu_r(1 - L_j) \\
\nu_{13} = \dfrac{E_j\nu_j V_j + \nu_r[E_r(1 - \varphi) + E_j\varphi(1 - L_j)]}{E_j\varphi + E_r(1 - \varphi)} \\
G_{12} = \left[1 - \dfrac{V_j(1 - G_j/G_r)}{\varphi + (1 - \varphi)G_j/G_r}\right]G_r \\
G_{23} = G_j G_r/[G_r V_j + G_j(1 - V_j)] \\
G_{13} = \dfrac{1 - \varphi(1 - G_j/G_r)}{1 - \varphi(1 - L_j)G_j/G_r}G_r
\end{cases}
\tag{7-13}
$$

式中，E_j、G_j、ν_j 和 E_r、G_r、ν_r 分别为裂隙和完整岩石的弹性模量、剪切模量及泊松比；$L_j = t_j/d$，$\varphi = 2a/b$，$V_j = \varphi L_j$，d、a、b 如图 7-1 所示。

(2) K_n 和 K_s 体系：

$$
\begin{cases}
E_1 = E_r(1 - V_j) \\
E_2 = E_r(1 - L_j) \\
E_3 = \dfrac{E_r - \varphi(E_r - K_n t_j)}{E_r - \varphi(1 - L_j)(E_r - K_n t_j)}E_r \\
\nu_{12} = \nu_r,\ \nu_{23} = \nu_r(1 - L_j) \\
\nu_{13} = \left[1 - \dfrac{K_n t_j V_j}{E_r(1 - \varphi) + K_n t_j \varphi}\right]\nu_r \\
G_{12} = G_r(1 - L_j) \\
G_{23} = \dfrac{G_r K_s t_j}{G_r V_j + K_s t_j(1 - V_j)} \\
G_{13} = \dfrac{G_r - \varphi(G_r - K_s t_j)}{G_r - \varphi(1 - L_j)(G_r - K_s t_j)}G_r
\end{cases}
\tag{7-14}
$$

式中，K_n、K_s 分别为裂隙面的法向及切向刚度；$L_j = t_j / \mathrm{d}$, $\varphi = 2a/b$，$V_j = \varphi L_j$，d、a、b 如图 7-1 所示。

如图 7-2 所示，在任意坐标系（X, Y, Z）中，通过坐标变换，可得任意方向分布的单组裂隙岩体的等效柔度矩阵，即：

$$[\overline{\boldsymbol{C}}_j] = \{[\boldsymbol{T}_\sigma]^{-1}\}^{\mathrm{T}}[\boldsymbol{C}_j][\boldsymbol{T}_\sigma]^{-1} \tag{7-15}$$

式中，$[\boldsymbol{T}_\sigma]$ 为应力转换矩阵，其具体表达式为：

$$[\boldsymbol{T}_\sigma] = \begin{bmatrix} l_1^2 & m_1^2 & n_1^2 & 2m_1n_1 & 2l_1n_1 & 2l_1n_1 \\ l_2^2 & m_2^2 & n_2^2 & 2m_2n_2 & 2l_2n_2 & 2l_2m_2 \\ l_3^2 & m_3^2 & n_3^2 & 2m_3n_3 & 2l_3n_3 & 2l_3m_3 \\ l_2l_3 & m_2m_3 & n_2n_3 & m_2n_3 + m_3n_2 & n_2l_3 + n_3l_2 & l_2m_3 + l_3m_2 \\ l_1l_3 & m_1m_3 & n_1n_3 & m_1n_3 + m_3n_1 & n_1l_3 + n_3l_1 & l_1m_3 + l_3m_1 \\ l_2l_1 & m_2m_1 & n_2n_1 & m_2n_1 + m_1n_2 & n_2l_1 + n_1l_2 & l_2m_1 + l_1m_2 \end{bmatrix} \tag{7-16}$$

式中，$l_1 = \cos\beta$，$l_2 = -\sin\beta$，$l_3 = 0$，$m_1 = \cos\theta\sin\beta$，$m_2 = \cos\theta\cos\beta$，$m_3 = -\sin\theta$，$n_1 = \sin\theta\sin\beta$，$n_2 = \sin\theta\cos\beta$，$n_3 = \cos\theta$。

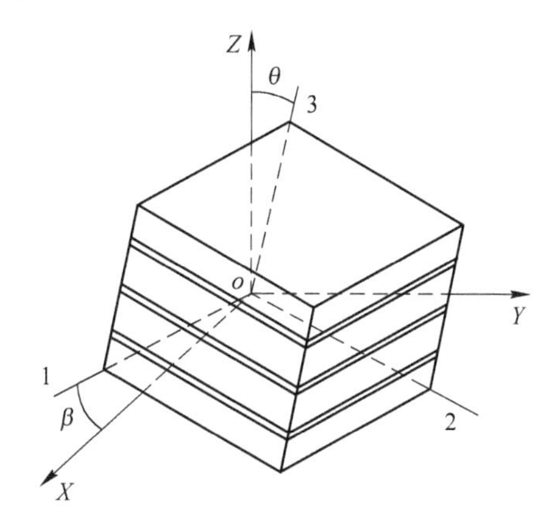

图 7-2 单组裂隙岩体（偏轴）

若岩体中含有 n 组（$n>1$）方位角为 $(\beta, \theta)_i$ 的裂隙，根据叠加原理，则多组裂隙岩体的等效柔度矩阵为：

$$[\overline{\boldsymbol{C}}_j]_n = \sum_{i=1}^{n}[\overline{\boldsymbol{C}}_j]_i - (n-1)[\boldsymbol{C}_0] \tag{7-17}$$

式中，$[\boldsymbol{C}_0]$ 为完整岩石的柔度矩阵。

因此，把由上述分析方法求出的裂隙岩体等效柔度张量代入式（7-11）中即可得到裂隙岩体宏观损伤张量 $\boldsymbol{\Omega}_0$。

7.2.3 受荷裂隙岩体损伤本构方程

根据式（7-10）所示的耦合损伤张量 $\boldsymbol{\Omega}_{\mathrm{m}}$，则可以得到受荷裂隙岩体三维复合损伤本构模型为：

$$\boldsymbol{\sigma} = (\boldsymbol{C}_0)^{-1} : (\boldsymbol{I} - \boldsymbol{\Omega}_{\mathrm{m}}) : \boldsymbol{\varepsilon} \tag{7-18}$$

式中，$\boldsymbol{\sigma}$ 为应力张量；$\boldsymbol{\varepsilon}$ 为应变张量；$\boldsymbol{C}_0$ 为基准损伤状态完整岩石的柔度张量；宏细观耦合损伤张量 $\boldsymbol{\Omega}_{\mathrm{m}}$ 按式（7-10）计算。

7.3 计算实例与模型验证

不同围压下三维复合损伤本构模型拟合曲线与杨圣琦等（2007）试验数据的对比结果如图 7-3 所示，图中 W 岩样为无宏观裂隙的完整粗晶大理岩，应力-应变曲线按式（7-1）计算：J60、J45 和 J30 岩样分别为裂隙倾角为 60°、45°和 30°的断续预制裂纹粗晶大理岩，裂隙为对称斜裂纹，裂隙内充填石膏，裂隙岩体模型中单组裂隙法线方向（β，θ）分别为（0°，60°）、（0°，45°）和（0°，30°），裂隙长度均为 24mm，裂隙岩体宏观损伤张量 $\boldsymbol{\Omega}_0$ 可采用（E_{j}、ν_{j}）体系，按式（7-11）计算，计算参数见表 7-1。岩样细观受荷损伤演化特征试验参数 m 和 $\boldsymbol{\varepsilon}_0$ 值如图 7-4 所示。

表 7-1 计算参数

岩块弹性模量 E_r/GPa			岩块泊松比 ν_r	裂隙厚度 t_j/cm
围压 σ_3/MPa				
10	20	30		
48.53	48.20	50.91	0.27	0.05

裂隙排间距 d/cm	中心间距 b/cm	弹性模量 E_j/GPa	裂隙泊松比 ν_j
$5\sin\alpha$	$5/\cos\alpha$	1.2	0.31

由图 7-3 可知，三轴压缩情况下，拟合曲线线弹性段与塑性硬化段过渡自然顺畅。对完整岩样来说，围压较低时，如围压为 10MPa 时，基于 Weibull 分布的细观受荷损伤本构模型可以较好地描述完整岩样试验曲线的线弹性阶段，但无法较好地模拟塑性硬化阶段和软化阶段，特别是软化阶段，如图 7-3（a）所示；当围压较高时，如围压为 20MPa 时，模型对完整岩样应变软化阶段的描述能力有所提高，如图 7-3（b）所示；当围压很高时，如围压为 30MPa 时，完整岩样试验曲线的软化特征不明显，损伤模型对试验曲线塑性硬化阶段的模拟有一定误差，如图 7-3（c）所示；图中预制裂隙岩样的三维复合损伤本构模型曲线与试验数据趋势比较吻合，但模型曲线与应变轴的交点随围压增大而逐渐偏离坐标

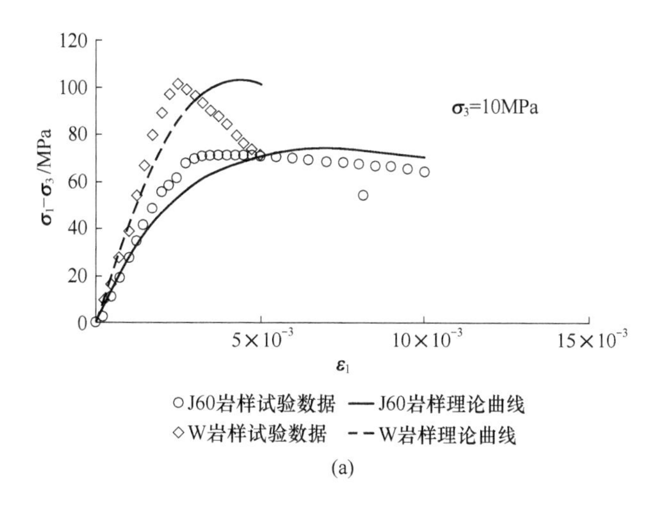
120
100
80
60
40
20
0
$\sigma_1 - \sigma_3$/MPa
σ_3=10MPa
5×10^{-3}
10×10^{-3}
15×10^{-3}
ε_1
○J60岩样试验数据 —J60岩样理论曲线
◇W岩样试验数据 --W岩样理论曲线

(a)

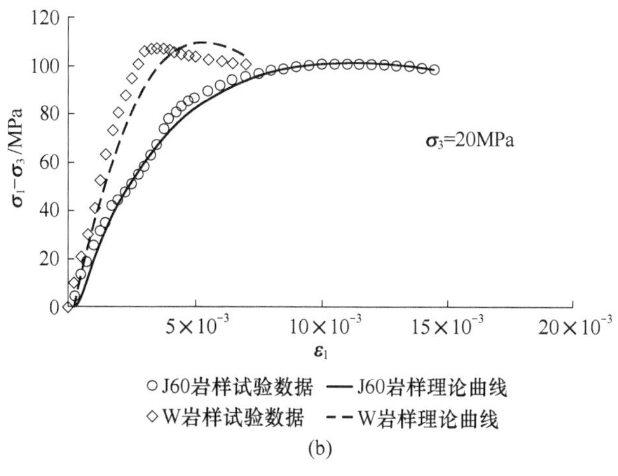
120
100
80
60
40
20
0
$\sigma_1 - \sigma_3$/MPa
σ_3=20MPa
5×10^{-3}
10×10^{-3}
15×10^{-3}
20×10^{-3}
ε_1
○J60岩样试验数据 —J60岩样理论曲线
◇W岩样试验数据 --W岩样理论曲线

(b)

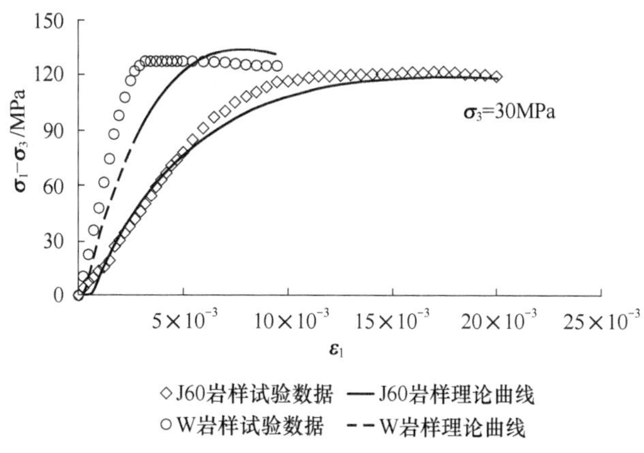
150
120
90
60
30
0
$\sigma_1 - \sigma_3$/MPa
σ_3=30MPa
5×10^{-3}
10×10^{-3}
15×10^{-3}
20×10^{-3}
25×10^{-3}
ε_1
◇J60岩样试验数据 —J60岩样理论曲线
○W岩样试验数据 --W岩样理论曲线

(c)

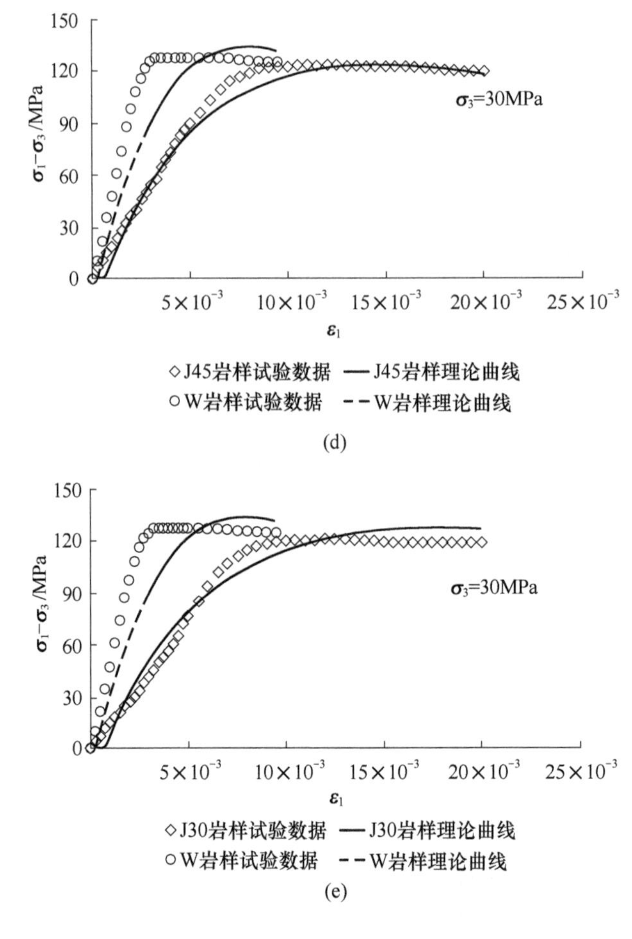

图 7-3 常规三轴压缩试验数据与理论曲线

原点；分析认为，试验数据未考虑岩样在静水围压下的压密过程，只给出了岩样在加围压后的应力-应变曲线。常规三轴压缩试验时，岩样因先施加围压会产生轴向应变，特别是对于存在宏观裂隙的裂隙岩样，初始轴向应变在围压较大时不能忽略，此时模型曲线不过原点。

据图 7-3 还可知，随围压逐渐增加，峰后软化特征逐渐消失，屈服平台开始出现，完整岩样与裂隙岩样的三轴抗压强度差距逐渐减小，如图7-3（a）~（c）所示。裂隙岩样在围压为 30MPa 时，应力-应变曲线与裂隙的几何分布关系不大，裂隙岩样的三轴抗压强度与完整岩样相比，差异很小，如图 7-3（c）~（e）所示。图 7-3（d）中，J45 岩样的三轴抗压强度为 123.54MPa，仅比完整岩样的三轴抗压强度小 3.01%，分析认为，岩样在围压作用下，岩样微观缺陷得到改善，宏观裂隙闭合，微观颗粒间、宏观裂隙间的摩擦性能得到大幅度提高，最终表现为岩样轴向承载能力的提升，岩样由脆性转化为延性。

为进一步分析围压对岩样宏细观损伤力学特性的影响，图 7-4 给出了不同围压下，拟合参数 m 和 $\boldsymbol{\varepsilon}_0$ 随岩样类型的变化曲线，由图可知，由于裂隙岩样的 m 和 $\boldsymbol{\varepsilon}_0$ 均低于完整岩样；围压为 0 时，参数 m 和 $\boldsymbol{\varepsilon}_0$ 随裂隙倾角变化表现出的各向异性明显；随围压增加，参数 m 和 $\boldsymbol{\varepsilon}_0$ 随岩样的变化曲线近似水平；这说明，由于宏观裂隙的存在，降低了岩石的强度，弱化了岩石材料的脆性，并使岩石的力学性质出现明显的各向异性。随围压增加，宏观裂隙闭合程度增加，裂隙岩样力学性质的各向异性得到弱化，并趋于各向同性。一般认为当围压接近于裂隙岩样的单轴抗压强度时，可视为各向同性岩体（蔡美峰等，2002）。

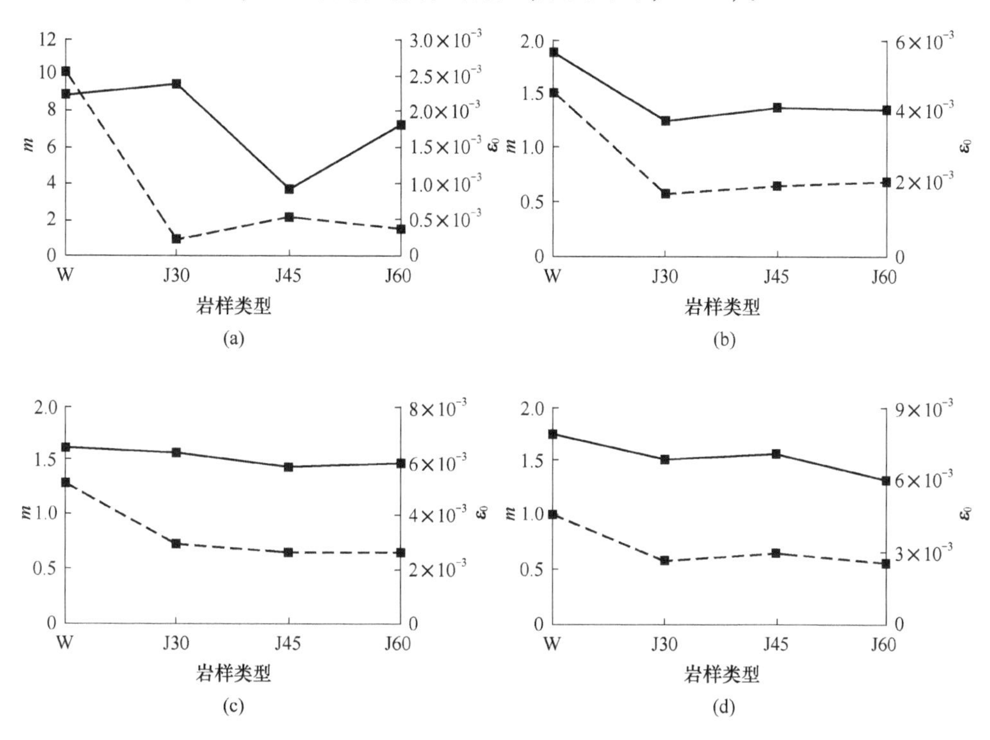

图 7-4　不同围压下岩样类型对拟合参数 m 和 $\boldsymbol{\varepsilon}_0$ 的影响

（a）$S_3=0$MPa；（b）$S_3=10$MPa；（c）$S_3=20$MPa；（d）$S_3=30$MPa

-■- m；—■— $\boldsymbol{\varepsilon}_0$

图 7-5 给出了各岩样拟合参数 m 和 $\boldsymbol{\varepsilon}_0$ 随围压的变化曲线，可以发现拟合参数 m 随围压的变化规律大体相似，即 m 随围压的增加而减小，且曲线先陡后平缓，这说明岩石在单轴受力状态时，脆性明显，岩石在常规三轴应力状态下脆性得到较大程度弱化，且弱化程度随围压增加先变大后逐渐减小。拟合参数 $\boldsymbol{\varepsilon}_0$ 随围压的变化规律也大体相似，$\boldsymbol{\varepsilon}_0$ 随围压的增加而增加，且曲线先陡后缓，这说明

岩石在单轴受力状态时，强度低，岩石在常规三轴应力状态下强度得到大幅度提高，且提高程度随围压增加先变大后逐渐减小。

由图 7-5 可知，低围压时，m 和 $\boldsymbol{\varepsilon}_0$ 对围压均比较敏感，高围压时，$\boldsymbol{\varepsilon}_0$ 随围压增加还有所提高，而 m 变化不大。分析认为三向应力状态中的岩石力学性质较单向应力状态有明显改善，当围压达到一定程度时，岩石呈现出明显的延性特征，应力-应变曲线形状随围压的改变不明显，但峰值强度随围压增加还有所提高。

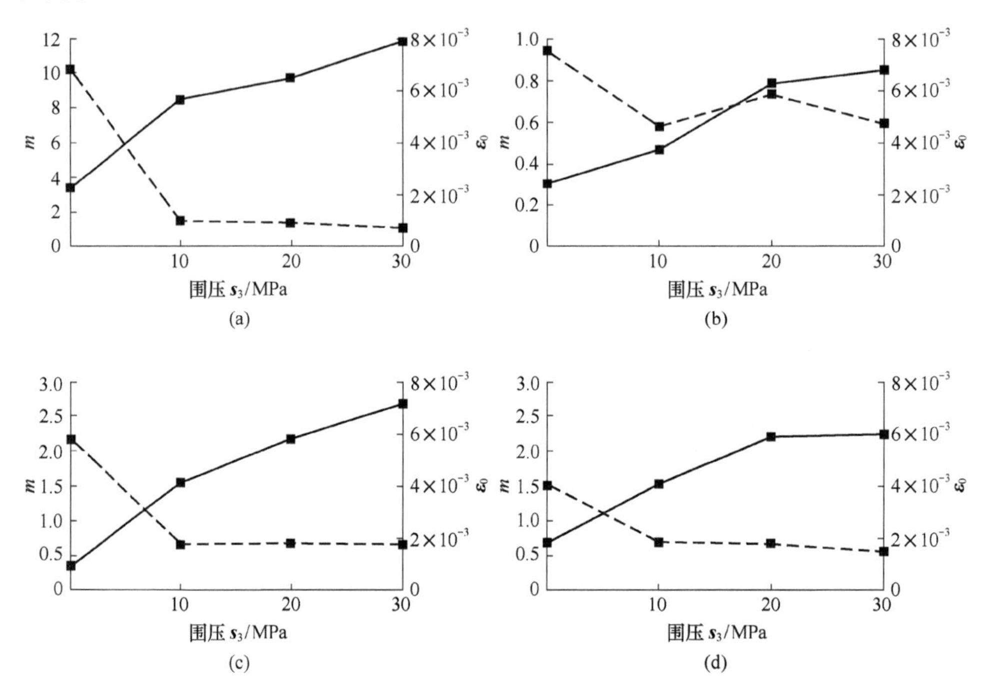

图 7-5　不同岩样拟合参数 m 和 $\boldsymbol{\varepsilon}_0$ 随围压的变化曲线

(a) W 岩样；(b) J30 岩样；(c) J45 岩样；(d) J60 岩样

- ■ - m；—■— $\boldsymbol{\varepsilon}_0$

8 冻融—荷载耦合作用下裂隙岩体损伤模型

本章以完整岩石冻融受荷细观损伤模型为基础，尝试在循环冻融条件下考虑受荷裂隙岩体的宏细观缺陷耦合问题，建立冻融受荷岩体损伤模型，并用试验资料对循环冻融条件下裂隙岩体的宏细观缺陷耦合计算方法进行验证，得到了较为理想的结果，为深入分析寒区裂隙岩体的抗冻性能奠定了基础。

8.1 冻融受荷岩石细观损伤模型

8.1.1 岩石细观缺陷冻融损伤演化

岩石在多次循环冻融中的损伤，可以用两个尺度来描述：一个是单次循环冻融条件，即岩石经历降温收缩，冻结膨胀，融化收缩，升温膨胀的过程，每一阶段所表现的损伤规律也不尽相同（陈剑闻，2005）；另一个尺度为循环冻融次数，即冻融损伤是由多次循环冻融累加而成的。岩石内部细观缺陷在多次循环冻融条件下的损伤演化规律十分复杂，由于岩石宏观物理性能的响应能够代表材料内部的劣化程度，因此，可以运用宏观唯象损伤力学方法来研究岩石在冻融条件下的细观损伤。材料的弹性模量在冻融过程中便于分析和测量，因此，可将岩石冻融损伤变量 D_n 表示为：

$$D_n = 1 - \frac{E_n}{E_0} \tag{8-1}$$

式中，E_n 为完整岩石 n 次循环冻融后的弹性模量；E_0 为完整岩石冻融前的弹性模量。

在单次循环冻融条件不变的情况下，E_n 随着冻融次数的变化而变化，因此，可以得到岩石在循环冻融条件下的细观损伤演化规律。

8.1.2 冻融受荷岩石细观损伤演化方程

岩石在外载、环境的作用下，岩石内部的微裂纹可能扩展，同时生成新的裂纹。冻融受荷岩石先后经历循环冻融和受荷过程，细观缺陷在两类不同荷载的作用下将会引起材料或结构的劣化。岩石循环冻融一定次数后，出现冻融细观损伤，岩样在循环冻融后的加载，就可以等效为岩石在冻融荷载和力学加载下的损伤。

根据 Lemaitre 应变等价原理及有效应力概念可知：材料在任何损伤状态的本构关系形式相同（吕建国等，2013），将岩石初始状态下的损伤状态定义为基准损伤状态（张全胜等，2003），将岩石冻融后的损伤状态作为第一种损伤状态，循环冻融和受荷条件下的细观损伤作为第二种损伤状态，则有：

$$\left.\begin{aligned}\boldsymbol{\sigma}_n &= E_0(1 - D_n)\boldsymbol{\varepsilon}_n \\ \boldsymbol{\sigma} &= E_n(1 - D)\boldsymbol{\varepsilon}\end{aligned}\right\} \tag{8-2}$$

将式（8-1）代入式（8-2）可以得到冻融受荷岩石的应力-应变关系为：

$$\boldsymbol{\sigma} = E_0(1 - D_{\mathrm{m}})\boldsymbol{\varepsilon} \tag{8-3}$$

其中，

$$D_{\mathrm{m}} = D_n + D - D_n D \tag{8-4}$$

式中，$\boldsymbol{\sigma}$ 为应力分量；$\boldsymbol{\varepsilon}$ 为应变分量；D_{m} 为岩石冻融受荷总损伤，D 按式（6-4)确定，D_nD 为耦合项。由式（8-4）可以得出，冻融引起的细观损伤和受荷引起的细观损伤不能简单叠加，分析认为，冻融细观损伤提高了岩石内部的细观缺陷，这在一定程度上会阻碍岩石的受荷位错运动，受荷作用下，岩石微孔结构闭合，细观缺陷得到改善，缓解了冻融细观损伤，荷载作用下的位错运动也限制了岩石孔隙水成冰所产生的冻胀力。

由式（8-1）、式（6-4）和式（8-4）可以得到冻融受荷总细观损伤演化方程为：

$$D_{\mathrm{m}} = 1 - \frac{E_n}{E_0}\mathrm{e}^{-(\frac{\varepsilon}{\varepsilon_0})^m} \tag{8-5}$$

由式（8-5）可知，当 $\boldsymbol{\sigma}=0$ 时，$D_{\mathrm{m}}=D_n$；当 $n=0$ 时，$E_0=E_n$，此时 $D_{\mathrm{m}}=D$。

8.2 冻融受荷裂隙岩体损伤模型

8.2.1 冻融受荷裂隙岩体耦合损伤变量

假设宏观裂隙为无厚度非贯通闭合裂隙，裂隙不含水，由于闭合裂隙本身黏结作用较强，且岩石孔隙中的水分不易向宏观裂隙内渗透，因此，认为裂隙的几何位置对冻融损伤影响不是很大，由此假设裂隙岩体在循环冻融过程中的冻融损伤主要是因为岩块在冻胀力的不断作用下，岩块内部胶结度不良的矿物颗粒逐渐失稳所致。根据假设条件可将式（6-10）应用到寒区裂隙岩体，此时，宏观损伤 D_1 是由于预制宏观裂隙所造成的，D_2 是由完全不含损伤的岩石经冻融和受荷造成的细观损伤，D_{12}是预制裂隙岩体冻融受荷的宏细观总损伤。

根据损伤变量的定义的相对性，可将完整岩石的初始损伤状态作为基准损伤状态，预制宏观裂隙造成的宏观损伤为 Ω_0，完整岩石经循环冻融和受荷造成的细观损伤为 D_{m}，预制裂隙岩体经循环冻融和受荷造成的宏细观总损伤为 Ω_{m}。因此式（6-10）可变为：

$$\Omega_{\mathrm{m}} = 1 - \frac{(1 - \Omega_0)(1 - D_{\mathrm{m}})}{1 - \Omega_0 D_{\mathrm{m}}} \tag{8-6}$$

其中，

$$\Omega_0 = 1 - \frac{E_j}{E_0} \tag{8-7}$$

式中，E_j 为裂隙岩体等效弹性模量；E_0 为基准损伤状态完整岩石弹性模量；D_m 可按式（8-5）计算。

由式（8-5）~式（8-7）可以看出，裂隙宏观损伤、冻融细观损伤和受荷细观损伤相互耦合、相互影响，共同影响了岩石的力学特性。裂隙宏观缺陷的存在弱化了岩石的强度和刚度，提高了岩石缺陷的相对密度，在冻胀力作用下岩石颗粒更容易散落，在荷载作用下宏观裂隙翼端容易出现应力集中，促使裂隙尖端出现裂纹扩展。但由于闭合裂隙的低渗透能力以及闭合裂隙黏结力可能强于岩石内部某些薄弱点，闭合裂隙对冻融细观损伤和受荷细观损伤的影响会使宏细观总损伤有所降低。由于宏观损伤与冻融细观损伤的作用，提高了岩石缺陷的相对密度，这在一定程度上会阻碍受荷的位错运动，弱化受荷细观损伤。同时，在荷载作用下，微裂纹压密、宏观裂隙闭合程度大幅度提高，矿物颗粒以及微孔隙间的冻胀力有所减缓，这在一定程度上也弱化了宏观损伤与冻融细观损伤。

8.2.2 冻融受荷裂隙岩体损伤本构方程

由前述可知，裂隙岩体同时存在宏细观两类缺陷，裂隙等宏观缺陷的存在会弱化岩体的强度和刚度，产生宏观损伤。细观缺陷在循环冻融作用下产生冻融细观损伤，在荷载作用下产生细观受荷损伤，循环冻融与荷载的共同作用使岩体的细观损伤加剧。岩体的细观缺陷先后在循环冻融和荷载作用下发生劣化，岩体在循环冻融作用下，由于冻胀力以及渗透作用使得岩块内部出现局部细观损伤；岩体在荷载作用下，岩块内部矿物颗粒产生滑移，使得局部细观损伤得以进一步增加，岩体内部的微裂隙可能扩展、分叉，同时生成新的微裂纹；这些裂纹的汇合及贯通可能导致新的宏观裂纹的产生（Walder，1985）。

根据损伤力学理论，则由式（8-6）所示的宏细观耦合损伤变量，可得到综合考虑裂隙等宏观缺陷的存在、细观缺陷在冻融环境和外载下损伤扩展的冻融受荷裂隙岩体损伤本构模型，即

$$\boldsymbol{\sigma} = E_0(1 - \Omega_m)\boldsymbol{\varepsilon} \tag{8-8}$$

8.3 计算实例与模型验证

图 8-1 为利用路亚妮等（2014）提供的完整岩石单轴压缩实测试验数据，由式（6-4）及细观受荷力学特性试验参数计算得到的应力-应变理论曲线和完整岩样受荷损伤模型演化曲线，其中：基准损伤状态完整岩石弹性模量 $E_0 = 9.65\text{GPa}$，细观受荷损伤演化特征参数 $m = 4.35$，$\boldsymbol{\varepsilon}_0 = 0.0098$。基于 Weibull 分布

的细观受荷损伤模型所得的理论曲线与岩石单轴压缩试验曲线趋势比较吻合，理论模型所得到的单轴抗压强度 $\boldsymbol{\sigma}_c = 53.59\text{MPa}$，比试验所得单轴抗压强度小 0.44%。本章岩石细观受荷损伤模型忽略了岩石材料初始微裂隙闭合对模型的影响，未能反映试验中岩石微裂隙压密阶段。从图 8-1 可以看出，峰值应变前，受荷损伤 D 较小，应力-应变曲线近似呈线性；峰值应变附近，受荷损伤变量 D 随应变显著增加，应力-应变曲线斜率开始减小，说明受荷岩石进入屈服阶段。因此，峰值应变处的细观受荷损伤值可以作为判断岩石是否发生严重损伤的一个基准损伤值。

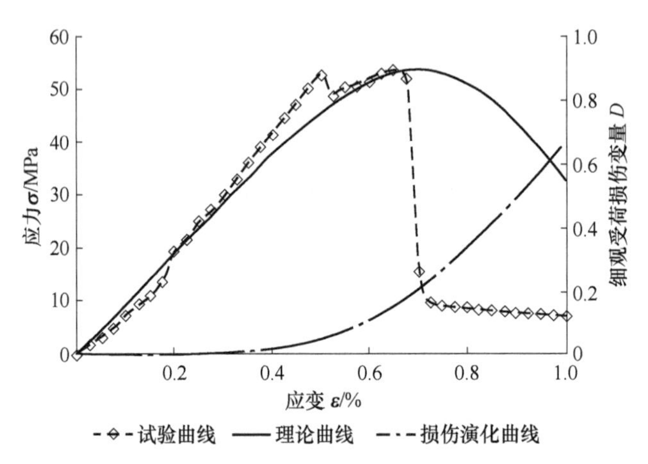

图 8-1 完整岩石受荷损伤模型演化曲线

为进一步验证完整岩石冻融受荷损伤模型，根据路亚妮等（2014）试验数据，据式（8-1）计算得到完整岩石冻融损伤演化曲线，如图 8-2 所示；据式（8-4）计算得到完整岩石冻融受荷损伤演化曲线，如图 8-3 所示，其中受荷损伤变量 D 按应变 $\boldsymbol{\varepsilon}$ 取峰值应变 $\boldsymbol{\varepsilon}_m$ 时进行计算。根据图 8-1 可知，当 $\boldsymbol{\varepsilon}=\boldsymbol{\varepsilon}_m$ 时，$D=0.316$。从图 8-2 和图 8-3 可以看出，完整岩石的冻融损伤劣化程度随冻融次数的增大而增大，近似呈线性关系。岩样经历 40 次循环冻融后，损伤变量 $D_n=0.248$，小于 0.316；在经历 60 次循环冻融后，损伤变量 $D_n=0.368$，大于 0.316。这说明，前 40 次冻融对岩样的损伤不大，为局部损伤，但在后 20 次循环冻融过程中，反复冻融已经对岩样造成了比较大的损伤。

由式（8-3）可知，冻融岩样的单轴抗压强度可以表示为 $\boldsymbol{\sigma}_c=E_0(1-D_m)\boldsymbol{\varepsilon}_f$，其中 $\boldsymbol{\varepsilon}_f$ 为冻融岩样峰值强度对应的峰值应变。通过对试验数据（李新平等，2013）进行比对，发现循环冻融对完整岩样的峰值应变影响较小，因此可取 $\boldsymbol{\varepsilon}_f=\boldsymbol{\varepsilon}_m$ 进行计算，计算结果如图 8-3 所示，$\boldsymbol{\varepsilon}_m$ 为完整岩样未经冻融时的峰值应变。由图 8-3 可以看出，由冻融受荷损伤演化曲线计算得到的完整岩石强度预测线与试验曲线趋势吻合较好，岩石的单轴抗压强度随冻融次数的增加逐渐降低，近似

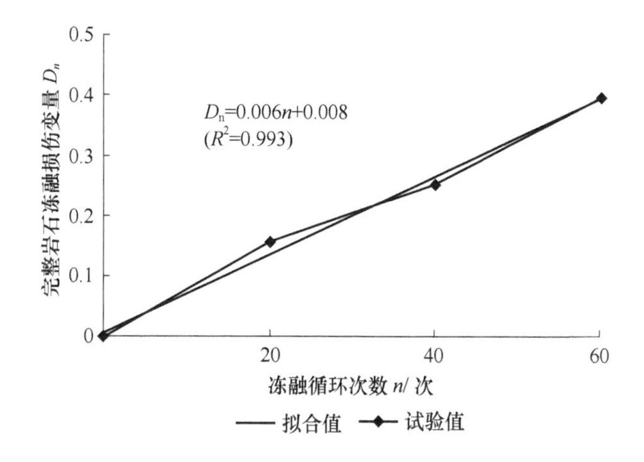

图 8-2 完整岩石冻融损伤演化曲线

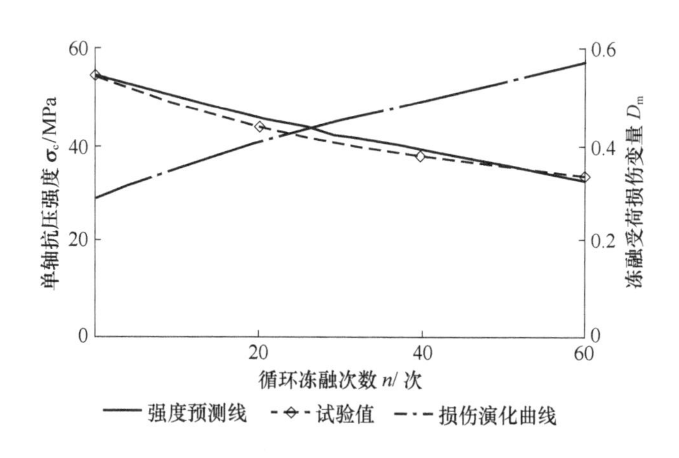

图 8-3 完整岩石冻融受荷损伤演化曲线

呈线性变化。循环冻融 60 次后，岩石的单轴抗压强度 $\boldsymbol{\sigma}_c = 33.23\text{MPa}$，比未经冻融时单轴抗压强度减小 38.26%，此时岩石的抗冻系数为 0.62。这说明长期的冻融作用使得岩石持续风化，随着冻融次数的增加，岩石的冻融损伤劣化程度越来越大，抗冻系数越来越小，岩石抵抗冻融破坏的能力越来越弱。

图 8-4 给出了 2 组裂隙岩样宏观损伤变量 $\boldsymbol{\Omega}_0$ 随裂隙倾角的变化曲线，$\boldsymbol{\Omega}_0$ 为路亚妮等（2014）的预制裂隙岩样试验数据，按式（8-7）计算。岩样按裂隙长度分为 A、B 两组，每组按倾角不同分为 3 类，预制裂隙岩样的几何特征如图 8-5 所示。从图 8-4 可以看出，2 组裂隙岩体的宏观损伤程度随着裂隙倾角的增加而减小；长裂隙组试件（B1、B2、B3），随着裂隙倾角的增加，宏观损伤变量 $\boldsymbol{\Omega}_0$ 近似表现为线性递减；短裂隙组试件（A1、A2、A3），随着裂隙倾角的增加，宏观损伤变量 $\boldsymbol{\Omega}_0$ 曲线近似表现为下凹递减；这说明随着裂隙倾角

的增加，2 组岩样宏观损伤程度的差异性先增加后减小，裂隙倾角为 60°时，2 组岩样宏观损伤变量相差最大，裂隙倾角为 90°时，2 组岩样宏观损伤变量相差最小。

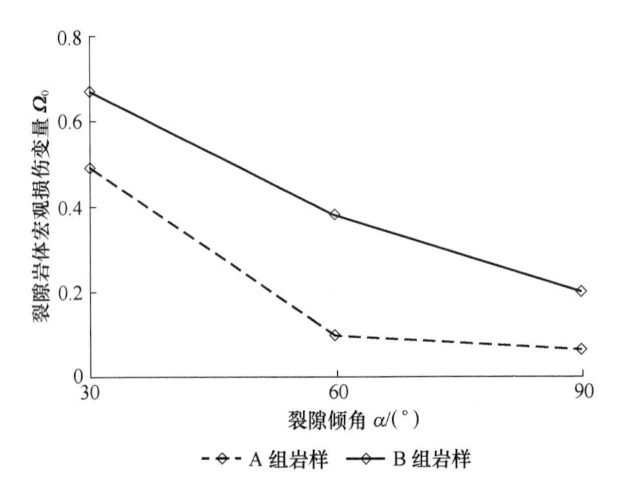

图 8-4 裂隙岩样宏观损伤演化曲线

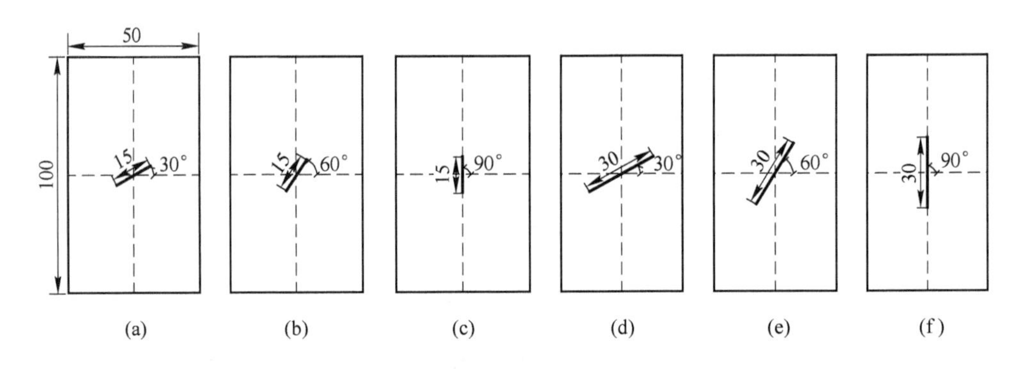

图 8-5 6 类裂隙岩样几何体特征（单位：mm）

(a) A1 岩样；(b) A2 岩样；(c) A3 岩样；(d) B1 岩样；(e) B2 岩样；(f) B3 岩样

图 8-6 给出了不同循环冻融次数下，6 类裂隙岩样冻融受荷损伤变量 $\boldsymbol{\Omega}_{\mathrm{m}}$ 的计算值与试验值随裂隙倾角的变化曲线。$\boldsymbol{\Omega}_{\mathrm{m}}$ 的计算值据图 8-3 完整岩石冻融受荷损伤变量 D_{m}、图 8-4 中裂隙岩样宏观损伤变量 $\boldsymbol{\Omega}_0$，按式（8-6）计算。由式（8-8）可知，$\boldsymbol{\Omega}_{\mathrm{m}}$ 可以表示为 $\boldsymbol{\Omega}_{\mathrm{m}}=1-\boldsymbol{\sigma}_{\mathrm{c}}/E_0\boldsymbol{\varepsilon}_{\mathrm{f}}$，因此 $\boldsymbol{\Omega}_{\mathrm{m}}$ 的试验值可由路亚妮等（2014）的试验数据按式（8-8）计算，其中 $\boldsymbol{\varepsilon}_{\mathrm{f}}$ 为冻融裂隙岩样峰值强度对应的峰值应变。由图可见，裂隙岩样冻融受荷损伤变量 $\boldsymbol{\Omega}_{\mathrm{m}}$ 的计算值随裂隙倾角的变化趋势和试验值一致，且二者相差很小，这说明本章提出的循环冻融条件下裂隙岩体宏细观损伤耦合计算方法是合理可行的。

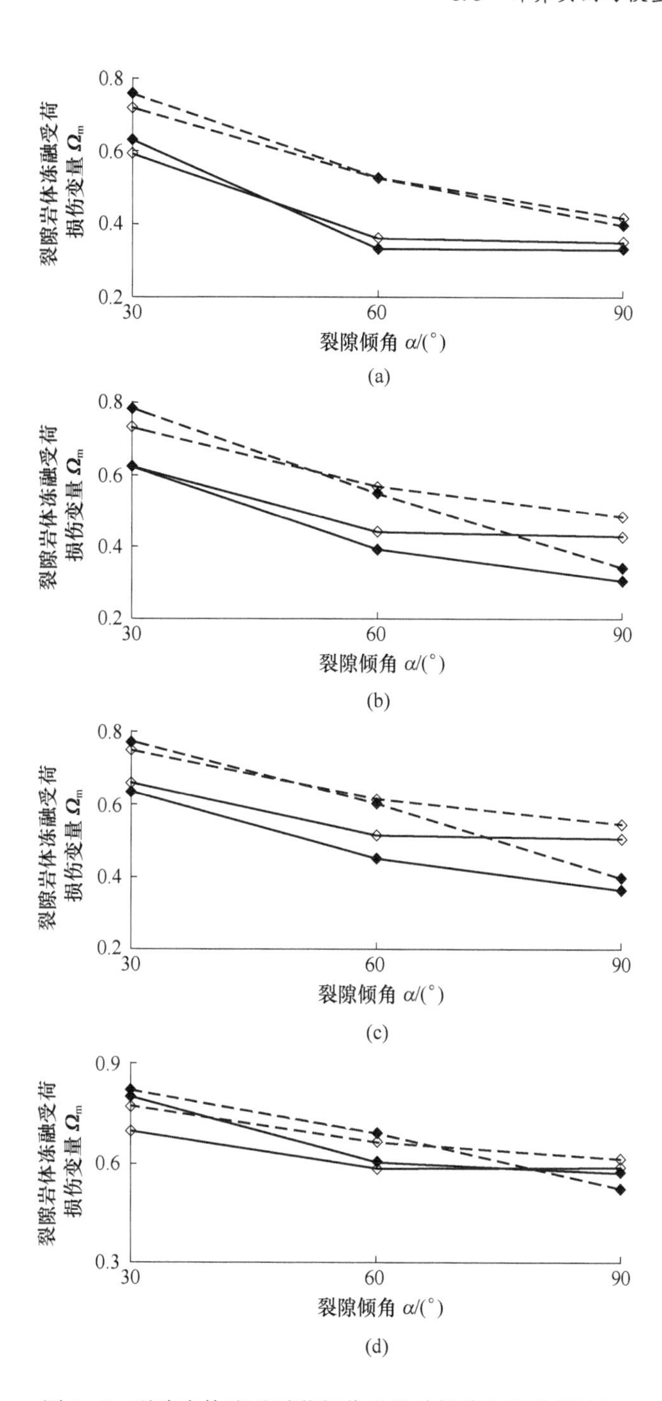

图 8-6 裂隙岩体冻融受荷损伤变量计算值与试验值比较

(a) $n=0$；(b) $n=20$；(c) $n=40$；(d) $n=60$

—◇— 计算值 (A 组岩样)　—◆— 试验值 (A 组岩样)
-◇- 计算值 (B 组岩样)　-◆- 试验值 (B 组岩样)

由图 8-6 可知，相同冻融次数下，随裂隙倾角的增加，裂隙岩样的冻融受荷损伤值 $\boldsymbol{\Omega}_{\mathrm{m}}$ 逐渐减小，且 A 组短裂隙岩样的冻融受荷损伤值 $\boldsymbol{\Omega}_{\mathrm{m}}$ 均小于 B 组长裂隙岩样；图 8-6（a）~（c）冻融受荷损伤值 $\boldsymbol{\Omega}_{\mathrm{m}}$ 差异不明显，图 8-6（d）冻融受荷损伤值 $\boldsymbol{\Omega}_{\mathrm{m}}$ 较图 8-6（c）有明显增加，二者冻融受荷损伤程度差异显著，这说明前 40 次冻融对岩样的损伤不大，但后 20 次循环冻融对岩样造成了比较大的损伤。从曲线变化的趋势来看，随循环冻融次数 n 的增加，$\boldsymbol{\Omega}_{\mathrm{m}}$ 随裂隙倾角的变化越来越缓，比如冻融次数为 0 时，$\boldsymbol{\Omega}_{\mathrm{m}}$ 随裂隙倾角差异最大，冻融次数为 60 时，$\boldsymbol{\Omega}_{\mathrm{m}}$ 随裂隙倾角近似呈线性递减且 $\boldsymbol{\Omega}_{\mathrm{m}}$ 随裂隙倾角变化不大，这说明裂隙岩样在循环冻融达到一定次数后，其力学性质趋于稳定，裂隙倾角对岩石损伤力学特性的影响逐渐减弱。从两组裂隙岩样对比来看，冻融次数为 0 时，A、B 两组岩样的 $\boldsymbol{\Omega}_{\mathrm{m}}$ 值差异最大，冻融次数为 60 时，A、B 两组岩样的 $\boldsymbol{\Omega}_{\mathrm{m}}$ 曲线相差很小，这说明随冻融次数的增加，裂隙长度对岩石力学性质的影响逐渐减弱，分析认为，裂隙宏观损伤使得受荷岩石的力学性质出现明显的各向异性，而裂隙岩样在循环冻融过程中，冻胀力和渗透力的循环往复作用使得岩石内部结构及力学性质呈现出不同程度衰减，在一定程度上弱化了宏观裂隙对岩石造成的宏观损伤，使得岩石的物理力学性质趋于各向同性。

根据路亚妮等（2014）的试验数据，图 8-7 分别给出了 A、B 两组裂隙岩样单轴抗压强度随循环冻融次数的变化规律。由图 8-7 可见，无论是短裂隙组岩样还是长裂隙组岩样，当循环冻融次数增加时，裂隙岩样的单轴抗压强度都出现不同程度的降低；然而裂隙岩样单轴抗压强度随裂隙倾角的变化规律却随循环冻融次数的增加而有所不同，短裂隙组岩样在循环冻融次数为 60 次时，单轴抗压强度随裂隙倾角的变化规律出现明显变化，而长裂隙组岩样，在循环冻融过程中，单轴抗压强度随裂隙倾角的变化规律并未发生明显变化。循环冻融次数为 60 次时裂隙倾角对单轴抗压强度的影响规律与循环冻融次数为 0 次时几乎相同，这表明，裂隙长度对冻融岩石的抗冻性能影响较为显著，长裂隙组岩样宏观裂隙方向对岩石力学性质的影响规律，不易被冻融损伤所改变，分析认为，这可能与闭合裂隙的致密程度有关系，闭合裂隙本身的黏结作用强于岩样某些薄弱点，长裂隙组岩样在循环冻融过程中裂隙周围的损伤劣化程度比短裂隙组岩样低。

为进一步考虑循环冻融次数 n 对裂隙岩体强度的影响，以反映裂隙岩体的抗冻性能。参照图 8-6 计算结果，以裂隙倾角 $\alpha=60°$ 的 A 组短裂隙岩样为例，给出了裂隙岩样冻融受荷损伤变量随冻融次数的变化曲线，如图 8-8 所示。由式（8-8）可知，冻融裂隙岩样的单轴抗压强度可以表示为 $\boldsymbol{\sigma}_{\mathrm{c}}=E_0(1-\boldsymbol{\Omega}_{\mathrm{m}})\boldsymbol{\varepsilon}_{\mathrm{f}}$，其中 $\boldsymbol{\varepsilon}_{\mathrm{f}}$ 为冻融裂隙岩样峰值强度对应的峰值应变。通过对试验数据（李新平等，2014）进行比对，发现循环冻融对 A2 岩样的峰值应变影响较小，因此可取 $\boldsymbol{\varepsilon}_{\mathrm{f}}=\boldsymbol{\varepsilon}_{\mathrm{f0}}$ 进行计算，计算结果如图 8-8 所示，$\boldsymbol{\varepsilon}_{\mathrm{f0}}$ 为 A2 岩样未经冻融时的峰值应变。从

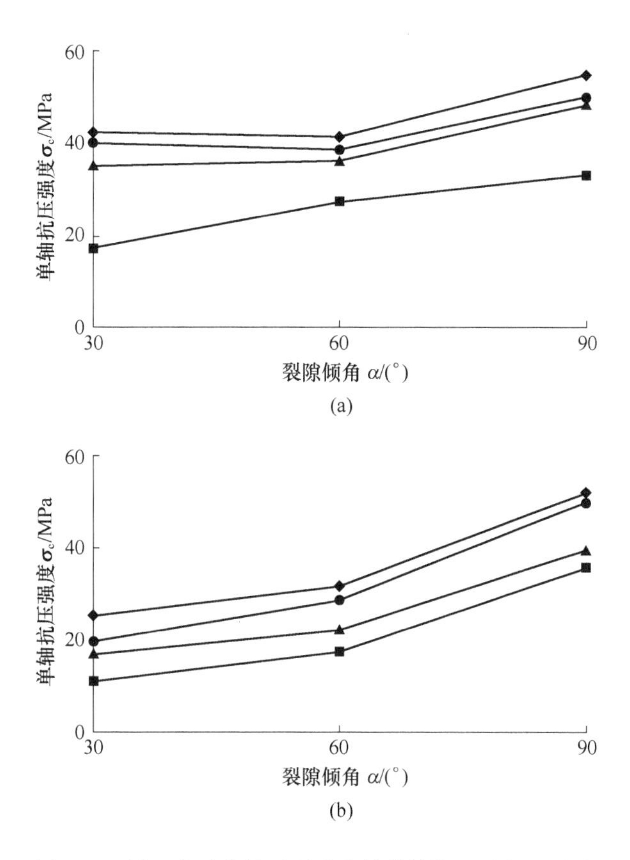

图 8-7 循环冻融次数对裂隙岩样单轴抗压强度的影响

（a）A 组岩样；（b）B 组岩样

n=0 n=20 n=40 n=60

图 8-8 可以看出，由损伤演化曲线计算得到的强度值与试验得到的单轴抗压强度吻合较好，循环冻融次数 $n=60$ 时，计算得到的单轴抗压强度 $\boldsymbol{\sigma}_c=25.29$MPa，比试验所得单轴抗压强度小 7.90%。强度预测曲线未能与试验曲线重合可能是与模型理论有关，本书中的裂隙岩体冻融损伤模型仅用弹性模量来量化宏观裂隙和循环冻融对岩石造成的损伤，而没有反映宏观裂隙和循环冻融对岩石受荷损伤演化特征参数 m 和 $\boldsymbol{\varepsilon}_0$ 的影响，未能全面反映冻融受荷裂隙岩体的物理力学特性。由图 8-8 可见，裂隙岩体的单轴抗压强度随冻融次数的增加逐渐降低。循环冻融 60 次后，裂隙岩体的单轴抗压强度为 27.46MPa，比未经冻融时岩样的单轴抗压强度降低 33.04%，裂隙岩样抗冻系数为 0.67。这说明，长期的冻融作用使得裂隙岩样持续风化，随冻融次数的增加，裂隙岩样的冻融损伤劣化程度越来越大，抗冻系数越来越小，岩样抵抗冻融破坏的能力越来越弱。根据本章提出的裂隙岩体冻融受荷损伤模型所预测的完整岩石和裂隙岩体在循环冻融条件下的损伤力学

特性与试验现象及分析结论吻合较好，说明本章提出的描述裂隙岩体和完整岩石的冻融受荷损伤模型合理可行。

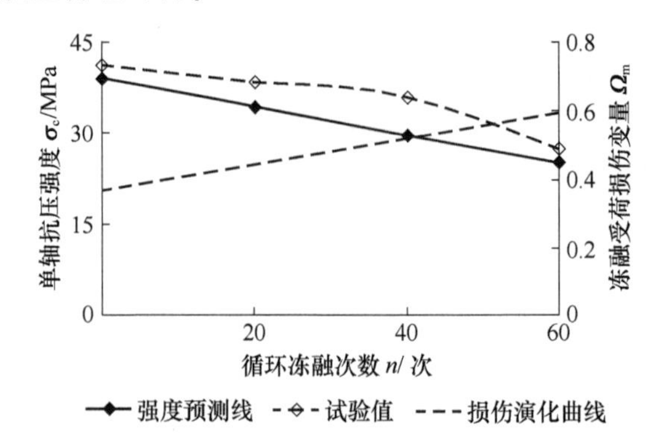

图 8-8　裂隙岩样冻融受荷损伤演化曲线

9 循环冻融下裂隙岩体断裂特性

9.1 引言

断裂力学是用来研究具有宏观裂纹特征的材料在外力作用下的力学行为和裂纹扩展规律，对于非裂纹部分，仍视为均匀的连续材料，这就说明断裂理论适用于研究宏观裂纹形成后的阶段，而在宏观裂纹形成之前则可用损伤力学进行研究，所以，断裂是损伤的下一阶段，损伤累积到一定程度后，才会出现新的裂纹，而后裂纹继续扩展直至发生破坏。

由 Griffith 断裂理论可知，断裂是由物体内微小裂纹处产生应力集中的结果，而岩体作为复杂的地质材料，则含有许多节理、裂隙等天然缺陷。由于裂纹尖端附近应力存在奇异性，易使尖端附近材料失效而产生宏观破坏，许多岩土工程的破坏也都与此相关。因此，岩体内存在的天然裂隙对其断裂力学特性有着重要影响，在外力作用下极易产生应力集中而发生断裂破坏。

最大周向拉应力判据在目前的裂纹起裂研究中由于简单适用而受到很多学者的青睐，大都应用此理论进行研究计算，很多学者都一致认为裂纹尖端应力由应力强度因子代表的奇异项控制，完全没有考虑到与裂纹表面平行的非奇异应力项 T 应力对断裂特性的影响，Rice 通过测试 4 种试件，将测试结果与未考虑 T 应力的理论计算结果进行比较，发现两者计算偏差高达 10%~20%，把 T 应力考虑进去后，两者偏差便可消除（Rice，1974）。William 也通过在 PMMA 上对试件进行的Ⅰ-Ⅱ型断裂实验发现所得数据与理论计算结果有很大差别，这说明除应力强度因子外，平行于裂纹表面的非奇异应力项 T 应力对裂纹的发展和材料的断裂韧度均有较大影响（William，1957；Ueda，1983）。

本章首先基于断裂力学中的最大周向应力准则研究 T 应力对压剪裂纹起裂特性的影响，以说明考虑 T 应力的必要性；而后针对冻融裂隙岩体，运用岩石断裂力学理论，先分析了裂隙岩体在冻胀力作用下的断裂特性，推导了冻胀力与裂纹扩展间的关系，然后以裂隙岩体中单一斜裂纹受压为研究对象，综合考虑裂隙面闭合情况（包括摩擦力、闭合度）、裂纹尖端处 T 应力等因素，采用最大周向拉应力准则对单轴压缩下冻融后裂隙岩体进行了断裂特性研究，推导了其断裂韧度、裂纹尖端附近应力场及扩展状况，并推导了冻融裂隙岩体断裂能计算式。

9.2 考虑 *T* 应力的岩石压剪裂纹起裂机理

如前所述，岩石是众多宏细观缺陷的天然地质体，而岩石的破坏实际上就是这些缺陷萌生、扩展及贯通的结果。因此，研究岩石裂纹的起裂机理、起裂角度及扩展路径等对探究岩石的破坏机理具有重要的理论和工程意义。

Griffith 于 1920 年提出的断裂力学为裂纹力学特性的研究奠定了理论基础，其最早被应用于玻璃等脆性材料，而后很快就引起了岩石力学界的关注并被加以应用。与传统断裂力学不同的是自然界中的岩石多处于受压状态，因此，岩石压剪断裂理论研究一直是断裂力学及岩石力学的一个难点课题，这一方面是因为传统断裂力学中没有压剪破坏的模型可供借鉴；而另一方面也是因为岩石压剪断裂的实验结果和现有理论之间存在较大差异。为此不少学者针对上述问题展开了研究，目前较为一致的看法是传统断裂力学不适合描述岩石压剪断裂的根本原因是其没有考虑 *T* 应力的影响（Williams，Ewing，1972；Gupta et al.，2015；唐世斌等，2016），即目前的研究在分析裂纹尖端应力场时大都只截取了 Williams（Williams，Calif，1957）展开式中的 $r^{1/2}$的奇异应力项，而将高阶的 $O(r^{1/2})$ 项和非奇异应力项（一般称为 *T* 应力）忽略，认为其对裂尖应力场的影响很小。尽管该理论也在一定程度上较好地解释了一些宏观断裂现象，但是，随着研究的不断深入，人们越来越认识到非奇异应力项对岩石断裂的重要影响，这是因为当$r \to 0$时，尽管 $O(r^{1/2})$ 项可以忽略不计，但是 *T* 应力项是常数项，并不随 r 变化，且随着 r 的增加，其对裂纹尖端应力场的影响也越加显著；同时，不少学者也通过试验验证了 *T* 应力的存在，并对其大小进行了测试。Christophe 等（2008）采用光弹试验对疲劳裂纹的屏蔽力进行了定量测试，发现裂纹尖端确实存在 *T* 应力。Colombo 等（2010）研究发现正、负 *T* 应力对裂纹尖端应力集中分别有放大和屏蔽效应。Matvienko（2012）考虑 *T* 应力对石灰岩 Ⅰ/Ⅱ 型混合裂纹的断裂扩展角进行预测，发现其理论预测结果与试验结果吻合较好。Williams 和 Ewing（1972）对含中心斜裂纹的有机玻璃进行了拉伸试验，发现当在最大周向应力准则中考虑 Williams（Williams，Calif，1957）展开式中的非奇异项时，所得理论结果与试验结果吻合较好。Simth 等（2001）研究了在复合外载下，*T* 应力对一条直线裂纹偏折或分叉的影响作用，并强调了其对脆性断裂的影响，但是上述研究结果均是针对拉伸荷载下，*T* 应力对裂纹扩展路径及起裂强度等的影响，由于裂纹面受拉伸而分离，因此，此时 *T* 应力只包含沿裂纹方向的分量。Li 等（2009）对压缩下的闭合裂纹进行了研究，认为在裂纹尖端同时存在沿裂纹方向的分量 $\boldsymbol{T}_x$ 和垂直于裂纹方向的分量 $\boldsymbol{T}_y$，并认为 $\boldsymbol{T}_x$ 将减小翼裂纹起裂角，并增加 Ⅱ 型裂纹的断裂韧度，而 $\boldsymbol{T}_y$ 则增加翼裂纹起裂角，并增加 Ⅱ 型裂纹的断裂韧度。唐世斌等（2006）基于最大周向应力准则（Maximum Tangential Stress，MTS）研究了 *T* 应力对压剪岩石裂纹起裂及扩展的影响，认为压剪应力下非奇异应力项 $\boldsymbol{T}_x$、$\boldsymbol{T}_y$ 对裂纹的起裂角度及断裂强度均有重要影响。而赵彦琳等（2018）认为闭合裂纹尖端的应力应同时包含应力强度因子的奇异项和 3 个 $\boldsymbol{T}$ 应力分量即 $\boldsymbol{T}_x$、$\boldsymbol{T}_y$ 和 $\boldsymbol{T}_{xy}$的非奇异项。

而后，基于上述研究，学者们认为既然 $\boldsymbol{T}$ 应力对岩石裂纹扩展有较大影响，因此，应该在传统断裂准则中引入 $\boldsymbol{T}$ 应力的影响。Williams 和 Ewing（1972）、Finnie 和 Saith（1973）提出了考虑 $\boldsymbol{T}$ 应力的 MTS 准则。Smith 等（2001）提出了包含应力强度因子 K_{I}、K_{II}、$\boldsymbol{T}$ 应力及断裂过程区 r_c 的广义 MTS 准则，探讨了 $\boldsymbol{T}$ 应力对脆性断裂的影响。Rashidi 等（2018）通过考虑 $\boldsymbol{T}$ 应力对传统的应变能密度因子准则进行了修正。唐世斌等（2016）为克服最大周向应力准则与材料参数及平面问题类型无关的不足，提出了考虑 $\boldsymbol{T}$ 应力的最大周向应变断裂准则，揭示了泊松比、侧压系数及裂纹面摩擦系数等对翼裂纹起裂的影响。赵彦琳等（2018）提出了考虑 $\boldsymbol{T}_x$、$\boldsymbol{T}_y$ 和 $\boldsymbol{T}_{xy}$等 3 个 $\boldsymbol{T}$ 应力分量的 MTS 准则。由于 MTS 断裂准则形式简单，其运用至今仍较为普遍，尤其是对岩石这类抗拉强度较低的材料，MTS 断裂准则似乎更能接近于实际情况。但是，目前即使是考虑了 $\boldsymbol{T}$ 应力的 MTS 断裂准则，仍然认为岩石断裂机理及翼裂纹起裂角与裂纹法向和切向刚度等裂纹变形参数无关，而 Prudencio 等（2007）通过含断续裂纹的岩体压缩试验发现其峰值强度等力学特性同样受裂纹法向和切向刚度的影响。因此，如何更全面地反映岩体及裂纹参数对岩石断裂强度及翼裂纹起裂角的影响也一直是 MTS 准则的发展趋势。

为此，本章拟在前人研究的基础上，针对平面问题以 MTS 准则为例研究 $\boldsymbol{T}$ 应力对Ⅰ-Ⅱ复合型裂纹断裂准则及翼裂纹起裂角度的影响，进而得到能够同时考虑岩石弹性参数（如弹性模量及泊松比）和裂纹几何参数（如裂纹长度及倾角）、强度参数（如裂纹面摩擦系数）及变形参数（如裂纹法向及切向刚度）的翼裂纹起裂角计算方法，以探讨 $\boldsymbol{T}$ 应力对岩石压剪裂纹断裂机理的影响。

9.2.1 传统的岩石压剪Ⅰ-Ⅱ型复合裂纹扩展准则

根据传统断裂理论，图 9-1 所示的裂纹尖端应力场为：

$$
\begin{cases}
\boldsymbol{\sigma}_x = \dfrac{K_{\mathrm{I}}}{\sqrt{2\pi r}}\cos\dfrac{\theta}{2}\left(1 - \sin\dfrac{\theta}{2}\sin\dfrac{3\theta}{2}\right) - \dfrac{K_{\mathrm{II}}}{\sqrt{2\pi r}}\sin\dfrac{\theta}{2}\left(2 + \cos\dfrac{\theta}{2}\cos\dfrac{3\theta}{2}\right) \\
\boldsymbol{\sigma}_y = \dfrac{K_{\mathrm{I}}}{\sqrt{2\pi r}}\cos\dfrac{\theta}{2}\left(1 + \sin\dfrac{\theta}{2}\sin\dfrac{3\theta}{2}\right) + \dfrac{K_{\mathrm{II}}}{\sqrt{2\pi r}}\sin\dfrac{\theta}{2}\cos\dfrac{\theta}{2}\cos\dfrac{3\theta}{2} \\
\boldsymbol{\tau}_{xy} = \dfrac{K_{\mathrm{I}}}{\sqrt{2\pi r}}\cos\dfrac{\theta}{2}\sin\dfrac{\theta}{2}\cos\dfrac{3\theta}{2} + \dfrac{K_{\mathrm{II}}}{\sqrt{2\pi r}}\cos\dfrac{\theta}{2}\left(1 - \sin\dfrac{\theta}{2}\cos\dfrac{3\theta}{2}\right)
\end{cases}
\tag{9-1}
$$

式中，$\boldsymbol{K}_{\text{I}}=\boldsymbol{\sigma}_y^{\infty}\sqrt{\pi a}$、$K_{\text{II}}=\boldsymbol{\tau}_{xy}^{\infty}\sqrt{\pi a}$ 分别为Ⅰ、Ⅱ型应力强度因子；$\boldsymbol{\sigma}_y^{\infty}$、$\boldsymbol{\tau}_{xy}^{\infty}$ 为远场应力分量；$\boldsymbol{\sigma}_x$、$\boldsymbol{\sigma}_y$ 和 $\boldsymbol{\tau}_{xy}$ 分别为局部坐标系 $x-y$ 下裂纹尖端应力；r、θ 分别为极径和极角；a 为裂纹半长。

用极坐标表示为：

$$
\begin{cases}
\boldsymbol{\sigma}_r=\dfrac{1}{2\sqrt{2\pi r}}\left[K_{\text{I}}(3-\cos\theta)\cos\dfrac{\theta}{2}+K_{\text{II}}(3\cos\theta-1)\sin\dfrac{\theta}{2}\right]\\
\boldsymbol{\sigma}_\theta=\dfrac{1}{2\sqrt{2\pi r}}\cos\dfrac{\theta}{2}\left[K_{\text{I}}(1+\cos\theta)-3K_{\text{II}}\sin\theta\right]\\
\boldsymbol{\tau}_{r\theta}=\dfrac{1}{2\sqrt{2\pi r}}\cos\dfrac{\theta}{2}\left[K_{\text{I}}\sin\theta+K_{\text{II}}(3\cos\theta-1)\right]
\end{cases}
\tag{9-2}
$$

式中，$\boldsymbol{\sigma}_r$、$\boldsymbol{\sigma}_\theta$、$\boldsymbol{\tau}_{r\theta}$ 分别为极坐标 $r-\theta$ 下的裂纹尖端应力。

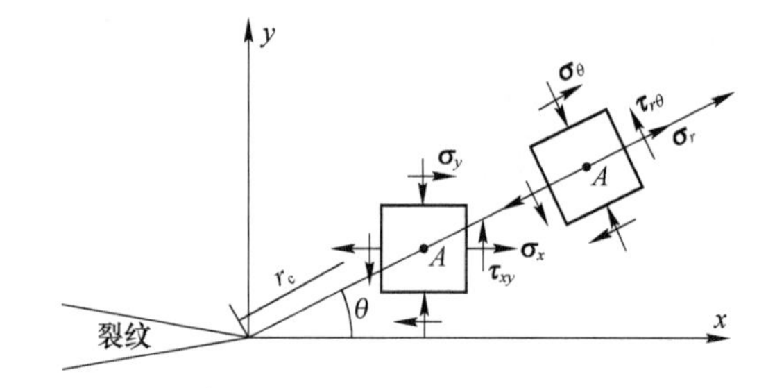

图 9-1 裂纹尖端应力场

对于图 9-2 所示的双向受压含倾角为 β 的中心斜裂纹试件，在 $x-y$ 坐标系中则有：

$$
\begin{cases}
\boldsymbol{\sigma}_x=\boldsymbol{\sigma}(\cos^2\beta+k\sin^2\beta)\\
\boldsymbol{\sigma}_y=\boldsymbol{\sigma}(\sin^2\beta+k\cos^2\beta)\\
\boldsymbol{\tau}_{xy}=\boldsymbol{\sigma}(1-k)\sin\beta\cos\beta
\end{cases}
\tag{9-3}
$$

MTS 准则认为翼裂纹起裂角 θ 应满足：

$$
\frac{\partial\boldsymbol{\sigma}_\theta}{\partial\theta}=0,\ \frac{\partial^2\boldsymbol{\sigma}_\theta}{\partial\theta^2}<0
\tag{9-4}
$$

将式（9-2）中的第 2 式代入式（9-4）可得：

$$
\cos\frac{\theta}{2}\left[K_{\text{I}}\sin\theta+K_{\text{II}}(3\cos\theta-1)\right]=0
\tag{9-5}
$$

当 $\cos\dfrac{\theta}{2}=0$ 时，$\theta=\pm\pi$，此时 $(\boldsymbol{\tau}_{r\theta})_{\theta=\pm\pi}\neq 0$。

若设 $\theta=\theta_0$，满足：

$$
K_{\text{I}}\sin\theta_0+K_{\text{II}}(3\cos\theta_0-1)=0
\tag{9-6}
$$

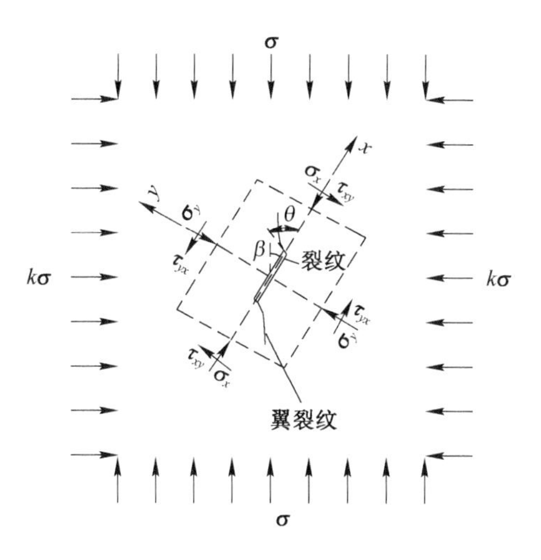

图 9-2 双轴压缩下的倾斜裂纹受力状态

目前关于压应力下 K_{I} 的计算方法有两种不同的认识，第一种是以李世愚等（2010）为代表的，他们认为压应力下裂纹将闭合，进而导致其对裂纹尖端附近的奇异应力场没有贡献，即奇异性消失，同时由于物质的不可侵入性，他们认为 K_{I} 不可能取负值，而应为0。同时赵彦琳等（2018）也根据裂纹表面的应力边界条件和 Muskhelishvili 基本理论得到 $K_{\mathrm{I}}=0$。把 $K_{\mathrm{I}}=0$ 代入式（9-6）可得：$\theta_0=70.5°$，即翼裂纹起裂角恒为 70.5°，也就是说由传统的 MTS 准则得出的翼裂纹起裂角与裂纹倾角、长度及摩擦系数等物理力学性质均无关系，显然这是不合理的。Lee 等（2011）的试验结果也表明，翼裂纹起裂角随着裂纹倾角的增大而增大，且当裂纹倾角较小或较大时尤为明显，而中间角度时则差异不大。另一种情况是不少学者机械地理解裂纹闭合，并认为此时 $K_{\mathrm{I}}<0$，显然这是不合理的。总之，不考虑 $\boldsymbol{T}$ 应力的传统 MTS 准则不能很好地反映压剪裂纹的起裂机理。

9.2.2 考虑 T 应力的岩石压剪 Ⅰ-Ⅱ型复合裂纹扩展准则

由上述分析可知，传统断裂力学不适用于压剪状态下的岩石断裂问题，因此，本节根据压剪应力下的岩石裂纹受力特点，提出考虑 $\boldsymbol{T}$ 应力的压剪应力下岩石Ⅰ-Ⅱ型复合裂纹的 MTS 准则，并研究裂纹几何、强度及变形参数对翼裂纹起裂角的影响。

Williams 将裂纹尖端的弹性应力场表示为（Williams，Ewing，1972）：

$$\boldsymbol{\sigma}_{ij}=A_1r^{-\frac{1}{2}}f_{ij}^{1}(\theta)+A_2f_{ij}^{2}+A_3r^{\frac{1}{2}}f_{ij}^{3}(\theta)+\cdots \tag{9-7}$$

式中，第一项为奇异应力项，在裂纹尖端占据主导地位；第二项为非奇异项，即常数项，其与 r 无关；第三项及后续项为 r 的高阶项，当 $r\to0$ 时可以忽略不计。

传统的断裂力学认为在裂纹尖端只需要考虑第一项对应力场的影响，而第二项可以忽略不计。

而目前研究认为闭合裂纹尖端的应力场应同时包含应力强度因子和 3 个 $\boldsymbol{T}$ 应力分量即 $\boldsymbol{T}_x$、$\boldsymbol{T}_y$ 和 $\boldsymbol{T}_{xy}$，由此可得裂纹尖端的应力场为（对于压剪裂纹，$K_{\mathrm{I}}=0$）：

$$\begin{cases}\boldsymbol{\sigma}_x=-\dfrac{K_{\mathrm{II}}}{\sqrt{2\pi r}}\sin\dfrac{\theta}{2}\left(2+\cos\dfrac{\theta}{2}\cos\dfrac{3\theta}{2}\right)+\boldsymbol{T}_x\\ \boldsymbol{\sigma}_y=\dfrac{K_{\mathrm{II}}}{\sqrt{2\pi r}}\sin\dfrac{\theta}{2}\cos\dfrac{\theta}{2}\cos\dfrac{3\theta}{2}+\boldsymbol{T}_y\\ \boldsymbol{\tau}_{xy}=\dfrac{K_{\mathrm{II}}}{\sqrt{2\pi r}}\cos\dfrac{\theta}{2}\left(1-\sin\dfrac{\theta}{2}\cos\dfrac{3\theta}{2}\right)+\boldsymbol{T}_{xy}\end{cases}\tag{9-8}$$

将式（9-8）转换为极坐标可得：

$$\begin{cases}\boldsymbol{\sigma}_{rr}=\dfrac{K_{\mathrm{II}}}{2\sqrt{2\pi r}}(3\cos\theta-1)\cdot\sin\dfrac{\theta}{2}+\boldsymbol{T}_x\cos^2\theta+\boldsymbol{T}_y\sin^2\theta+\boldsymbol{T}_{xy}\sin2\theta\\ \boldsymbol{\sigma}_{\theta\theta}=-\dfrac{3K_{\mathrm{II}}}{2\sqrt{2\pi r}}\sin\theta\cos\dfrac{\theta}{2}+\boldsymbol{T}_x\sin^2\theta+\boldsymbol{T}_y\cos^2\theta-\boldsymbol{T}_{xy}\sin2\theta\\ \boldsymbol{\tau}_{r\theta}=\dfrac{K_{\mathrm{II}}}{2\sqrt{2\pi r}}\cos\dfrac{\theta}{2}(3\cos\theta-1)+\dfrac{1}{2}(\boldsymbol{T}_y-\boldsymbol{T}_x)\sin2\theta+\boldsymbol{T}_{xy}\cos2\theta\end{cases}\tag{9-9}$$

由式（9-9）可知，无论采用何种断裂准则，都将有 $\boldsymbol{T}$ 应力的存在，它无疑会对翼裂纹的起裂角度、起裂强度及扩展路径等产生影响。Ayatollahi（Ayatollahi, Aliha, 2008）也指出在裂纹尖端附近，奇异应力项将比 $\boldsymbol{T}$ 应力大很多，此时 $\boldsymbol{T}$ 应力可以忽略；然而，在裂纹起裂的临界裂纹区范围内，奇异应力降低，$\boldsymbol{T}$ 应力所占比重自然增大，此时 $\boldsymbol{T}$ 应力不能再被忽略。

对图 9-2 所示倾斜裂纹，$\boldsymbol{T}$ 应力则可表示为（赵彦琳等，2018）：

$$\begin{cases}\boldsymbol{T}_x=\boldsymbol{\sigma}(\cos^2\beta+k\sin^2\beta)\\ \boldsymbol{T}_y=\boldsymbol{\sigma}(\sin^2\beta+k\cos^2\beta)\\ \boldsymbol{T}_{xy}=f\boldsymbol{\sigma}(\sin^2\beta+k\cos^2\beta)\end{cases}\tag{9-10}$$

由此可得裂纹尖端的最大主应力为：

$$\boldsymbol{\sigma}_1=(\boldsymbol{\sigma}_\theta)_{\max}=-\frac{3K_{\mathrm{II}}}{2\sqrt{2\pi r}}\sin\theta\cos\frac{\theta}{2}+\boldsymbol{T}_x\sin^2\theta+\boldsymbol{T}_y\cos^2\theta-\boldsymbol{T}_{xy}\sin(2\theta)\tag{9-11}$$

对于完整岩石，在图 9-2 所示的双轴压缩下，倾角为 β 的截面上的正应力 $\boldsymbol{\sigma}'_\beta$ 和切应力 $\boldsymbol{\tau}'_\beta$ 为：

$$\begin{cases}\boldsymbol{\sigma}'_\beta=\boldsymbol{\sigma}(\sin^2\beta+k\cos^2\beta)\\ \boldsymbol{\tau}'_\beta=\boldsymbol{\sigma}(1-k)\sin\beta\cos\beta\end{cases}\tag{9-12}$$

而当岩体含一条倾角为 β 、长度为 $2a$ 的裂纹时，由于裂纹的力学性质远远低于相应的完整岩石，因此，裂纹面上的正应力和切应力将明显受到裂纹的影响。此时，裂纹面上的正应力 $\boldsymbol{\sigma}_\beta$ 和切应力 $\boldsymbol{\tau}_\beta$ 则为：

$$\begin{cases}\boldsymbol{\sigma}_\beta=(1-C_n)\boldsymbol{\sigma}(\sin^2\beta+k\cos^2\beta)\\ \boldsymbol{\tau}_\beta=(1-C_s)\boldsymbol{\sigma}(1-k)\sin\beta\cos\beta\end{cases}\tag{9-13}$$

式中，C_n、C_s 分别为裂纹传压及传剪系数（Liu et al.，2014）；$C_n=\dfrac{\pi a}{\pi a+\dfrac{E}{(1-v^2)k_n}}$、$C_s=\dfrac{\pi a}{\pi a+\dfrac{E}{(1-v^2)k_s}}$；当 $a=0\text{cm}$ 时，即岩石中不含裂纹，为完整岩石时，那么 $C_n=C_s=0$，而式（9-13）即为式（9-12）。

由图 9-2 所示的裂纹受力特点，可得裂纹面上的有效滑移驱动力 $\boldsymbol{\tau}_{eff}$ 为：

$$\boldsymbol{\tau}_{eff}=\begin{cases}0 & \boldsymbol{\tau}_\beta\leqslant f\boldsymbol{\sigma}_\beta\\ \boldsymbol{\tau}_\beta-f\boldsymbol{\sigma}_\beta & \boldsymbol{\tau}_\beta>f\boldsymbol{\sigma}_\beta\end{cases}\tag{9-14}$$

把式（9-14）代入Ⅱ型裂纹的尖端应力强度因子计算公式，即 $\boldsymbol{K}_{\text{Ⅱ}}=\boldsymbol{\tau}_{eff}\sqrt{\pi a}$，可得：

$$\boldsymbol{K}_{\text{Ⅱ}}=\begin{cases}0 & \boldsymbol{\tau}_\beta\leqslant f\boldsymbol{\sigma}_\beta\\ [\boldsymbol{\tau}_\beta-f\boldsymbol{\sigma}_\beta]\sqrt{\pi a} & \boldsymbol{\tau}_\beta>f\boldsymbol{\sigma}_\beta\end{cases}\tag{9-15}$$

采用 MTS 准则，将式（9-10）和式（9-15）代入式（9-11）可得：

$$(\boldsymbol{\sigma}_\theta)_{\max}=\begin{cases}\boldsymbol{\sigma}(\cos^2\beta+k\sin^2\beta)\sin^2\theta+\boldsymbol{\sigma}(\sin^2\beta+k\cos^2\beta)\cos^2\theta-\\ f\boldsymbol{\sigma}(\sin^2\beta+k\cos^2\beta)\sin2\theta & \boldsymbol{\tau}_\beta\leqslant f\boldsymbol{\sigma}_\beta\\ -\dfrac{3}{2\sqrt{2\pi r}}[(1-C_s)(1-k)\sin\beta\cos\beta-f(1-C_n)\\ (\sin^2\beta+k\cos^2\beta)]\boldsymbol{\sigma}\sqrt{\pi a}\cos\dfrac{\theta}{2}\sin\theta+\boldsymbol{\sigma}(\cos^2\beta+k\sin^2\beta)\sin^2\theta+\\ \boldsymbol{\sigma}(\sin^2\beta+k\cos^2\beta)\cos^2\theta-f\boldsymbol{\sigma}(\sin^2\beta+k\cos^2\beta)\sin2\theta & \boldsymbol{\tau}_\beta>f\boldsymbol{\sigma}_\beta\end{cases}\tag{9-16}$$

设 $\alpha\left(=\sqrt{\dfrac{2r_c}{a}}\right)$ 为裂纹尖端相对临界尺寸，即把式（9-16）代入式（9-4）可得：

（1）当 $\boldsymbol{\tau}_\beta\leqslant f\boldsymbol{\sigma}_\beta$ 时：

$$\begin{cases}(1-k)\sin2\theta\cos2\beta-2f\cos2\theta(\sin^2\beta+k\cos^2\beta)=0\\ (1-k)\cos2\theta\cos2\beta+2f\sin2\theta(\sin^2\beta+k\cos^2\beta)<0\end{cases}\tag{9-17}$$

（2）当 $\boldsymbol{\tau}_\beta > f\boldsymbol{\sigma}_\beta$ 时：

$$\begin{cases} \dfrac{3}{2\alpha}[(1-C_s)(1-k)\sin\beta\cos\beta - f(1-C_n)(\sin^2\beta + k\cos^2\beta)] \\ \left(\cos\dfrac{\theta}{2}\cos\theta - \dfrac{1}{2}\sin\dfrac{\theta}{2}\sin\theta\right) - (1-k)\sin 2\theta\cos 2\beta + 2f\cos 2\theta \\ (\sin^2\beta + k\cos^2\beta) = 0 \\ \dfrac{3}{2\alpha}[(1-C_s)(1-k)\sin\beta\cos\beta - f(1-C_n)(\sin^2\beta + k\cos^2\beta)] \\ \left(\dfrac{5}{4}\cos\dfrac{\theta}{2}\sin\theta + \sin\dfrac{\theta}{2}\cos\theta\right) + 2(1-k)\cos 2\theta\cos 2\beta + 4f\sin 2\theta \\ (\sin^2\beta + k\cos^2\beta) < 0 \end{cases} \tag{9-18}$$

式中，r_c 为材料的临界裂纹区，是材料性能参数（Williams，Calif，1957），r_c 包含在 α 中。

由式（9-18）可知，翼裂纹起裂角 θ 不但与岩石的弹性模量 E、泊松比 ν 有关，而且还与裂纹尺寸 $2a$、倾角 β、裂纹摩擦系数 f、裂纹法向及切向刚度 k_n 和 k_s、裂纹尖端的临界尺寸 r_c 等都有关系。

但是需要注意的是在传统断裂准则中，由于未考虑裂纹尖端非奇异应力项的影响，在求解式（9-4）时可将 $r^{-1/2}$ 项消除，因此 r_c 的大小问题得以回避。但是，如果在应力分量中考虑了 $\boldsymbol{T}$ 应力的影响，则 r_c 不能消除。根据 Williams 等的试验结果（Williams，Calif，1957），当 $\alpha = 0.1$ 时较为理想。对岩石等材料而言，其 r_c 一般比金属和有机玻璃等材料更大，如 Ayatollahi（Ayatollahi，Aliha，2008）指出大理岩（意大利）、石灰岩（沙特阿拉伯）、花岗岩（韩国）的 r_c 分别为 0.6mm、5.2mm 和 0.8mm。

9.2.3 算例分析

下面采用 Bobet（2000）的试验结果对本文所提出的方法进行验证，试验所用石膏试件含一条中心预制斜裂纹，试件受单轴压缩，其物理力学参数为：E=5.96GPa、ν=0.15、$2a$=1.27cm、k=0、r_c=0.22mm（即 α=0.26），根据经验，其他参数取为：k_n=2GPa/cm、k_s=1GPa/cm、f=0.2。翼裂纹起裂角随裂纹倾角的变化规律如图 9-3 所示，可以看出当考虑 $\boldsymbol{T}$ 应力对裂纹扩展的影响时，翼裂纹起裂角 θ 不再是经典的 70.5°，而是随着裂纹倾角 β 的增大而增大，这与 Bobet（2000）的试验结果吻合较好，尤其是当裂纹倾角小于 45°时。同时由本章方法所得计算结果可知，当裂纹倾角为 0°时，即裂纹方向与荷载方向平行，那么此时试件将产生劈裂破坏，即此时翼裂纹起裂角为0°；而当裂纹倾角为90°时，此时裂纹为水平，与荷载方向垂直，那么，此时试件将产生近似垂直于裂纹的翼裂纹，此时翼裂纹起裂角计算值为79.1°，这在逻辑上也是合理的。因此，可以认为考虑 $\boldsymbol{T}$ 应力后的岩石压剪断裂模型能更客观地反映其内在破坏机制。

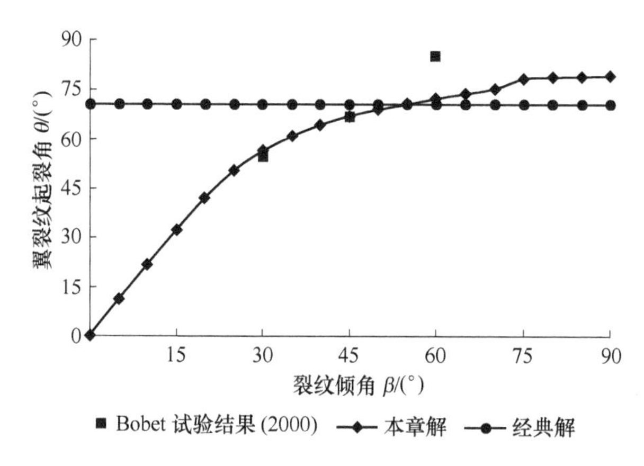

图 9-3 单轴压缩下翼裂纹起裂角 θ 与裂纹倾角 β 的关系

另外，由前述分析可知，翼裂纹起裂角与岩石及裂纹参数等密切相关，因此，下面采用参数敏感性分析法研究不同参数对翼裂纹起裂角的影响，这里采用单因素参数分析法，即假定当某一参数改变时，其余参数均不变。

9.2.3.1 α 对翼裂纹起裂角的影响

取 α 分别为0.01、0.05、0.1、0.2和0.4，同时仍与Bobet（2000）的试验结果进行对比。由图9-4的计算结果可知：（1）从曲线的总体变化趋势来看，随着裂纹倾角的增加，翼裂纹起裂角均是先由0°迅速增加，而后出现一段相对平稳期，最后又较快地增加，这说明翼裂纹起裂角随裂纹倾角 β 而变化，不是恒为70.5°的经典解。从与Bobet（2000）的试验结果对比来看，本节中所提方法的计算结果与试验结果的吻合也更好，说明本节所建立的模型是比较合理的。（2）从翼裂纹起裂角随 α 的变化来看，当 α 较小时，曲线基本呈三段变化，即首先翼裂纹起裂角由0°迅速增加到70.5°左右，而后又逐渐增加到79°附近。由 α 的物理意义可知，当 α 较大，裂纹尖端临界尺寸则相对较大，即裂纹尖端塑性变形明显，此时翼裂纹起裂角则受裂纹倾角影响较大。相反，对于脆性破坏特征明显的材料而言，其裂纹尖端塑性区较小，即 α 较小，相应的翼裂纹起裂角也更趋于经典解，这从另一方面说明了经典解更适合于脆性材料的破坏。

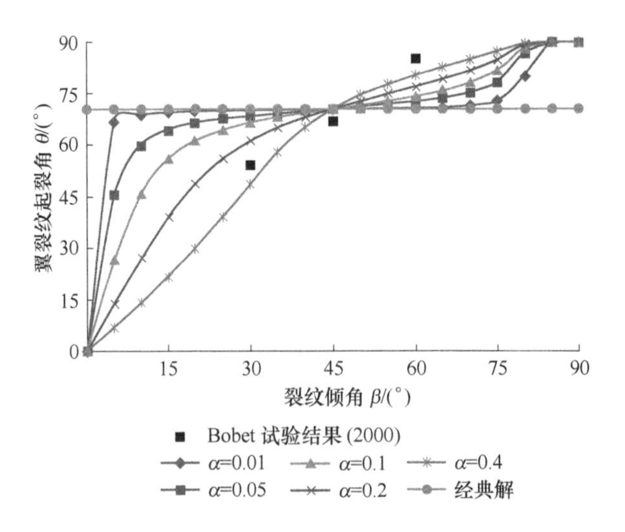

图 9-4 α 对单轴压缩下翼裂纹起裂角 θ 的影响

9.2.3.2 岩石弹性模量 E 对翼裂纹起裂角的影响

取 E 分别为 1GPa、5GPa、10GPa、15GPa，同时仍与 Bobet（2000）的试验结果进行对比。由图 9-5 所示计算结果可知：(1) 从曲线的总体变化趋势来看，随着岩石弹性模量 E 的增加，翼裂纹起裂角均是先由 0°较平稳地增加到 79.1°。这也说明翼裂纹起裂角是随裂纹倾角 β 而变化，且当 $E \geqslant 5$GPa 时，理论计算结果与 Bobet 的试验结果吻合较好。(2) 从翼裂纹起裂角随岩石弹性模量 E 的变化来看，当 E 较小时，翼裂纹起裂角较小，且与试验结果偏差较大，而 E 增加到一定程度后，如在本算例中当 $E \geqslant 5$GPa 时，其对翼裂纹起裂角的影响几乎可以忽略不计，这说明当岩石弹性模量达到一定程度后，其对翼裂纹起裂角的影响较小。

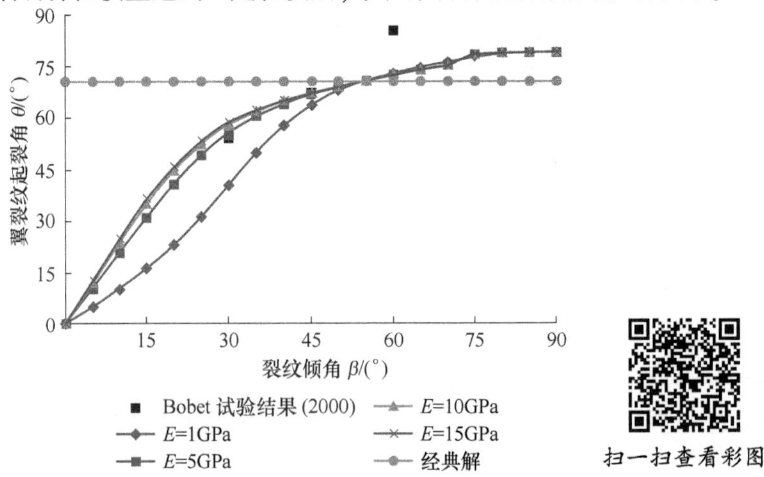

图 9-5 E 对单轴压缩下翼裂纹起裂角 θ 的影响

9.2.3.3 摩擦系数 f 对翼裂纹起裂角的影响

取 f 分别为 0.1、0.2、0.3、0.4，同时仍与 Bobet（2000）的试验结果进行对比。由图 9-6 计算结果可知：（1）从曲线的总体变化趋势来看，随着裂纹面摩擦系数的增加，翼裂纹起裂角均是先由 0°较平稳地增加到 80°左右。这也说明翼裂纹起裂角是随裂纹倾角 β 而变化，且理论计算结果与 Bobet（2000）的试验结果吻合较好。（2）从翼裂纹起裂角随裂纹面摩擦系数的变化来看，当裂纹倾角 $\beta \leqslant 45°$ 时，翼裂纹起裂角随裂纹面摩擦系数的变化很小，且与试验结果误差较小；而 $\beta \geqslant 45°$ 时，随着裂纹面摩擦系数的增加，翼裂纹起裂角越来越大，且与试验结果的吻合也越好，这是因为当裂纹面摩擦系数增加到一定程度后，沿裂纹面的下滑力将小于其摩擦力，因而将不会发生剪切滑移，此时 K_{I}、K_{II} 均为 0，岩石将发生张拉破坏。

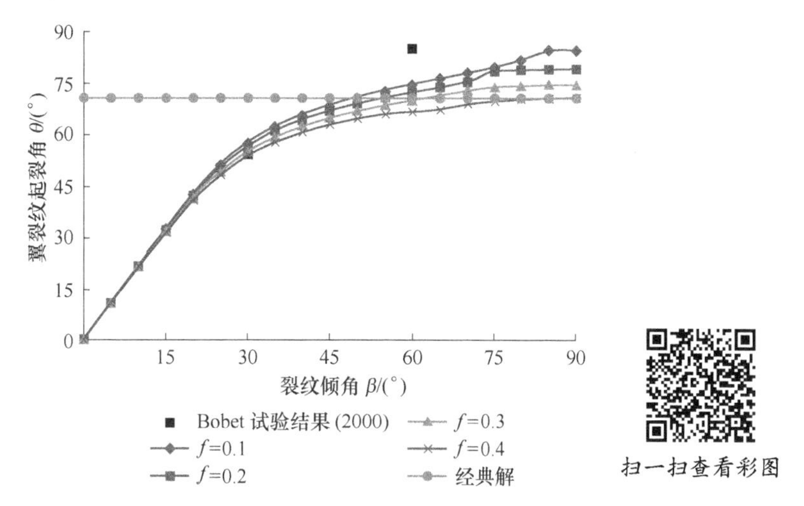

图 9-6 f 对单轴压缩下翼裂纹起裂角 θ 的影响

9.2.3.4 法向刚度 k_n 及切向刚度 k_s 对翼裂纹起裂角的影响

取 k_n 分别为 0.2GPa/cm、2GPa/cm、20GPa/cm，k_s 为 0.1GPa/cm、1GPa/cm、10GPa/cm，同时仍与 Bobet（2000）的试验结果进行对比。由图 9-7 和图 9-8计算结果可知：（1）据图 9-7 可知，从曲线的总体变化趋势来看，随着裂纹面法向刚度的增加，翼裂纹起裂角均是先由 0°较平稳地增加到约 80°，且与 Bobet（2000）的试验结果吻合较好。这与上述几种情况的变化规律类似，且随着裂纹面法向刚度的增加，翼裂纹起裂角的变化幅度并不是很明显，这说明裂纹面切向刚度对翼裂纹起裂角的影响并不大。（2）由图 9-8 可以看出，当裂纹面切向刚度较小时，翼裂纹起裂角随裂纹倾角变化的理论计算结果与试验结果吻合较好，而当裂纹倾角增加到一定程度时，如当 $k_s = 10$GPa/cm 时，翼裂纹起裂角的变化幅度较大，且与试验结果的误差也较大。因此，可以认为裂纹面切向刚度对翼裂纹起裂角的影响更大，这主要是因为在压剪应力下，倾斜裂纹面上的切应力对其滑移破坏影响更大，而切应力受裂纹面切向刚度的影响更为严重。

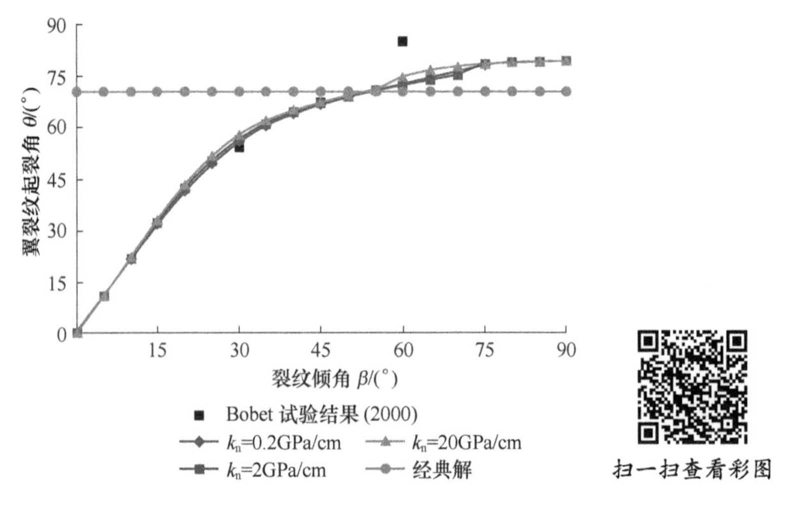

图 9-7 k_n 对单轴压缩下翼裂纹起裂角 θ 的影响

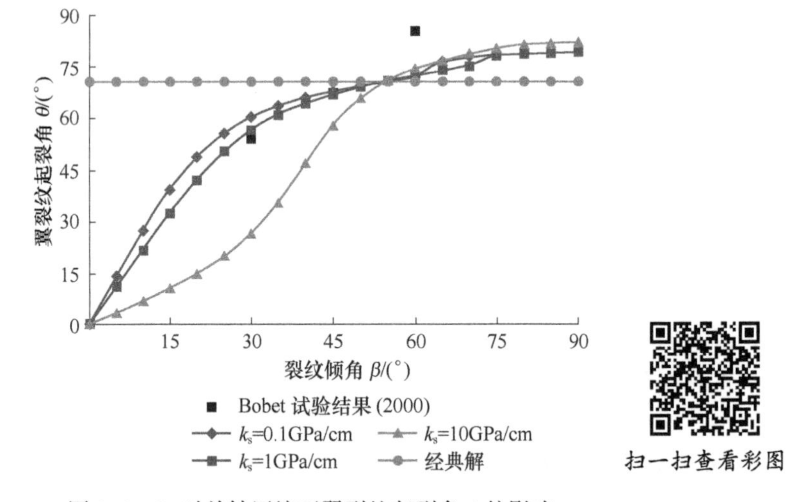

图 9-8 k_s 对单轴压缩下翼裂纹起裂角 θ 的影响

9.2.3.5 侧压系数 k 对翼裂纹起裂角的影响

取 k 分别为 0、0.1、0.2、0.3，同时仍与 Bobet（2000）的试验结果进行对比。由图 9-9 计算结果可知：（1）从曲线的总体变化趋势来看，随着侧压系数的增加，翼裂纹起裂角均是先由 0°较平稳地增加到约 80°，且与 Bobet（2000）的试验结果吻合较好。当裂纹倾角较小时，其与试验结果的吻合较好，这与上述几种情况的变化规律类似。（2）从曲线的总体变化幅度来看，当 k 由 0 增加到

0.3 时，曲线总体变化幅度较小，这说明 k 对翼裂纹起裂角的影响不是很显著。

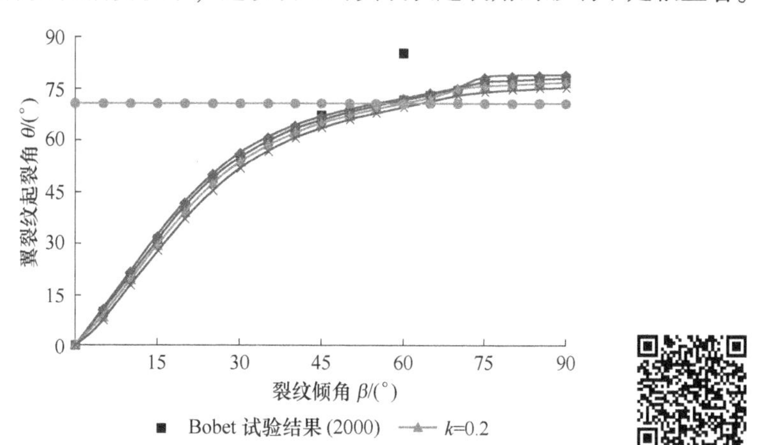

图 9-9　k 对单轴压缩下翼裂纹起裂角 θ 的影响

总之，由上述研究有下述发现：

(1) 针对传统断裂理论未能考虑裂纹尖端非奇异应力项即 $\boldsymbol{T}$ 应力的不足，提出了考虑 $\boldsymbol{T}$ 应力的修正 MTS 准则；同时，结合压剪应力下的裂纹受力特点，在上述准则中还引入了裂纹面法向及切向刚度；最终建立了能够同时考虑岩石参数及裂纹几何参数（如裂纹倾角、长度等）、强度参数（裂纹面摩擦系数）及变形参数（裂纹面法向及切向刚度）的 MTS 准则，更客观地反映了岩石压剪裂纹起裂机理。

(2) 算例表明由本节所提出的方法计算得到的翼裂纹起裂角与试验结果吻合较好，这说明压剪应力下的翼裂纹起裂角同时受到岩石及裂纹参数和外力的共同影响，而不是恒为 70.5°的经典解。

(3) 参数敏感性分析表明 α 对翼裂纹起裂角的影响最大，岩石弹性模量及裂纹面切向刚度对翼裂纹起裂角的影响次之，而裂纹面法向刚度、裂纹面摩擦系数、侧压系数等对翼裂纹起裂角的影响最小。

9.3　冻胀力作用下裂隙岩体断裂特性

9.3.1　冻胀力作用下裂纹力学特性

从试验结果可以看出，裂隙岩体在冻融作用下，将发生疲劳损伤、强度降低、裂纹扩展等。假定裂隙处全部充满水，在冻结过程中，水全部变成冰，只考虑水冰相变产生的冻胀力，分析此状况下裂隙岩体断裂特性。

图 9-10 为裂隙岩体仅在冻胀力作用下的断裂模型示意图，把裂隙视为椭圆

形，长度为 $2a$，令 $\boldsymbol{\sigma}_{\mathrm{d}}$ 为水冻结为冰的过程中产生的冻胀力，且假定裂纹面所受冻胀力大小皆为 $\boldsymbol{\sigma}_{\mathrm{d}}$。

图 9-11 为裂隙放大示意图，为水冻结为冰时裂隙及岩体附近的情况。

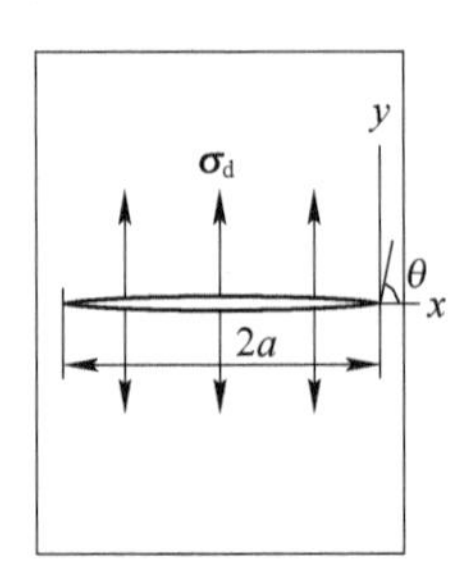

图 9-10 冻胀力下断裂模型图

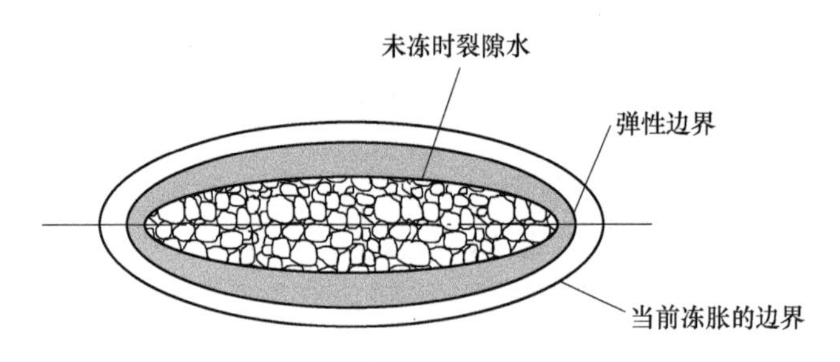

图 9-11 裂隙放大示意图

由图 9-11 可知，对于每个裂隙，在冻胀力作用下为 Ⅰ 型断裂，依据文献（吕建国等，2013），裂纹尖端附近的应力强度因子 $K_{\mathrm{I}}=\boldsymbol{\sigma}_{\mathrm{d}}\sqrt{\pi a}$，能量释放率 $G=\dfrac{\pi a\boldsymbol{\sigma}_{d}^{2}}{E}$。

则裂纹尖端附近的应力分量为：

$$\begin{pmatrix}\boldsymbol{\sigma}_{x\mathrm{I}}\\ \boldsymbol{\sigma}_{y\mathrm{I}}\\ \boldsymbol{\tau}_{xy\mathrm{I}}\end{pmatrix}=\frac{\boldsymbol{\sigma}_{\mathrm{d}}\sqrt{\pi a}\sin^{2}\beta}{\sqrt{2\pi r}}\cos\frac{\theta}{2}\begin{pmatrix}1-\sin\dfrac{\theta}{2}\sin\dfrac{3\theta}{2}\\ 1+\sin\dfrac{\theta}{2}\sin\dfrac{3\theta}{2}\\ \sin\dfrac{\theta}{2}\cos\dfrac{3\theta}{2}\end{pmatrix} \tag{9-19}$$

式中，r 为裂纹尖端和计算点两者间的距离，$r\rightarrow 0$。

位移分量为：

$$\begin{cases} x = \dfrac{K_{\mathrm{I}}}{G(1+\mu)}\sqrt{\dfrac{r}{2\pi}}\cos\dfrac{\theta}{2}\left[1-u-(1+u)\cos^2\dfrac{\theta}{2}\right] \\ y = \dfrac{K_{\mathrm{I}}}{G(1+\mu)}\sqrt{\dfrac{r}{2\pi}}\sin\dfrac{\theta}{2}\left[2-(1+u)\cos^2\dfrac{\theta}{2}\right] \end{cases} \tag{9-20}$$

将 K_{I} 、G 代入上式可得冻胀力作用下尖端区域的位移分量为：

$$\begin{cases} x = \dfrac{E}{\pi\boldsymbol{\sigma}_{\mathrm{d}}(1+\mu)}\sqrt{\dfrac{r}{2a}}\cos\dfrac{\theta}{2}\left[1-u-(1+u)\cos^2\dfrac{\theta}{2}\right] \\ y = \dfrac{E}{\pi\boldsymbol{\sigma}_{\mathrm{d}}(1+\mu)}\sqrt{\dfrac{r}{2a}}\sin\dfrac{\theta}{2}\left[2-(1+u)\cos^2\dfrac{\theta}{2}\right] \end{cases} \tag{9-21}$$

由 Griffith 和 Orowan 理论可知裂纹扩展临界应力为：

$$\boldsymbol{\sigma}_{\mathrm{c}} = \sqrt{\frac{2E\gamma}{\pi a^2}} \tag{9-22}$$

式中，E 为当前岩体的弹性模量；γ 为岩体单位扩展所需的表面能和塑性功。

Ⅰ型裂纹断裂判据为：

$$K_{\mathrm{I}} = K_{\mathrm{Ic}} = \boldsymbol{\sigma}_{\mathrm{c}}\sqrt{\pi a} = \sqrt{\frac{2E\gamma}{a}} \tag{9-23}$$

能量释放率断裂判据为：

$$G_{\mathrm{c}} = \frac{\pi a\boldsymbol{\sigma}_{\mathrm{c}}^2}{E} = \frac{2\gamma}{a} \tag{9-24}$$

由前面试验结果可知，在冻融过程中，裂隙岩体弹性模量 E 、颗粒间的黏聚力都随冻融历程增加而降低，则导致岩体产生新裂纹所需的表面能变小，所以，每一次循环冻融时裂纹扩展所需的临界应力 $\boldsymbol{\sigma}_{\mathrm{c}}$ 均比上一次要小，应力强度因子断裂判据和能量释放率判据也相应越来越小。

冻胀过程中，裂隙附近岩体在冻胀力作用下发生变形，若冻胀力小于 $\boldsymbol{\sigma}_{\mathrm{c}}$，岩体只会产生弹性变形，且储存应变能；在融化过程中，冰相变为水，冻胀力逐渐消失，应变能释放，弹性变形恢复，位移为 0，此情况下裂纹不发生扩展。若冻胀力大于 $\boldsymbol{\sigma}_{\mathrm{c}}$，则附近岩体会继续变形进而产生塑性区，在融化过程中，弹性变形消失，而塑性变形则不能恢复，裂纹将发生扩展，此时裂纹尖端附近某点位移分量为不能恢复的塑性变形。

9.3.2 冻胀力与裂纹之间的关系

在冻结过程中，温度降低、水相变为冰，体积膨胀，但是由于裂纹面的束缚，冰体对其产生膨胀作用，沿法向在裂纹周围储存弹性应变能，当裂纹尖端的应力强度因子 K_{I} 大于断裂韧度值 K_{IC} 时，裂纹开始扩展。假设在此阶段裂纹周边的弹性应变能全部释放，且均为裂纹扩展提供能量，则有：

$$W = F - U \tag{9-25}$$

式中，$F=0$，即裂纹扩展过程中，弹性应变能全部释放；W 为冻胀力做的功；U 为整个系统势能的下降值，从图 9-11 可以看出，冻胀力沿着裂纹面法向做功，故方程等号左边的表达式可以表示为：

$$W = 4\boldsymbol{\sigma}_{\mathrm{d}} a \times \Delta b \tag{9-26}$$

式中，b 为当前裂纹宽度；Δb 为冻后裂纹宽度的变化量，$\Delta b > 0$。

方程右边根据裂纹扩展力做功可以表示为：

$$U = -2G \times \Delta a \tag{9-27}$$

不考虑裂隙面对水相变成冰产生的膨胀效应的束缚，只考虑冻胀力对裂纹法向作用效果，裂隙体积在温度为 T 的条件下增加量为 ΔV_{i}，若再加上束缚力的作用，令裂隙面作用于冰体应力为 $\boldsymbol{\sigma}_{\mathrm{d}}$，则根据弹性力学理论，当冰体产生蠕变，平面应变条件下体应变增量为：

$$\boldsymbol{\varepsilon}_{\mathrm{v}} = \frac{1 - \nu_{\mathrm{i}}^2}{E_{\mathrm{i}}} \boldsymbol{\sigma}_{\mathrm{d}} \tag{9-28}$$

因此冰的体积实际增加量为：

$$\Delta V_{\mathrm{i}}' = \Delta V_{\mathrm{i}} - V_{\mathrm{i}} \boldsymbol{\varepsilon}_{\mathrm{v}} \tag{9-29}$$

根据上述公式可以确定裂隙水发生相变前后体积增量的关系式为：

$$\pi ab + \Delta V_{\mathrm{i}}' = \pi (a + \Delta a)(b + \Delta b) \tag{9-30}$$

式中，Δa 为裂纹扩展长度；Δb 为裂纹法向位移值，结合上述关系式，可以得出反映冻胀压力 $\boldsymbol{\sigma}_{\mathrm{d}}$ 与裂纹扩展长度 Δa 之间关系的方程式为：

$$A(\Delta a)^2 + B(\Delta a) + C = 0 \tag{9-31}$$

式中，$A = G_1$，$B = ab\boldsymbol{\sigma}_{\mathrm{d}} + aG_1$，$C = -\Delta V_{\mathrm{i}}' \boldsymbol{\sigma}_{\mathrm{d}} a$，通过求解这个一元二次方程就可以得到冻胀应力与裂纹扩展长度之间的关系式为：

$$\Delta a = \frac{-(2ab\boldsymbol{\sigma}_{\mathrm{d}} + aG_1) + \sqrt{(2ab\boldsymbol{\sigma}_{\mathrm{d}} + aG_1)^2 + 8G_1(\Delta V_{\mathrm{i}}')\boldsymbol{\sigma}_{\mathrm{d}} a}}{2G_1} \tag{9-32}$$

依据文献（邓华锋，2012；Muneo Hori，1998），取裂纹平均半长度 $a = 9 \times 10^{-7}\mathrm{m}$、张开度半长 $b = 1.2 \times 10^{-7}\mathrm{m}$、断裂韧度 $K_{\mathrm{IC}} = 3.04 \times 10^5 \mathrm{N/m^{3/2}}$、岩块的弹性模量 $E = 7.95 \times 10^9 \mathrm{Pa}$、冰的弹性模量 $E = 5.20 \times 10^7 \mathrm{Pa}$、自由能 $G = 11.2\mathrm{N \cdot m/m^2}$、$\Delta V_{\mathrm{i}}'$ 取 5%，代入式（9-32）可得图 9-12 所示的冻胀力作用下裂纹增长情况。

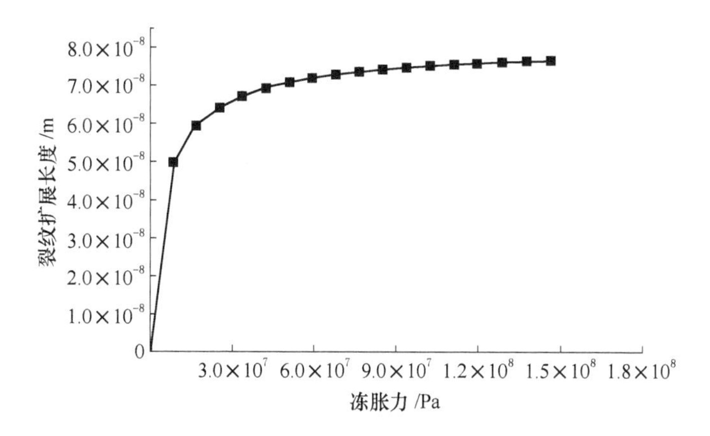

图 9-12 裂纹扩展长度随冻胀力的变化曲线

9.4 冻融裂隙岩体断裂能

Griffith 能量平衡理论认为：裂纹的扩展取决于表面能与应变能之间的关系。如果物体受力所释放的应变能小于裂纹扩展半长 da 所需的表面能，则裂纹是稳定的；若释放应变能大于所需要的表面能，则裂纹开始扩展。岩体在加载过程中，外力不断对岩体做功使其吸收能量，同时产生的新裂纹及其摩擦滑移也不断耗散能量，当两者满足上述条件时，裂纹便开始扩展。

岩体受外力作用变形时会贮存能量，而岩体屈服需要能量耗散，裂隙面滑移也要对外做功，岩体的破坏过程其实是能量不断积累、耗散与释放的过程，耗散能量使岩体力学性质劣化，能量释放则是引发破坏的内在原因。裂隙岩体在冻结过程中温度降低，内能减少，使孔隙水发生相变，能量向外释放，对岩体做功，岩体储存应变能；在融化阶段温度升高，内能增加，吸收能量，冰相变为水，此为一个循环冻融；如此作用，岩体内的弹性能满足裂纹扩展的表面能时，便出现冻裂现象，且冻融作用使岩体的表面能与非冻融岩体相比有所降低。

裂隙岩体整个破坏过程耗散的能量用 G_f 表示，称断裂耗散能。图 9-13 为岩体的单轴压缩应力-应变模型，其中 $\boldsymbol{\sigma}$ 代表岩体真实的应力，$\boldsymbol{\varepsilon}$ 表示岩体真实的应变，这里直接从弹性段开始，不考虑岩体的压密阶段，其中 OA 为弹性阶段，B 点处为应力峰值点，作辅助线 $CB /\!/ OA$，假设岩体在 C 点处有弹性卸载特性，$OABCO$ 所包围的面积就表示材料变形消耗的塑性功，通常由于此部分面积较小可以忽略，则 $\boldsymbol{\varepsilon}_0 = 0$，$\boldsymbol{\varepsilon}_f = \dfrac{\boldsymbol{\sigma}_f}{E_0}$；$\boldsymbol{\varepsilon}_z$ 为岩体破坏时的应变，由 $OABEO$ 围成的面积即 $\int_0^{\varepsilon_z} \boldsymbol{\sigma} \mathrm{d}\boldsymbol{\varepsilon}$ 表示弹塑性材料损伤断裂耗散能；由 $CBEC$ 所围成的面积则是材料弹性损

伤断裂耗散能 G_f，计算可得（谢和平，1990）：

$$G_f = \frac{\boldsymbol{\sigma}_c^2}{2E_0} + \int_{\varepsilon_f}^{\varepsilon_z} \boldsymbol{\sigma} d\boldsymbol{\varepsilon} \tag{9-33}$$

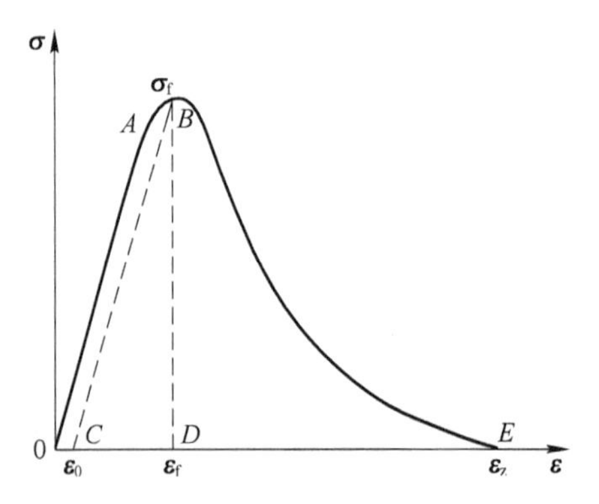

图 9-13 单轴压缩应力-应变曲线

根据式 $[\boldsymbol{\sigma}] = (1 - D_1)(1 - D_2)(I - \Omega)[E_0][\boldsymbol{\varepsilon}]$，冻融 n 次后无裂隙岩体的耗散能为：

$$G_f' = \frac{(1 - D_n)^2 \boldsymbol{\sigma}_c{}^2}{2E_0(1 - D_n)} + \int_{\varepsilon_f}^{\varepsilon_z} \boldsymbol{\sigma}(1 - D_n) d\boldsymbol{\varepsilon} = \frac{E_n \exp\left[-\frac{1}{m}\left(\frac{\boldsymbol{\varepsilon}}{F_0}\right)^m\right]\boldsymbol{\sigma}_c}{2E_0} + \int_{\varepsilon_f}^{\varepsilon_z} E_n \boldsymbol{\varepsilon} \exp\left[-\frac{1}{m}\left(\frac{\boldsymbol{\varepsilon}}{F_0}\right)^m\right] d\boldsymbol{\varepsilon} \tag{9-34}$$

对裂隙岩体，裂隙造成的岩体损伤可通过统计裂隙面的面积求得，即 $D_i = \frac{A - A_i}{A}$，式中，A 为统计的总面积，A_i 为统计的有效面积，冻融裂隙岩体的断裂耗散能为：

$$\begin{aligned} G_f'' &= \frac{(1 - D_n)^2(1 - D_i)^2 \boldsymbol{\sigma}_c^2}{2E_0(1 - D_n)(1 - D_i)} + \int_{\varepsilon_f}^{\varepsilon_z} \boldsymbol{\sigma}(1 - D_n)(1 - D_i) d\boldsymbol{\varepsilon} \\ &= \frac{(1 - D_z)\boldsymbol{\sigma}_c^2}{2E_0} + \int_{\varepsilon_f}^{\varepsilon_z} \boldsymbol{\sigma}(1 - D_z) d\boldsymbol{\varepsilon} \end{aligned} \tag{9-35}$$

式中，D_n 为冻融 n 次产生的损伤；D_z 为总损伤。

由此可知，根据完整岩体的断裂能与岩体的损伤、岩体材料性质之间的关系，即可计算出冻融裂隙岩体的断裂耗散能。比较式（9-35）可以发现，裂隙岩体比完整岩体的断裂能要低，冻融裂隙岩体的断裂能比未冻融的裂隙岩体要低，本书从第 2 章中经历不同循环冻融次数的裂隙岩体压缩试验曲线上也可得出该规律。

10 循环冻融下岩石弹性模量变化规律

10.1 引言

岩体由不连续面（如裂隙）与岩块组成，不连续面互相连通形成裂隙网络，成为水分储存和流动的主要通道。由于季节交替以及昼夜温度变化的作用，在低温条件下水分发生相变，形成冰体，冰体在体积膨胀受到约束时会产生较大的冻胀力，从而使裂隙端部产生应力集中，进而使裂隙扩张，导致裂隙体积增加；在温度升高时，水分又会发生迁移，这种周而复始的循环严重加剧了岩体的损伤。在低温冻胀过程中，水冰相变、体积膨胀对岩体的温度场、渗流场以及应力场分布均产生了明显的作用。

现阶段，主要是通过试验研究的方法对冻融次数与岩石宏观损伤之间的关系得出拟合公式，但并未对其循环冻融损伤的内在机制进行深入分析，因此，得出的公式不便于推广应用，而且试验公式中的参数意义也不明确，这在一定程度上也阻碍了公式的应用。

为此，本章首先基于断裂力学理论对裂纹在冻胀力作用下的扩展长度计算公式进行了推导，然后建立了岩石宏观损伤变量与冻胀力及循环冻融次数之间的关系，并对其进行了修正，最后，基于该公式讨论了不同变量对岩石弹性模量的影响规律。

10.2 张开型裂纹起裂判据及扩展方向

冻胀力作用下，张开型裂纹如图 10-1 所示。

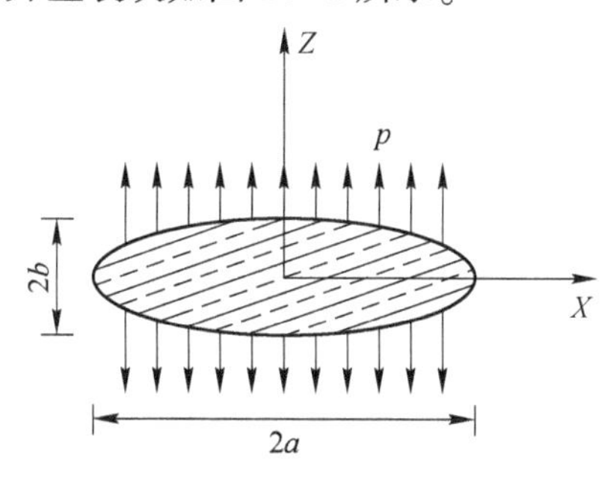

图 10-1　冻胀作用下的张开型裂纹

将不规则裂纹等效为平面状态下扁平状椭圆裂隙，裂纹内壁受到均匀的法向冻胀力 p 的作用，裂纹半长为 a，张开度为 $2b$，经过 n 次循环冻融之后，裂隙的半长变为 a_n，裂纹沿着应变能密度因子最小的方向发展，当最小应变能密度因子 S_{min} 达到岩石临界值 S_c 时，裂隙失稳迅速扩展，假设为平面应变条件，对于纯 I 型裂纹，其尖端区域应变能密度场强度形式为：

$$S = a_{11}K_I^2 \tag{10-1}$$

式中，$a_{11} = \frac{1}{16\pi G}[(3 - 4\mu - \cos\theta)(1 + \cos\theta)]$；$G$ 为剪切模量，GPa；μ 为泊松比；θ 为裂纹开裂角；K_I 为裂纹尖端的应力强度因子。

$$\frac{\partial S}{\partial \theta} = 0,\ \frac{\partial^2 S}{\partial^2 \theta} \geqslant 0 \tag{10-2}$$

根据式（10-2）可以确定开裂角 $\theta = 0$。

$$S_{min} = S_c \tag{10-3}$$

$$S_c = \frac{1 - 2\mu}{4\pi G}K_{IC}^2 \tag{10-4}$$

式中，K_{IC}为断裂韧度值。

式（10-3）和式（10-4）为裂纹起裂判据，即最小应变能密度因子达到临界应变能密度时裂纹扩展。

10.3 单裂纹扩展特性

10.3.1 单裂隙扩展长度与冻胀应力之间的关系

假设在宽为 W，长为 $2h$ 的有限几何体中存在一个长为 $2a$，张开度为 $2b$ 的扁平状椭圆裂纹，如图 10-2 所示。当发生冻胀作用时，微裂纹内壁作用有均匀分布的冻胀力，在研究裂纹扩展长度时做出以下假设：（1）裂纹为平面状态下的扁平状椭圆形裂纹；（2）裂隙封闭；（3）忽略水分迁移与岩石骨架变形；（4）裂隙始终为饱和状态，采用线弹性断裂力学理论进行分析，对裂纹端部形成的塑性区进行适当修正；（5）裂纹稳定扩展。

根据 Griffith 能量释放率理论，在裂纹扩展过程中，需要经历两个阶段，第一个阶段是温度降低过程中，水冰相变，体积膨胀，但由于裂纹面的束缚，冰体对其产生膨胀力作用，在裂纹周围介质中储存弹性应变能；当裂纹尖端的应力强度因子 K_I 大于断裂韧度值 K_{IC}时，裂纹开始扩展，即第二个阶段，在这个阶段，裂纹周边的弹性应变能释放，为扩展提供能量，则得出如下关系：

$$W = E - U \tag{10-5}$$

式中，W 为冻胀力做的功；E 为裂纹周边储存的弹性应变能；U 为整个系统下降的总势能，假设裂纹扩展过程中弹性应变能全部释放，则：

$$W = -U \tag{10-6}$$

扩展后的裂纹形态如图 10-2 中虚线所示。

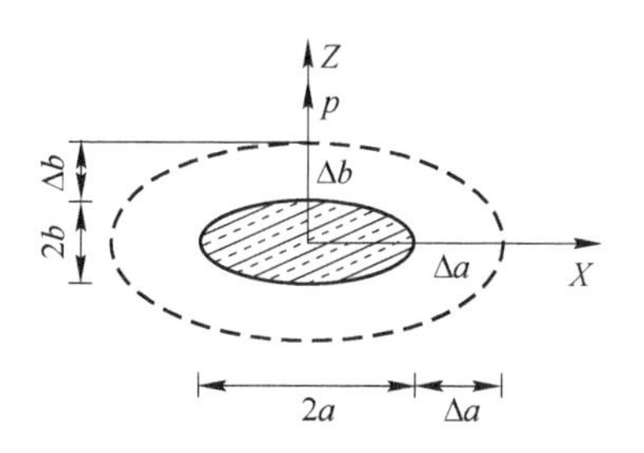

图 10-2 裂纹冻胀扩展示意图

根据应力场叠加原理，单个裂纹壁面受到均匀压应力作用，裂纹尖端的应力强度因子等于在有限宽板边界施加相同拉应力，内壁面自由的裂纹尖端的应力强度因子根据航空研究院的应力强度因子手册（中国航空研究院，1993）进行计算，即在有限宽板长为 $2h$，宽为 W_1 的条件下，若受到均匀拉力，则其应力强度因子表达式为：

$$K_{\mathrm{I}} = Fp\sqrt{\pi a} \tag{10-7}$$

式中，F 为修正值，其表达式为：

$$F = \sqrt{\sec\frac{\pi a}{W_1}}$$

该修正值为近似值，当 $\frac{2a}{W_1} \leqslant 0.7$ 时，误差在 0.03 以内。

当 $K_{\mathrm{I}} > K_{\mathrm{IC}}$ 时，裂纹开始扩展。

冻胀应力沿着内壁面法向做功，故式（10-6）左边的表达式可以表示为：

$$W = 4pa \times \Delta b \tag{10-8}$$

式（10-6）右边的系统势能的下降值可用扩展力做功表示为：

$$U = -2G \times \Delta a \tag{10-9}$$

若不考虑裂隙面的束缚，在冰体自由膨胀的条件下，假设冰体单宽膨胀体积为 ΔS_{i}，但在实际情况下，裂隙面将对冰体施加一大小为 p 的反作用力，冰体产生弹性应变，根据弹性理论，在平面应变条件下，法向应变大小为：

$$\boldsymbol{\varepsilon} = \frac{(1-\nu_{\mathrm{i}})(1+2\nu_{\mathrm{i}})}{E}p \tag{10-10}$$

式中，ν_{i} 为泊松比；E 为弹性模量。

因此，冰的单位宽度上体积的实际增加量为：

$$\Delta S'_{\mathrm{i}} = \Delta S - S_{\mathrm{i}}\boldsymbol{\varepsilon} \tag{10-11}$$

式中，S_{i} 为未冻胀前水的总体积。根据式（10-11）就可得出裂隙水发生相变前后体积增量的表达式，即：

$$\pi ab + \Delta S_i' = \pi(a + \Delta a)(b + \Delta b) \tag{10-12}$$

式中，Δa 为裂纹扩展长度，m；Δb 为裂纹法向位移增量，m；结合式（10-7）和式（10-8）即可得出裂纹扩展长度方程，即：

$$A(\Delta a)^2 + B(\Delta a) + C = 0 \tag{10-13}$$

式中，$A = \pi G$；$B = \pi(pab + aG)$；$C = \Delta S_i' pa$。

对式（10-13）进行求解便可得出平面应变条件下裂纹扩展长度与冻胀应力之间的关系式，即：

$$\Delta a = \frac{-(2abp + aG)\pi + \sqrt{(2abp + aG)^2\pi^2 + 8Gpa\Delta S_i'}}{2G\pi} \tag{10-14}$$

10.3.2 裂隙冻胀力取值范围

根据 Walder 等（Walder，1985）研究成果，裂隙中的冻胀应力 p 是与低温持续时间、温度值、水冰相对体积含量以及流阻等相关的量，其计算公式为：

$$p_i(t) = \frac{L(-T_c)}{v_s T_a}(1 - e^{-\frac{t}{\tau}}) + p_0 e^{-\frac{t}{\tau}} \tag{10-15}$$

其中，时间常数为：

$$\tau = \frac{8}{3\pi}\frac{1 - \nu}{\mu}\frac{gav_L}{v_s^2}R_f \tag{10-16}$$

式中，$p_i(t)$ 为任意时刻 t 时的冻胀应力；$L(-T_c)$ 为与温度 T_c 对应的相变潜热，kJ/mol；v_s 为冰的相对体积含量；v_L 为水的相对体积含量；根据文献（Walder，1985），当温度低于-1℃时，未冻水相对体积含量 $v_L = 0.07$，冰相对体积含量 $v_s = 0.93$；T_a 为绝对温度，273.15K；p_0 为冻胀初期初始冻胀应力，根据试验取为 2MPa；ν 为泊松比；μ 为剪切模量，MPa；R_f 为流阻，Pa · s/m；g 为重力加速度；a 为裂隙半长。取冻结温度 $T_c = -20$℃，融化温度 $T_c = 20$℃，循环冻融一次时间为 12h，流阻 R_f 的具体计算公式在文献（Walder，1985）中有详细的计算，这里不再赘述，经过计算，得出在-20～20℃的循环冻融条件下，冻胀力随时间的变化曲线，如图 10-3 所示。

式（10-15）中：

$$\frac{L(-T_c)}{v_s T_a} = 1.1\text{MPa/℃} \times (-T_c) \tag{10-17}$$

据上述公式可知，温度一定时，裂隙中的冻胀力随时间变化曲线已知，因此，可以据此得出在冻胀时间内沿着裂隙壁冻胀应力做功的具体计算式，即：

$$W = \int_0^{t_i} 4ap_i(t)v\mathrm{d}t \tag{10-18}$$

式中，v 为冻结时间 t_i 内内壁移动的平均速度，$t_i=21600s$，$v=\dfrac{\Delta b}{t_i}$，化解之后得出：

$$W=4a\frac{\Delta b}{t_i}\int_0^{t_i}p_i(t)\,dt \tag{10-19}$$

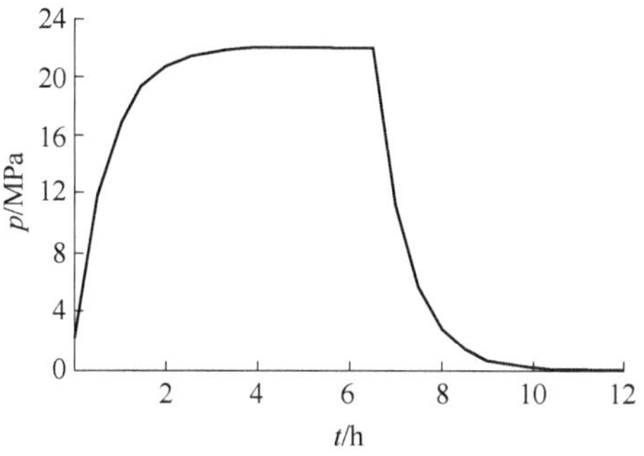

图 10-3 -20~20℃一个冻融循环条件下冻胀应力随时间变化曲线

10.4 岩石弹性模量与冻融次数之间的关系

本章拟采用细观损伤力学的方法，忽略微观空洞、微裂隙的微观力学效应，采用一种平均化的方法，把细观损伤力学研究的结果反映到材料的宏观力学性能中去，典型的方法有 Mori-Tanaka 方法（余寿文，1997），即考虑微裂纹之间的弱相互作用，进而计算微裂纹损伤材料的有效弹性模量，具体推导过程这里不再赘述。根据 Mori-Tanaka 方法，在二维条件下，考虑微裂纹之间的互相作用，得到的有效弹性模量的表达式为：

$$\frac{E'}{E}=\frac{1}{1+\pi\alpha} \tag{10-20}$$

式中，E 为岩石初始弹性模量，MPa；E' 为冻融数次之后的等效弹性模量，MPa；α 为裂纹密度参数，表示为 $\alpha=Na^2$，N 为单位面积上平均半长为 a 的裂纹的数量，条/m^2。

根据前文的假设，裂纹始终饱和，因此，冻胀应力只与温度有关，即每次循环冻融之后裂纹扩展长度都相等，经过 n 次循环冻融之后，裂纹密度参数表示为：

$$\alpha=N[a+n(\Delta a)]^2 \tag{10-21}$$

结合式（10-14）与式（10-15）便可得出多次冻融条件下岩石弹性模量的变化关系式。

根据 Walder 等（1985）研究成果，裂隙中的冻胀应力 p_i 是与低温持续时间、温度值、水冰相对体积含量以及流阻等相关的量，其计算公式为：

$$p_{\mathrm{i}}(t)=\frac{L(-T_{\mathrm{c}})}{v_{\mathrm{s}}T_{\mathrm{a}}}(1-\mathrm{e}^{-\frac{t}{\tau}})+p_0\mathrm{e}^{-\frac{t}{\tau}} \tag{10-22}$$

式中，时间常数 $\tau=\frac{8}{3\pi}\frac{1-\nu}{\mu}\frac{gav_{\mathrm{L}}}{v_{\mathrm{s}}^2}R_f$；$L(-T_{\mathrm{c}})$ 为与温度 T_{c} 对应的相变潜热，kJ/mol；v_{s} 为冰的相对体积含量；v_{L} 为水的相对体积含量；ν 为泊松比；μ 为剪切模量；R_f 为流阻；g 为重力加速度；a 为裂隙半长；T_a 为绝对温度，T_a = 273.15K；p_0 为冻胀初期初始冻胀应力，根据试验，p_0 为 2MPa。

根据上述公式可以得出，温度一定时，冻胀应力与裂隙中水冰的相对体积含量是一一对应的，当冻胀应力确定时，相对体积含量便唯一确定，因此，冻胀应力取裂隙开始稳定扩展时的初始冻胀应力，代入式（10-22）便可以求出水冰的相对体积含量。

以红砂岩为例，其中，裂纹半长取平均值：$a=9\times10^{-6}$m，隙宽半长 $b=1.2\times10^{-7}$m，格里菲斯能量释放率据下面公式计算：$G=\frac{\pi a'p^2}{E}$，a' 为裂纹扩展后的长度，裂纹初始冻胀力根据修正应力强度因子计算，为 22MPa，$\Delta S'_{\mathrm{i}}$ 经过计算为裂隙中水的总体积的 5%，砂岩的断裂韧度取为 $K_{\mathrm{IC}}=0.304\mathrm{MPa}\cdot\mathrm{m}^{1/2}$，$N=4.67\times10^7$ 条/m²，将这些参数代入式（10-7）、式（10-14）中，得出岩石材料弹性模量与冻融次数之间的关系，数据结果如图 10-4 所示。

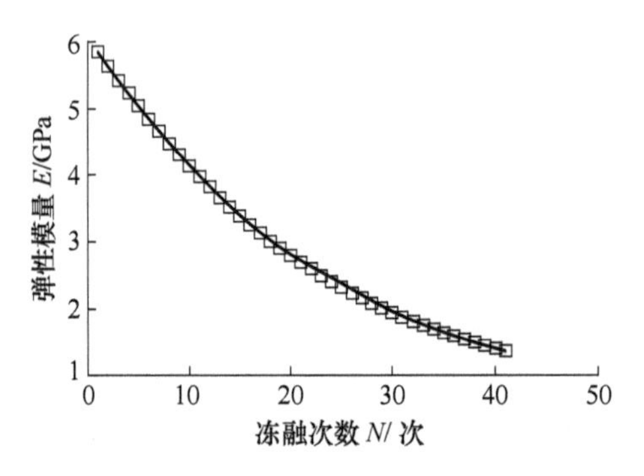

图 10-4 弹性模量与冻融次数之间的关系

10.5 对公式的讨论与修正

10.5.1 塑性区对裂纹扩展长度的修正

在实际岩石特别是软岩中，当裂纹面作用有冻胀应力时，裂纹前端一定范围内会形成塑性区，而不是处在弹性条件下，因此，为了便于在线弹性断裂力学的条件下求解问题，需要将前端的塑性区进行等效处理，Irwin（1962）在 20 世纪

60年代提出用等效裂纹尺寸的方法，这是由于裂纹尖端的塑性变形使物体的刚度降低，这与实际裂纹尺寸稍长一些的裂纹是相当的，即

$$a' = a + r_y \tag{10-23}$$

式中，a' 为等效裂纹长度；a 为原始裂纹长度；r_y 为塑性区等效长度增量，平面应变表达式为：

$$r_y = \frac{1}{4\sqrt{2}\pi}\left(\frac{K_{\mathrm{I}}}{\boldsymbol{\sigma}_s}\right)^2 \tag{10-24}$$

式中，$\boldsymbol{\sigma}_s$ 为岩石屈服强度。

每次冻胀过程都会形成相应的塑性区，故经过修正之后，裂纹密度参数变为：

$$\alpha = N[a + n(\Delta a + r_y)]^2 \tag{10-25}$$

10.5.2 水冰相变体积增量的修正

依据第二冻胀理论，当岩石中裂隙水饱和时，在冻胀过程中，随着冻结缘向前推进，冰体会对未冻水产生压力，进而形成水压梯度，使一部分水在未冻结前迁出裂隙，从而导致参与水冰相变的水的体积减小，相变体积膨胀量也会相应地减小，单裂隙中，根据立方定律，流体单位宽度流量 q 的大小为：

$$q = 2kbJ \tag{10-26}$$

式中，k 为岩石裂隙等效渗透系数；J 为水头差，$J = \frac{p_w - p_m}{l}$；l 为渗流路径；p_w 为冻结缘前端孔隙水压力，MPa；p_m 为岩石中外界孔隙水压力，为一个大气压，$p_m = 101\text{kPa}$；b 为裂隙隙宽的一半。

刘泉声等认为，裂隙水主要沿着裂隙的轴向迁移，因此，在一定时间内迁出的水分的总量表示如下：

$$Q = \int_{t_1} q\mathrm{d}t = \int_{t_1} 2bkJ\mathrm{d}t \tag{10-27}$$

式中，t_1 为冻结周期，与徐光苗等（2005）试验时间取为一致，即 12h，从上述分析中可以看出，冰体的实际体积增加量会随着渗透性的改变而减小，因此，实际水冰相变的体积增加量为：

$$\Delta S_i' = \Delta S_i - S_i\boldsymbol{\varepsilon} - Q \tag{10-28}$$

10.5.3 尺寸效应对岩石弹性模量的修正

岩石的各项物理力学性质与岩石的尺寸存在密切的关系，不同尺寸条件下，其内部微观裂隙和缺陷分布的形式和数量也不同，试验结果也就会不同。基于此，本章引入尺寸效应影响系数 $A(D)$（杨圣奇等，2005），得出任意尺寸与标

准尺寸岩石试件之间的弹性模量的关系式为：

$$E' = A(D)E^* \tag{10-29}$$

式中，E' 为任意尺寸的弹性模量；E^* 为标准尺寸试件的弹性模量。

刘宝琛等（1998）通过对国内外 7 种岩石样品开展单轴压缩试验研究后发现，岩石单轴抗压强度随尺寸增加而单调减小，基于此，提出了一种指数形式的单轴抗压强度随尺寸变化的衰减函数。徐高巍等（2006）通过研究发现，砂岩的弹性模量随着尺寸的增加同样呈单调减小趋势，对试验数据进行拟合处理后发现弹性模量与尺寸的关系符合对数曲线关系，即

$$E' = a + b\ln(D - c) \tag{10-30}$$

式中，a，b，c 为相关系数；D 为岩石边长或直径，对于标准岩石样品，边长为 D_0；标准尺寸下岩石的弹性模量 $E^* = a + b\ln(D_0 - c)$，则尺寸效应影响系数 $A(D)$ 的形式为：

$$A(D) = \frac{a + b\ln(D - c)}{a + b\ln(D_0 - c)} \tag{10-31}$$

因此，考虑尺寸效应，冻融条件下标准试件弹性模量的衰减方程修正为：

$$\frac{E^*}{E} = \frac{1}{A(D)} \frac{1}{1 + \pi\alpha} \tag{10-32}$$

10.6 参数敏感性分析

10.6.1 单次冻胀对裂纹扩展长度的影响

式（10-14）反映了冰体冻胀应力与裂纹扩展长度之间的关系，以红砂岩为例进行说明，其中裂纹半长取平均值：$a = 9\times10^{-6}$m，格里菲斯能量释放率为：$G = \frac{\pi a' p^2}{E}$，其中，a' 为裂纹长度，p 为冻胀应力，E 为弹性模量。$\Delta S_i'$经计算为裂隙中水的总体积的 5%，断裂韧度由邓华锋等（2012）提供，$K_{IC} = 0.304$ MPa · $m^{1/2}$，$N = 4.67\times10^7$ 条/m^2，将上述参数代入公式中，得出冻胀应力与裂纹扩展长度之间的变化关系，如图 10-5 所示。可以看出，随着冻胀应力的增加，裂纹扩展长度逐渐增加，但两者并不是线性相关的，当冻胀应力增加到一定程度之后，裂纹扩展长度的增加逐渐变缓。

不同冻胀应力条件下，岩石弹性模量随着冻融次数变化曲线如图 10-6 所示，可以看出，随着冻胀应力的增加，弹性模量衰减速率明显增加，冻胀力越大，随着冻胀应力的增加，弹性模量的变化幅度逐渐变小，冻胀应力分别为 120MPa 和 155MPa 时的弹性模量变化曲线比较接近。

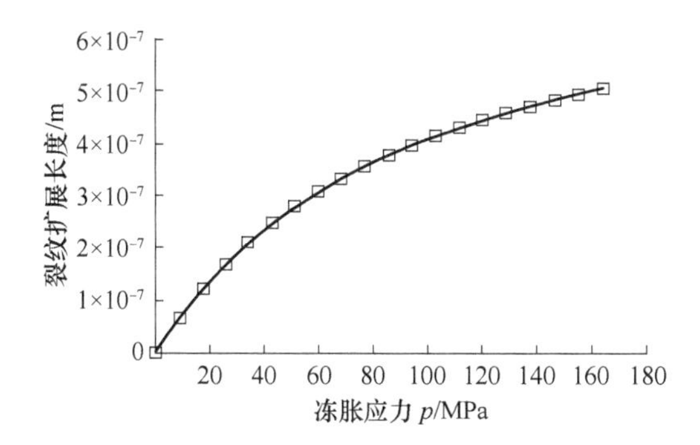

图 10-5 裂纹扩展长度与冻胀应力之间的关系

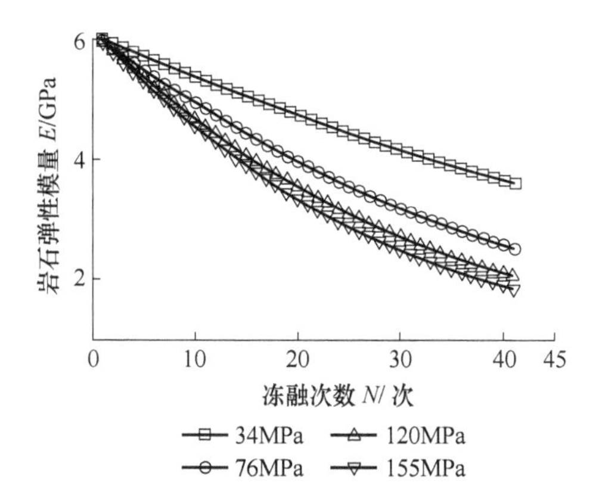

图 10-6 不同冻胀应力下弹性模量与冻融次数的关系

10.6.2 裂纹初始长度对弹性模量的影响

取不同的裂纹初始长度，研究其对弹性模量衰减曲线的影响。根据裂纹的起裂判据分析可知，当砂岩的断裂韧度一定时，裂纹长度与裂纹壁面受到的冻胀力成反比，即初始长度越长，裂纹开始扩展需要的冻胀应力越小，裂纹扩展长度越短，在相同的循环冻融次数下，岩石的弹性模量衰减越慢。

由图 10-7 可以看出，随着裂隙初始长度的增加，岩石弹性模量的衰减逐渐变缓，主要原因是裂纹初始长度越长，冻胀应力越小，因此，提供给裂隙扩展的能量越少，裂隙扩展越短，弹性模量衰减越趋于平缓。

10.6.3 岩石渗透系数对弹性模量的影响

在单个微裂隙中，根据第二冻胀理论，当温度降低时，裂隙中的水是逐渐冻结的，即随着冻结缘逐步向前推进，若裂隙饱和，则在这个过程中，裂隙内产生

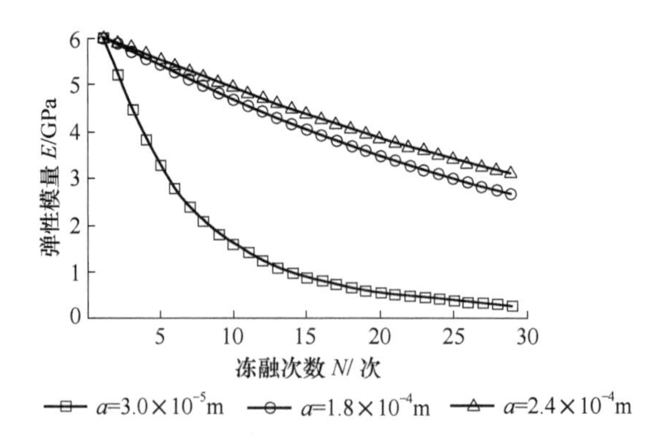

图 10-7 不同裂纹初始长度下弹性模量与冻融次数的关系

水压梯度，造成水分向远离冻结缘方向移动，即迁出裂隙，裂隙水的体积减小，冻胀效应减弱。假设在一定时间内，裂隙迁出水的体积为 Q ，裂隙在整个冻胀过程中始终饱和，根据 Loch 等（1978）的研究结果，可以假定冻结水压符合热动力学平衡条件，在裂隙冻胀过程中，冻胀应力与冻结缘前端的水压力保持平衡，忽略岩石基质的变形，基于 Clapeyron 方程得出水-冰热动力学平衡公式为：

$$p_{\mathrm{i}} = \rho_{\mathrm{i}}\left[\frac{p_{\mathrm{w}} - p_{\pi}}{\rho_{\mathrm{w}}} - L\ln\left(\frac{T}{T_0}\right)\right] \tag{10-33}$$

式中，$p_{\pi} = C_{\mathrm{w}}RT$ ，π 为溶质渗透压力；C_{w} 为溶液中溶质的物质的量浓度，mol/L，若为纯水，则为 0；R 为常数；T 为溶液温度；ρ_{i} 为冰的密度；T 为冻结温度；T_0 为标准温度。

通过公式进一步变形就可以得出一定冻胀应力条件下，冻结缘前端的裂隙水压力为：

$$p_{\mathrm{w}} = \rho_{\mathrm{w}}\left[\frac{p_{\mathrm{i}}}{\rho_{\mathrm{i}}} + L\ln\left(\frac{T}{T_0}\right)\right] + p_{\pi} \tag{10-34}$$

联合式（10-26）、式（10-34），对时间进行积分就可以得出冻胀周期内迁移出去的水的总体积，由于迁出体积改变了水冰相变体积增量，进而改变了裂纹扩张长度，从而影响弹性模量的变化。

据图 10-8 可以看出，渗透系数不同时，弹性模量变化曲线有明显不同。随着渗透系数的增加，弹性模量衰减变慢，这是因为渗透系数增加，表明在相同的冻结周期内迁出去的水分就会更多，这样就导致参与水冰相变的水的含量降低，因此，体积膨胀量减小，弹性应变能降低，裂纹扩展长度就会相应减小，弹性模量衰减幅度减小，冻胀造成的损伤逐渐降低，这与相关文献得出的结论相一致。通过上述的计算可以得出，在岩石受到交替冻融应力的初始阶段，由于裂隙较少，互相之间连通率较小，因此，渗透系数较小，弹性模量的损伤衰减速率较快，而多次冻融后，由于裂隙长度增加，连通度和张开度也增加，渗透系数加大，因此，岩石的弹性模量衰减变缓。

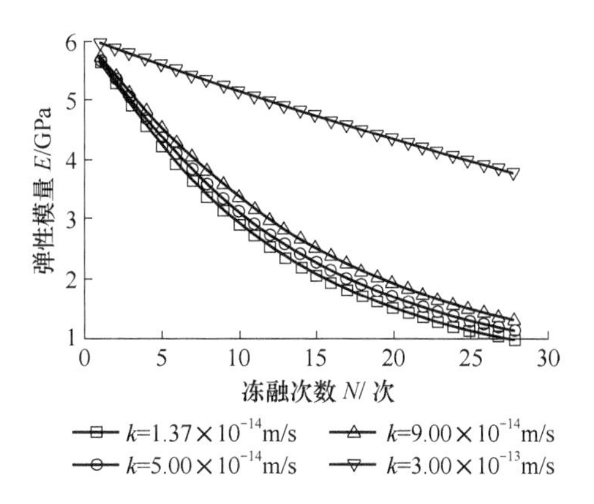

图 10-8 不同渗透系数条件下弹性模量与冻融次数之间的关系

10.6.4 理论值与实验值的比较

本书利用文献（徐光苗，2005）中的砂岩单轴压缩岩石弹性模量随冻融次数变化的试验拟合曲线进行对比。其中，本书理论计算通过对塑性区进行等效修正，结果如图 10-9 所示。可以看出，理论值变化比较平缓，而试验得出的砂岩的单轴压缩条件下弹性模量随冻融次数的变化则有很明显的拐点，即当超过某一临界冻融次数时，弹性模量逐渐趋于定值，造成这样误差的原因主要是：之前的理论推导过程中，假设每次循环冻融裂隙中的冻胀力不变，这样随着冻融次数的增加，岩石的损伤模量逐步均匀递减，与实际情况不相符；其次，岩石在冻融损伤的过程中，裂纹的总数量没有增加，因此，单位面积上裂纹的条数不变，密度参数只与裂纹长度增加有关，这是作者有待进一步研究的问题。

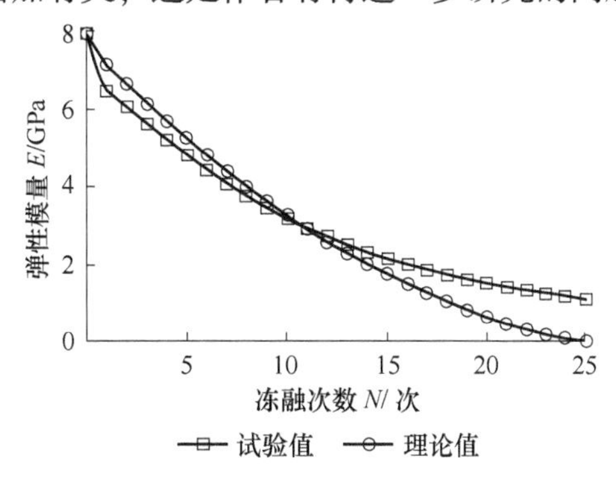

图 10-9 砂岩弹性模量衰减规律的理论与试验的比较曲线

本书从弹塑性力学、断裂力学的角度出发，根据冻胀力作用下单裂隙的扩展特性，推导出冻胀力与裂纹扩展长度的关系，利用 Mori-Tanaka 方法建立了岩石宏观损伤量与冻胀力及冻融次数之间的关系式，得出下述结论：

(1) 基于线弹性断裂力学的方法推导了单裂隙中冻胀应力与裂纹扩展长度之间的关系，结果表明，冻胀应力越大，裂纹扩张长度越长，而且随着冻胀应力的增加，裂纹扩展长度增幅逐渐变小。

(2) 基于 Mori-Tanaka 方法，建立岩石弹性模量与循环冻融次数之间的关系，并且对公式中的冻胀力、裂纹初始长度及渗透系数对弹性模量的影响进行了讨论分析，结果表明，裂纹的冻胀应力对弹性模量的衰减影响较大，冻胀应力越大，弹性模量衰减越快；同样，渗透系数对弹性模量的衰减规律产生较大影响，随着裂纹扩展长度增加，连通度增加，岩石的渗透系数增加，导致了水冰相变体积膨胀量减小，弹性模量衰减变缓。

(3) 裂纹初始长度对弹性模量影响较大，根据断裂强度因子公式，初始长度越大，起始冻胀应力越小，裂纹扩展长度越小，则弹性模量衰减越缓。

(4) 通过对单轴压缩条件下砂岩弹性模量的试验数据与本书的理论结果对比分析，发现二者趋势一致，但由于假设循环冻融过程中裂纹的数量没有增加，因此，与实际曲线存在误差，有待进一步研究。

11 基于微裂隙变形与扩展的岩石冻融损伤本构模型

11.1 引言

目前为止，岩石冻融本构模型研究成果主要是将岩石等效为连续介质，利用损伤变量耦合的方法进行研究，未能反映岩石冻融损伤的本质；对于微裂隙在冻融条件下如何扩展延伸未有涉及，而且对于岩石的渗透性对冻融损伤演化的影响也未研究。本章考虑岩石中微裂隙的扩展变形和岩石塑性应变的特点，利用水冰相变的冻胀特性且考虑岩石的渗透性，推导了单裂隙的冻胀扩展关系，将岩石的冻融损伤表示为初始柔度的函数，推导了循环冻融本构方程并与试验结果进行了对比。

11.2 冻融条件下岩石本构模型

11.2.1 模型应变分解

岩石冻融损伤机理为温度降低时岩石微裂隙中的水发生相变，体积膨胀使裂隙尖端产生张拉应力，最终导致张拉应力超过抗拉极限而扩展延伸（Walder, 1985）；温度升高时，融化的水进入新的裂隙，再次在低温条件下发生水冰相变产生冻胀作用，反复循环使裂隙网络扩展失稳，最终造成岩石损伤。基于此，从弹塑性力学、断裂力学的角度出发，研究冻胀力作用下单裂隙的扩展特性，推导冻胀力与裂隙扩展长度之间的关系，并考虑冻融过程对岩石初始损伤张量的改变，利用黏弹性理论对岩石损伤应变进行分解，最终推导出基于微裂隙变形与扩展的岩石冻融受荷本构方程。

在本模型中，总应变可以分解为初始损伤应变、弹性应变、由于微裂隙扩展产生的附加损伤应变和塑性应变。其具体表达式为：

$$\boldsymbol{\varepsilon} = \boldsymbol{\varepsilon}_{e} + \boldsymbol{\varepsilon}_{d} + \boldsymbol{\varepsilon}_{da} + \boldsymbol{\varepsilon}_{p} \tag{11-1}$$

式中，$\boldsymbol{\varepsilon}$ 为总应变；$\boldsymbol{\varepsilon}_{e}$ 为弹性应变；$\boldsymbol{\varepsilon}_{d}$ 为初始损伤应变；$\boldsymbol{\varepsilon}_{da}$ 为附加损伤应变；$\boldsymbol{\varepsilon}_{p}$ 为岩石基质的塑性应变。

二维条件下岩石基质的弹性本构关系为（易顺民，2005）：

$$\boldsymbol{\varepsilon}_{e} = \boldsymbol{C}_{0}\boldsymbol{\sigma}, \quad \boldsymbol{\varepsilon}_{d} = \boldsymbol{C}_{d}\sigma \tag{11-2}$$

式中，$\boldsymbol{\varepsilon}_{e}$，$\boldsymbol{\varepsilon}_{d}$ 分别为弹性应变矩阵和初始损伤应变矩阵；$\boldsymbol{\sigma}$ 为应力矩阵；$\boldsymbol{C}_{0}$，$\boldsymbol{C}_{d}$ 分别为弹性柔度矩阵和初始损伤柔度矩阵。

11.2.2 初始损伤柔度矩阵计算

假设第 i 条裂隙存在时，裂隙半长为 a_n，a_n 为裂隙经过 n 次循环冻融之后的长度，裂隙方位角为 φ_i，则单个裂隙引起的初始柔度张量形式为：

$$\boldsymbol{C}_{\mathrm{d}} = (\boldsymbol{A}_i{}^{-1})^{\mathrm{T}}\Delta\boldsymbol{C}_{\mathrm{i}}\boldsymbol{A}_i{}^{-1} \tag{11-3}$$

式中，$\boldsymbol{A}_i$ 为坐标转换矩阵；$\boldsymbol{A}_i^{-1}$ 为其逆矩阵；$\Delta\boldsymbol{C}_i$ 为局部坐标系下损伤柔度矩阵，形式分别为：

$$\boldsymbol{A}_i = \begin{bmatrix} \cos^2\varphi_i & \sin^2\varphi_i & -\sin2\varphi_i \\ \sin^2\varphi_i & \cos^2\varphi_i & \sin2\varphi_i \\ \dfrac{1}{2}\sin2\varphi_i & -\dfrac{1}{2}\sin2\varphi_i & \cos2\varphi_i \end{bmatrix} \tag{11-4}$$

$$\Delta\boldsymbol{C}_i = \begin{bmatrix} 0 & 0 & 0 \\ 0 & \dfrac{C_n a_n}{K_{\mathrm{n}}^i 2b_i d_i} & 0 \\ 0 & 0 & \dfrac{C_{\mathrm{s}} a_n}{K_{\mathrm{s}}^i 2b_i d_i} \end{bmatrix} \tag{11-5}$$

根据裂隙的分布规律，微裂隙的密度和方位角分布满足归一化条件（易顺民，2005），即：

$$\int_{a_{\min}}^{a_{\max}}\rho(a)\,\mathrm{d}a\int_0^{\frac{\pi}{2}}\rho(\varphi)\sin\varphi\,\mathrm{d}\varphi = 1 \tag{11-6}$$

式中，$\rho(a)$ 为裂隙长度密度函数；$\rho(\varphi)$ 为裂隙方位角密度函数。

微裂隙总数为 N_c，根据微裂隙密度函数定义，长度为 a 的微裂隙数量 N 为：

$$N = \rho(a) \tag{11-7}$$

假设微裂隙的方位角沿着各个方向均匀分布（Yu，1995），则根据密度函数定义求得 $\rho(\varphi) = 1$，代入式（11-1）可得到所有裂隙存在时包含弹性柔度矩阵在内的总的初始柔度的表达式为：

$$\boldsymbol{C} = \boldsymbol{C}_0 + N_{\mathrm{c}}\int_{a_{\min}}^{a_{\max}}(\boldsymbol{A}_i{}^{-1})^{\mathrm{T}}\Delta\boldsymbol{C}_i\boldsymbol{A}_i{}^{-1}\cdot\rho(a)\,\mathrm{d}a\int_0^{\frac{\pi}{2}}\sin\varphi\,\mathrm{d}\varphi \tag{11-8}$$

求解式（11-8）即可得出不同冻融次数条件下岩石的初始损伤矩阵。同时，据该式可以得出，不同的冻融条件下，微裂隙扩展长度不同，长度越长初始损伤柔度就越大，相应的岩石损伤也越明显。

11.2.3 压缩阶段附加损伤应变方程

在压缩阶段，岩石中的微裂隙经历闭合、摩擦、压剪起裂，形成翼型张开裂隙，而后沿着最大主应力方向扩展，并最终贯通破坏等。微裂隙扩展引起岩石物理力学参数如弹性模量、单轴抗压强度及渗透系数等的改变。

关于微裂隙起裂判据，在微裂隙扩展之前，裂隙面受到压剪应力的作用，设经过 n 次循环冻融之后裂隙初始长度变为 a_n ，裂隙尖端的应力强度因子形式（易顺民，2005）为：

$$K_{\mathrm{I}} = \frac{2}{\sqrt{3}}\boldsymbol{\tau}^{*}\sqrt{\pi a_n} \tag{11-9}$$

式中，$\boldsymbol{\tau}^{*}$ 为裂隙面上的等效剪应力，$\boldsymbol{\tau}^{*} = \boldsymbol{\tau}_{\mathrm{ne}} - \mu\boldsymbol{\sigma}_{\mathrm{ne}}$ ；μ 为内摩擦系数；$\boldsymbol{\tau}_{\mathrm{ne}}$ 和 $\boldsymbol{\sigma}_{\mathrm{ne}}$ 分别为裂隙面上的切向应力和法向应力，其计算公式为：

$$\boldsymbol{\tau}_{\mathrm{ne}} = \frac{\boldsymbol{\sigma}_1 - \boldsymbol{\sigma}_3}{2}\sin 2\varphi \tag{11-10}$$

$$\boldsymbol{\sigma}_{\mathrm{ne}} = \frac{\boldsymbol{\sigma}_1 + \boldsymbol{\sigma}_3}{2} + \frac{\boldsymbol{\sigma}_3 - \boldsymbol{\sigma}_1}{2}\cos 2\varphi \tag{11-11}$$

当 $K_{\mathrm{I}} \geqslant K_{\mathrm{IC}}$ 时，微裂隙开始扩展，K_{IC} 为裂隙的断裂韧度，而后翼型微裂隙沿着平行于最大主应力的方向扩展。在扩展过程中，翼裂纹尖端的应力强度因子为：

$$K_{\mathrm{I}}^{\mathrm{W}} = \frac{2a\boldsymbol{\tau}^{*}\cos\varphi}{\sqrt{\pi l}} - \boldsymbol{\sigma}_3\sqrt{\pi l} \tag{11-12}$$

式中，$K_{\mathrm{I}}^{\mathrm{W}}$ 为翼裂纹尖端应力强度因子；φ 为裂隙方位角；$\boldsymbol{\sigma}_3$ 为侧向应力；l 为翼型微裂隙扩展长度；$\boldsymbol{\tau}^{*}$ 为裂隙面的等效剪应力。

当 $K_{\mathrm{I}}^{\mathrm{W}} \leqslant K_{\mathrm{IC}}$ 时，微裂隙停止扩展，由此可求出翼型微裂隙在压剪应力作用条件下的扩展长度 l。

11.2.4 微裂隙数量 N 的演化规律

微裂隙长度分布密度函数（曹林卫等，2009）为：

$$\rho(a) = \begin{cases} -\dfrac{1}{a_{\mathrm{c}}}\exp\left(-\dfrac{a}{a_c}\right) & a_{\min} \leqslant a \leqslant a_{\max} \\ 0 & \text{其他} \end{cases} \tag{11-13}$$

式中，$a_{\mathrm{c}} = \int_{a_{\min}}^{a_{\max}} \rho(a)a\mathrm{d}a$ ，为微裂隙特征尺寸；单元体 RVE 内微裂隙的数量 N_{c} 由单元体内微裂隙的总体积 V_{c} 确定，即 $V_{\mathrm{c}} = 2\pi b N_{\mathrm{c}}\int_{a_{\min}}^{a_{\max}} \rho(a)a^2\mathrm{d}a$ 。

根据双重孔隙理论（岩石中的孔隙是由微孔隙和裂隙构成的）和文献（ROSTáSY et al.，1980）的试验成果，岩石在经过多次循环冻融后，微裂隙的总数基本没有增加，只是长度较长的微裂隙发生扩展，而长度较小的微裂隙由于受到其他微裂隙的挤压而发生闭合。因此，可以假设在冻融阶段岩石中的微孔隙总体积未发生变化。另一方面，由于岩石内微孔隙最大尺寸仅为1μm，而使其起裂所需要的最小等效剪应力高达488MPa，已远远超出试验范围内的应力值。因此，可以认为，在冻融和压缩阶段微孔隙的体积未发生变化，而孔隙相对于裂隙而言体积很小，可忽略不计。故单元体内微裂隙的总体积可由岩石的孔隙率来表示：$V_c = nV$。

图11-1描述的是在轴向和侧向应力条件下任意裂隙扩展的典型形式，根据微裂隙起裂的应力强度因子判据可知，如图11-2所示，当岩石的断裂韧度一定时，不同应力条件下参与起裂的裂隙数量不同，应力越大，参与起裂的裂隙数量越多，损伤应变越大。在相同应力条件下，不同微裂隙长度所对应的应力强度因子为：

$$\left(\frac{\sqrt{3}K_{IC}}{2\boldsymbol{\tau}^*}\right)^2 \frac{1}{\pi} = a_{cr} \tag{11-14}$$

式中，a_{cr}为微裂隙在$\boldsymbol{\sigma}_1$、$\boldsymbol{\sigma}_3$作用下，达到断裂韧度时，参与起裂的微裂隙临界长度，大于该值的微裂隙全部起裂扩展，不同的应力条件下裂隙开裂的临界长度如图11-3所示，故参与起裂的微裂隙数量N的值为$N = N_c\int_{a_{cr}}^{a_{max}} \rho(a)\mathrm{d}a$，最后得到的微裂隙数量演化曲线如图11-4所示。由图11-3可以看出，轴向应力越大，裂隙起裂长度越小，这是因为裂隙尖端的应力强度因子与裂隙长度成正比，长度越短应力强度因子越小，越不容易起裂，故当材料的断裂韧度一定时，裂隙越短需要的应力越大。而图11-4描述的是裂隙在不同应力条件下参加起裂的条数，在应力从20~60MPa变化时裂隙数量增长较快，到达80MPa以后，裂隙数量趋于稳定，这是与岩石中裂隙的长度分布有关，裂隙的长度主要集中在特征长度附近。

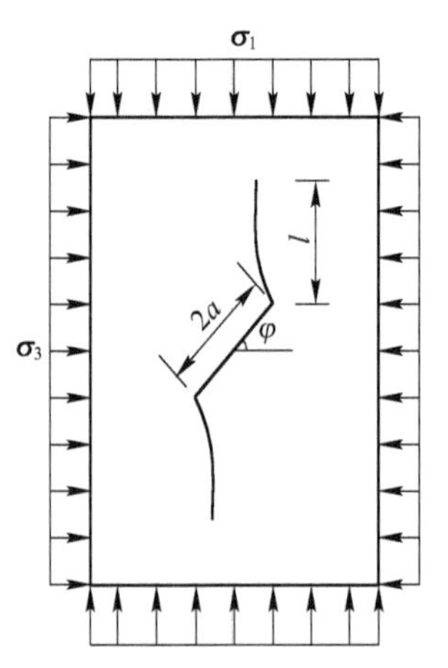

图11-1 裂隙单元体受力

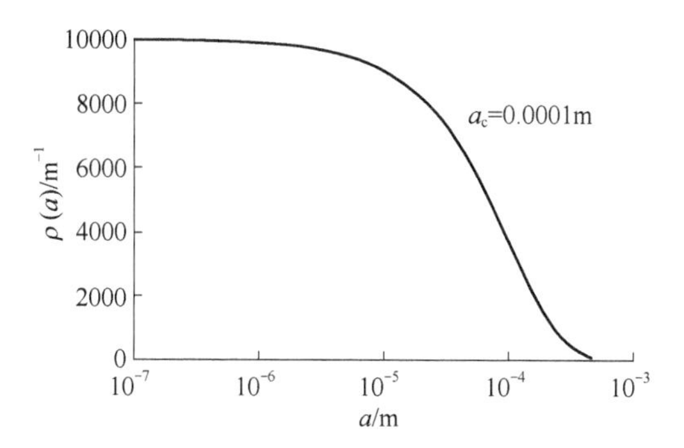

图 11-2 裂隙概率密度函数分布曲线

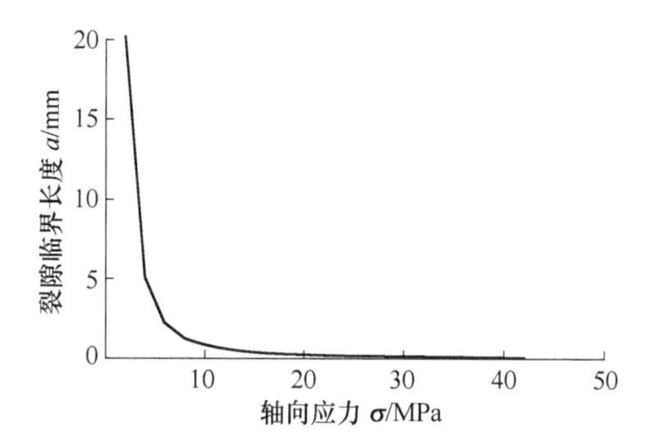

图 11-3 裂隙临界长度与主应力关系

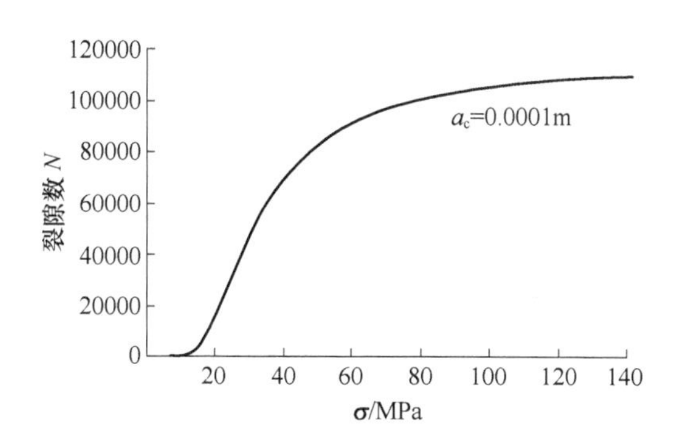

图 11-4 裂隙起裂条数与主应力关系

11.2.5 附加损伤应变计算

翼型微裂隙的扩展使岩石在压缩条件下产生附加损伤，根据 Li 等（1998）的研究成果，二维条件下，对于 N 条半长为 a 的微裂隙，其产生的附加损伤应变为：

$$\boldsymbol{\varepsilon}_1^* = \frac{8\lambda Na^2\cos\varphi}{E}\left[\frac{2\boldsymbol{\tau}^*\cos\varphi}{\pi}\ln\left(\frac{l}{a}\right) - \boldsymbol{\sigma}_3\left(\frac{l}{a} - 1\right)\right] \tag{11-15}$$

$$\boldsymbol{\varepsilon}_3^* = \frac{Na^2}{E}\left[\frac{16\boldsymbol{\tau}^*\gamma\cos^2\beta}{\pi}\ln\left(\frac{l}{a}\right) - \boldsymbol{\sigma}\cos\varphi\left(\frac{l}{a} - 1\right)\cdot (\boldsymbol{\sigma}_3\gamma + \boldsymbol{\tau}^*) + \boldsymbol{\sigma}_3\pi\left(\frac{l^2}{a^2} - 1\right)\right] \tag{11-16}$$

式中，E 为岩石弹性模量，MPa；$\boldsymbol{\varepsilon}_1^*$，$\boldsymbol{\varepsilon}_3^*$ 分别为轴向应变和侧向应变；$\lambda = \sin\varphi\cos\varphi - \mu\cos^2\varphi$，$\gamma = -\cos\beta\sin\beta - \mu\sin^2\beta$，$\beta = \pi/2 - \varphi$。

结合上述的归一化条件，岩石中所有微裂隙产生的总损伤应变可表示为：

$$\boldsymbol{\varepsilon}_1 = N_c\int_{a_{\min}}^{a_{\max}}\rho(a)\int_{a_{\min}}^{a_{\max}}\rho(\varphi)\sin\varphi\,\frac{8\lambda a\cos^2\varphi}{E}\left[\frac{2\boldsymbol{\tau}^*\cos\varphi}{\pi}\ln\frac{l}{a} - \boldsymbol{\sigma}_3\left(\frac{l}{a} - 1\right)\right] \tag{11-17}$$

$$\boldsymbol{\varepsilon}_3 = N_c\int_{a_{\min}}^{a_{\max}}\rho(a)\int_{a_{\min}}^{a_{\max}}\rho(\varphi)\,\frac{a^2}{E}\left[\frac{16\boldsymbol{\tau}^*\gamma\cos^2\beta}{\pi}\ln\left(\frac{l}{a}\right) - \boldsymbol{\sigma}\cos\varphi\left(\frac{l}{a} - 1\right)(\boldsymbol{\sigma}_3\gamma + \boldsymbol{\tau}^*) + \boldsymbol{\sigma}_3\pi\left(\frac{l^2}{a^2} - 1\right)\right] \tag{11-18}$$

11.2.6 岩石基质塑性演化

基于 Drucker-Prager 模型的塑性演化方程，屈服函数和塑性势函数为：

$$\boldsymbol{F}(\boldsymbol{\sigma},\ \kappa) = \alpha\boldsymbol{I}_1 + \sqrt{\boldsymbol{J}_2} - \kappa = 0 \tag{11-19}$$

$$\boldsymbol{G}(\boldsymbol{\sigma},\ \kappa) = \beta\boldsymbol{I}_1 + \sqrt{\boldsymbol{J}_2} - \kappa = 0 \tag{11-20}$$

其中：

$$\left.\begin{aligned} &\boldsymbol{I}_1 = \boldsymbol{\sigma}_1 + \boldsymbol{\sigma}_2 + \boldsymbol{\sigma}_3 \\ &\boldsymbol{J}_2 = \frac{1}{6}[(\boldsymbol{\sigma}_1 - \boldsymbol{\sigma}_2)^2 + (\boldsymbol{\sigma}_2 - \boldsymbol{\sigma}_3)^2 + (\boldsymbol{\sigma}_3 - \boldsymbol{\sigma}_1)^2] \\ &\alpha = \frac{2\sin\theta}{\sqrt{3}(3 - \sin\theta)};\ \beta = \frac{2\sin\psi}{\sqrt{3}(3 - \sin\psi)} \end{aligned}\right\} \tag{11-21}$$

式中，θ，ψ 分别为岩石的摩擦角和膨胀角；当 $\alpha=\beta$ 时，为关联流动法则；κ 为硬化函数，根据 Borj 等（2003）的研究成果，硬化函数的形式为：

$$\kappa = \boldsymbol{\sigma}_0 + a_1\lambda\exp(a_2\boldsymbol{I}_1 - a_3\lambda) \tag{11-22}$$

式中，a_1，a_2，a_3 为相关参数：$\boldsymbol{\sigma}_0 = \dfrac{6\boldsymbol{c}\cos\theta}{\sqrt{3}(3 - \sin\theta)}$；$\boldsymbol{c}$ 为岩石黏聚力，MPa，根据文献（Tan et al.，2011），经历不同的循环冻融之后，岩石的黏聚力会逐渐减小，而内摩擦角基本不变，根据试验结果，黏聚力与冻融次数 N 的拟合经验公式为：

$$\boldsymbol{c} = 0.0005N^2 - 0.1909N + 27.216 \tag{11-23}$$

塑性应变与塑性流动势之间的关系为：

$$\dot{\boldsymbol{\varepsilon}}_{\mathrm{p}} = \dot{\boldsymbol{\lambda}} \frac{\partial G}{\partial \boldsymbol{\sigma}} \tag{11-24}$$

根据上述条件便可求出塑性应变的变化值。

11.2.7 模型数值算法

模型不同时刻的塑性应变拟采用半隐式图形返回算法编制相应的程序计算，半隐式积分算法就是在 t_n 时刻，给定应力增量 $\Delta\boldsymbol{\sigma}$、应力 $\boldsymbol{\sigma}_n$、塑性内变量 $\boldsymbol{\kappa}_n$，以及塑性流动方向 $r_n = \left.\frac{\partial F}{\partial \boldsymbol{\sigma}}\right|_{\boldsymbol{\sigma}=\boldsymbol{\sigma}_n}$ 和塑性模量 $h_n = \left.\frac{\partial \boldsymbol{\kappa}}{\partial \lambda}\right|_{\lambda=\lambda_n}$ 等，求出 t_{n+1} 时刻的 $\boldsymbol{\sigma}_{n+1}$、$\boldsymbol{\varepsilon}^{\mathrm{p}}_{n+1}$、$\kappa_{n+1}$、$\gamma_{n+1}$、$h_{n+1}$ 等，进而得到应力-应变曲线，此算法在应力空间的几何解释如图 11-5 所示，主要步骤如下：

(1) t_{n+1} 时刻各个变量更新。考虑塑性应变的实际应力更新公式为：

$$\boldsymbol{\sigma}^{*}_{n+1} = \boldsymbol{\sigma}_n + [C^{-1}]:(\boldsymbol{\varepsilon}_{n+1} - \boldsymbol{\varepsilon}^{\mathrm{p}}_{n+1}) \tag{11-25}$$

塑性应变增量更新公式为：

$$\boldsymbol{\varepsilon}^{\mathrm{p}}_{n+1} = \boldsymbol{\varepsilon}^{\mathrm{p}}_{n} + \Delta\lambda_{n+1}\boldsymbol{r}_n \tag{11-26}$$

塑性内变量增量更新公式为：

$$\kappa_{n+1} = \kappa_n + \Delta\lambda_{n+1} h_n \tag{11-27}$$

屈服函数强化形式公式为：

$$\boldsymbol{F}_{n+1} = \boldsymbol{F}(\boldsymbol{\sigma}_{n+1},\ \kappa_{n+1}) = 0 \tag{11-28}$$

式中，$r_n = \left.\frac{\partial G}{\partial \boldsymbol{\sigma}}\right|_{\boldsymbol{\sigma}=\boldsymbol{\sigma}_n}$；$h_n = \left.\frac{\partial \boldsymbol{\kappa}}{\partial \lambda}\right|_{\lambda=\lambda_n}$。

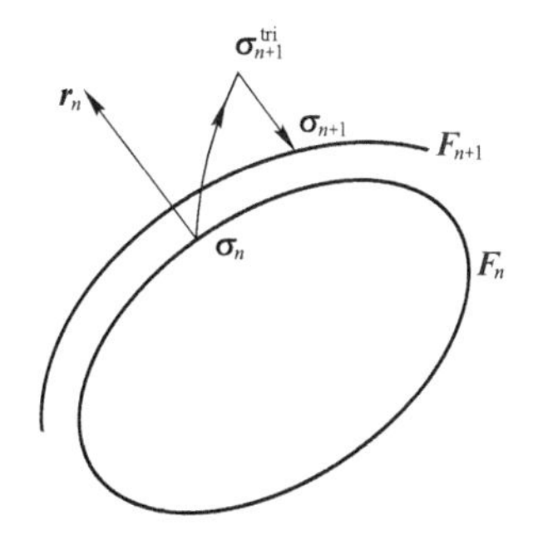

图 11-5 半隐式本构图形返回算法

根据上面的更新公式可知，未知量 $\Delta\lambda_{n+1}$ 的求解方法如下：

依据上述增量公式写出基于牛顿迭代法的线性化方程（经过 k 次迭代之后）为：

$$a_{n+1}^{k} + [\boldsymbol{C}^{-1}]: \Delta\boldsymbol{\sigma}_{n+1}^{k} + \delta\lambda^{k} r_{n} = 0 \tag{11-29}$$

$$b_{n+1}^{k} - \Delta\boldsymbol{\kappa}_{n+1}^{k} + \delta\lambda_{n+1}^{k} h_{n} = 0 \tag{11-30}$$

$$F^{k} + \boldsymbol{F}_{\boldsymbol{\sigma}}^{k}: \Delta\boldsymbol{\sigma}^{k} + \boldsymbol{F}_{\boldsymbol{\sigma}}^{k}: \Delta\boldsymbol{\kappa}^{k} = 0 \tag{11-31}$$

联立式（11-29）和式（11-30）可以求得相应的应力增量和塑性内变量的增量，方程的矩阵形式为：

$$\begin{bmatrix} \Delta\boldsymbol{\sigma}^{k} \\ \Delta\boldsymbol{\kappa}^{k} \end{bmatrix} = -[A^{(k)}][\tilde{a}^{(k)}] - \boldsymbol{\delta\lambda}^{(k)}[A^{(k)}][\tilde{r}_{n}] \tag{11-32}$$

其中：

$$[A^{k}] = \begin{bmatrix} \boldsymbol{C}^{-1} & 0 \\ 0 & -\boldsymbol{I} \end{bmatrix},\quad [\tilde{a}^{(k)}] = \begin{bmatrix} a^{k} \\ b^{k} \end{bmatrix},\quad [\tilde{r}_{n}] = \begin{bmatrix} r_{n} \\ h_{n} \end{bmatrix}$$

由于塑性流动方向和塑性模量是在时间增量开始计算时赋值，因此，其梯度并没有在公式中体现，而且塑性应变内变量的增量是 $\Delta\boldsymbol{\lambda}_{n+1}$ 的线性函数，因此，$\tilde{\boldsymbol{a}}^{(k)} = \begin{bmatrix} 0 \\ 0 \end{bmatrix}$，故得到塑性内变量增量的最终计算公式为：

$$\boldsymbol{\delta}\lambda = \frac{\boldsymbol{F}^{k}}{\partial\boldsymbol{F}: A^{k}: \tilde{r}_{\mathrm{m}}} \tag{11-33}$$

式中，$[\partial\boldsymbol{F}] = [\boldsymbol{F}_{\sigma} \quad \boldsymbol{F}_{\kappa}]$，$\boldsymbol{F}_{\sigma}$ 为塑性势函数对应力的求导值，$\boldsymbol{F}_{\kappa}$ 为塑性势函数对塑性内变量的求导值。

最终经过 k 次迭代之后得到塑性内变量的增量为：

$$\Delta\boldsymbol{\lambda}_{n+1}^{k+1} = \Delta\boldsymbol{\lambda}_{n}^{k} + \boldsymbol{\delta}\lambda^{k} \tag{11-34}$$

将增量代入式（11-19）就可以求出应力增量和塑性内变量增量，进而求出实际应力更新值。

（2）微裂隙数量 N_{n+1} 的更新。t_{n+1} 时刻，只考虑塑性的应力值更新为 $\boldsymbol{\sigma}_{n+1}$，该级应力条件下微裂隙起裂临界长度 $(\boldsymbol{a}_{\mathrm{cr}})_{n+1}$ 的更新值为：

$$\left(\frac{\sqrt{3}K_{\mathrm{IC}}}{2(\boldsymbol{\tau}^{*})_{n+1}}\right)^{2}\frac{1}{\pi} = (a_{\mathrm{cr}})_{n+1} \tag{11-35}$$

其中：

$$(\boldsymbol{\tau}^{*})_{n+1} = \frac{1}{2}\{[(\boldsymbol{\sigma}_{1})_{n+1}^{\mathrm{tr}} - \boldsymbol{\sigma}_{3}]\sin 2\varphi - \mu[(\boldsymbol{\sigma}_{1})_{n+1}^{\mathrm{tr}} + \boldsymbol{\sigma}_{3} +$$

$$((\boldsymbol{\sigma}_1)_{n+1}^{\text{tr}} - \boldsymbol{\sigma}_3)\cos 2\varphi]\} \tag{11-36}$$

故 t_{n+1}时刻，参与起裂的微裂隙条数为：

$$N_{n+1} = N_c\int_{(a_{cr})_{n+1}}^{a_{max}} \rho(a)\,\mathrm{d}a \tag{11-37}$$

（3）微裂隙附加损伤应变 $(\boldsymbol{\varepsilon}_{ad})_{n+1}$ 的更新附加应变矩阵形式为：

$$\boldsymbol{\varepsilon}_{ad} = [\boldsymbol{\varepsilon}_1 \quad \boldsymbol{\varepsilon}_3 \quad \boldsymbol{\varepsilon}_{12}] \tag{11-38}$$

微裂隙扩展长度 l_{n+1}更新值计算方法如下：

$$K_{\mathrm{I}}^{\mathrm{W}} = \frac{2a(\boldsymbol{\tau}')_{n+1}\cos\varphi}{\sqrt{\pi l_{n+1}}} - (\boldsymbol{\sigma}_3)_{n+1}\sqrt{\pi l_{n+1}} \tag{11-39}$$

式中，$K_{\mathrm{I}}^{\mathrm{W}} = K_{\mathrm{IC}}$。

故附加应变更新值为：

$$(\boldsymbol{\varepsilon}_1)_{n+1} = N_{n+1}\int_{(a_{cr})_{n+1}}^{a_{max}} \rho(a)\int_0^{\frac{\pi}{2}}\rho(\varphi)\sin\varphi\,\frac{8\lambda a\cos^2\varphi}{E}\cdot$$

$$\left[\frac{2(\boldsymbol{\tau}^*)_{n+1}}{\pi}\cos\varphi\ln\frac{l_{n+1}}{a} - \boldsymbol{\sigma}_3\left(\frac{l_{n+1}}{a} - 1\right)\right] \tag{11-40}$$

$$(\boldsymbol{\varepsilon}_3)_{n+1} = N_{n+1}\int_{(a_{cr})_{n+1}}^{a_{max}} \rho(a)\int_0^{\frac{\pi}{2}}\rho(\varphi)\ \cdot$$

$$\left[\frac{16(\boldsymbol{\tau}^*)_{n+1}\gamma\cos^2\beta}{\pi}\ln\left(\frac{l_{n+1}}{a}\right) - \boldsymbol{\sigma}_3\cos\varphi\left(\frac{l_{n+1}}{a} - 1\right)\cdot\right.$$

$$\left.(\boldsymbol{\sigma}_3\gamma + (\boldsymbol{\tau}^*)_{n+1}) + \sigma_3\pi\left(\frac{l_{n+1}^2}{a^2} - 1\right)\right] \tag{11-41}$$

（4）考虑微裂隙扩展后产生的附加损伤而得到的实际应力为：

$$\boldsymbol{\sigma}_{n+1}^* = \boldsymbol{\sigma}_n + [\boldsymbol{C}^{-1}]:(\boldsymbol{\varepsilon}_{n+1} - \boldsymbol{\varepsilon}_{n+1}^{\mathrm{p}} - (\boldsymbol{\varepsilon}_{ad})_{n+1}) \tag{11-42}$$

11.2.8 实例计算

以文献（Tan et al., 2011）中的试验结果为例，花岗岩弹性模量为36.71GPa，泊松比为0.2，孔隙率为0.0067，初始黏聚力为27.43MPa，塑性参数 $a_1=5\times10^9$MPa，$a_2=5\times10^{-8}$MPa，$a_3=700$，微裂隙密度函数特征尺寸 $a_c=1\times10^{-4}$ m，$a_{min}=1\times10^{-7}$ m，$a_{max}=1.2\times10^{-3}$ m，岩石试件直径为50mm，高为100mm。

根据平面应变条件下裂隙扩展长度与冻胀应力之间的关系式：

$$\Delta a = \frac{-(2abp + aG)\pi + \sqrt{(2abp + aG)^2\pi^2 + 8Gpa \times \Delta S_i'}}{2G\pi} \tag{11-43}$$

经过不同的冻融次数之后，岩石中微裂隙的特征尺寸 a_c 的演化长度（不考虑岩石渗透性）见表 11-1。

表 11-1 不同冻融次数条件下岩石的微裂隙特征长度

冻融次数 N	0	50	100
a_c/m	0.00010	0.00041	0.00164

根据本章第 3 节的计算方法，采用表 11-1 所示参数可得到不同冻融次数下花岗岩的应力-应变曲线，如图 11-6～图 11-8 所示：（1）由图 11-6 可以看出，经过不同冻融次数之后岩石在弹性阶段的弹性模量明显减小，峰值强度降低，这说明冻融循环过程将导致岩石中的裂隙扩展，损伤增加，进而导致应力-应变曲线斜率减小、峰值强度降低。循环冻融 100 次之后抗压强度达到了 92.5MPa，说明冻融对岩石造成的损伤非常明显。（2）如图 11-7 所示，从循环冻融次数为 50 时岩石应力-应变曲线的计算值与实测值的对比结果可以看出，本模型预测的单轴压缩应力应变曲线与实测结果吻合很好；（3）由图 11-8 可以看出，随着循环冻融次数的增加，岩石抗压强度值呈近似线性减小，且与试验值误差很小，这一方面说明随着循环冻融次数的增加，岩石抗压强度是逐渐减小的，另一方面也说明了本章所建模型的合理性，即其理论预测结果与实测结果吻合很好。

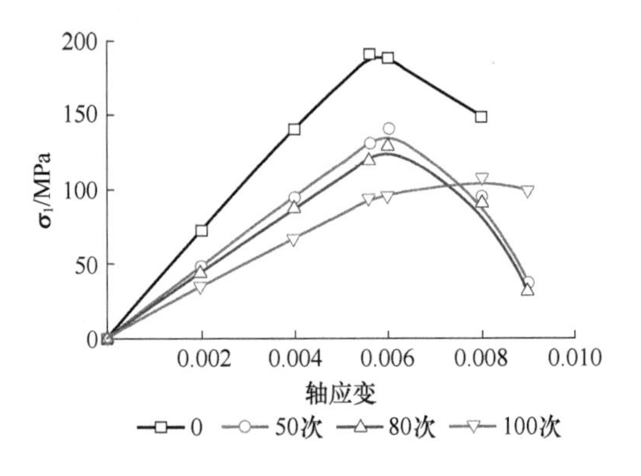

图 11-6 不同循环冻融次数条件下的应力-应变曲线

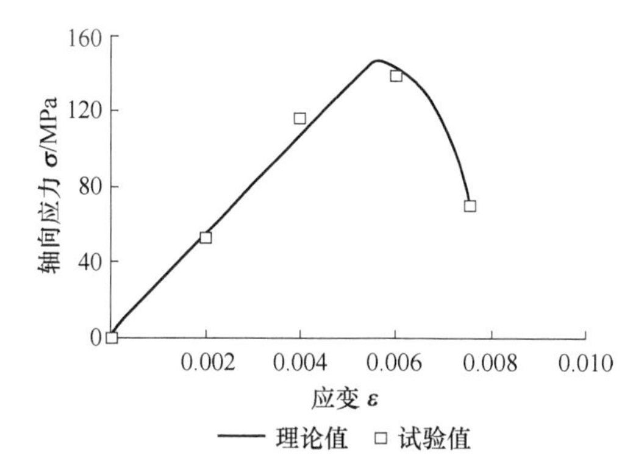

图 11-7 循环冻融 50 次时的应力-应变曲线试验值与理论值比较

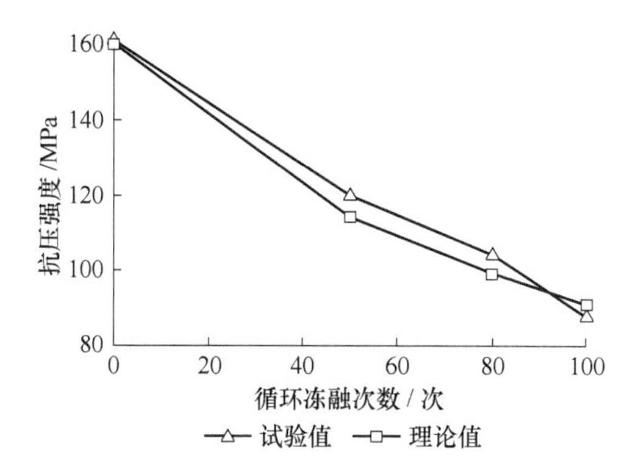

图 11-8 不同循环冻融次数条件下的抗压强度理论值与试验值的比较

12 循环冻融下岩石温度场—渗流场耦合模型

12.1 引言

寒区隧道工程在冻融交替条件下保持相对稳定是一个十分复杂的过程，主要原因就在于在循环冻融过程中，热量传输，水分迁移与相变是互相影响、互相作用的，并不是单独某一个因素造成的，岩石中的温度场，水分场是动态变化的，两者之间的耦合作用是导致工程问题的直接原因。因此，岩石的水热迁移是岩石冻胀问题的实质，国内外许多学者对水热迁移问题进行了深入研究并提出了众多的水热模型，成功地解决了一些寒区工程岩石问题，但是这些理论都是基于冻土理论提出的，岩石中渗流场是受到裂隙分布的影响的，而且对分凝势引起的温度变化以及岩石中裂隙对渗流场孔隙率的影响考虑不足，鉴于此，本章对含相变低温岩石进行了深入研究。

12.2 岩石冻融温度场方程

这里认为岩石是由基质、裂隙和水组成的混合体，裂隙始终饱和，即不考虑空气的影响，为便于研究提出如下假设：

（1）岩石为均质各向同性孔隙介质，由岩石基质、裂隙、水及冰组成。

（2）岩石中的裂隙是裂隙水压力的函数，水压力增加，裂隙扩展，则岩石的裂隙体积变化。

（3）不考虑水分的蒸发影响，即水只存在固、液两相状态。

在自然条件下，寒区环境中的岩石经历了非冻结到冻结再到融化的过程，而在此过程中，水冰相变产生的能量转化会影响其温度分布，而且在冻结区和非冻结区水流的驱动力不同，因此这类问题不能采用常规的非稳态温度场控制方程，故本章在一般的非稳态温度场控制方程的基础上提出了含相变热传导的平面非稳态温度场方程，该方程同时考虑对流传热的影响。

$$C_{\mathrm{ef}} \frac{\partial T}{\partial t} = \frac{\partial}{\partial x}\left(\lambda \frac{\partial T}{\partial x}\right) + \frac{\partial}{\partial y}\left(\lambda \frac{T}{\partial y}\right) + \rho_{\mathrm{L}} C_{\mathrm{L}} v_{\mathrm{w}}\left(\frac{\partial T}{\partial x} + \frac{\partial T}{\partial y}\right) + \rho_{\mathrm{L}} L \frac{\partial u}{\partial t} + q_{\mathrm{v}} \quad (12\text{-}1)$$

式中，C_{ef}为等效热容；λ 为等效导热系数；ρ_{L} 为水的密度；C_{L} 为水的热容；v_{w} 为水的渗流速度；L 为单位体积水冰相变释放能量；q_{v} 为汇流项，在此假设岩石

内部没有热源，故 $q_v=0$；u 为固相率即冰占冰水混合物的百分率，这里假设固相率与温度成线性关系，固相率的增加与减少与相变潜热释放量成正比，固相率的定义为 $u=W_u\dfrac{T_L-T}{T_L-T_s}$，其中：$W_u$ 为未冻水含量，$W_u=nV$，V 为岩石结构的总体积，T_L 为融化温度，$T_L=0℃$，T_S 为冻结温度，$T_S=-0.5℃$，在数值计算时，为保证计算收敛，采用显热容法进行计算，故上述控制方程经过变形之后将非冻结区与冻结区方程统一为：

$$\left(C_{ef}-\rho_L L\frac{\partial u}{\partial T}\right)\frac{\partial T}{\partial t}=\frac{\partial}{\partial x}\left(\lambda\frac{\partial T}{\partial x}\right)+\frac{\partial}{\partial y}\left(\lambda\frac{\partial T}{\partial y}\right)+\rho_L C_L v_w\left(\frac{\partial T}{\partial x}+\frac{\partial T}{\partial y}\right)\tag{12-2}$$

该方程还需要补充额外的方程来计算渗流速度，这里采用广义达西定律，考虑分凝势的影响，渗流速度计算公式为：

$$v_w=\frac{1}{\rho_w}K\nabla P_w-(SP_0-D_T)\nabla T\tag{12-3}$$

式中，v_w 为岩石的渗流速度，m/s；SP_0 为分凝势；D_T 为受温度影响的容水度；P_w 为裂隙水压力，MPa。

将上述方程联立就可以得到不同时刻的温度值。

下面讨论温度参数的取值，将导热系数和比热容进行分区计算，利用温度的范围将计算区域分为冻结区、非冻结区及相变区，冻结区和非冻结区的导热系数和比热容分别是 λ_S、λ_L、C_S、C_L。根据显热容法进行插值计算相变区的等效系数。

相变区内导热系数线性插值公式为：

$$\lambda=\begin{cases}\lambda_S, & T<T_S\\ \lambda_S+\dfrac{\lambda_L-\lambda_S}{2\Delta T}(T-T_S), & T_S\leqslant T\leqslant T_L\\ \lambda_L, & T>T_L\end{cases}\tag{12-4}$$

式中，$\Delta T=(T_L-T_S)/2$，冻结区和非冻结区的导热系数采用指数加权法计算，计算公式为：

$$\lambda_S(\lambda_L)=(k_L)^{n(1-u)V}(k_S)^{nuV}(k_r)^{(1-n)V}\tag{12-5}$$

式中，k_L、k_S、k_r 分别为水、冰、岩石基质的导热系数；V 为岩石总体积。

比热容采用显热容法进行计算：

$$C_{ef}=\begin{cases}C_S, & T<T_S\\ \dfrac{\rho_L L W_u}{2\Delta T}+\dfrac{C_L+C_S}{2}, & T_S\leqslant T\leqslant T_L\\ C_L, & T>T_L\end{cases}\tag{12-6}$$

冻结区和非冻结区的导热系数采用加权法计算，计算公式为：

$$C_S(C_L) = [\rho_L c_L n(1-u)V + \rho_S c_S nuV + \rho_r c_r (1-n)V]/V \tag{12-7}$$

12.3 岩石冻融渗流场方程

低温环境下裂隙岩石水分迁移与冻土不同，区别主要有两个方面：（1）由于裂隙在岩石中是水分迁移的主要通道，把岩石看成是由单一的几何形态的裂隙构成的渗流通道，用裂隙水力学参数和渗流参数表征岩石渗流情况，因此，裂隙的分布会影响到岩石的渗透系数，假设各个方向裂隙的渗流互不干扰，裂隙组互相叠加，形成主渗透轴，进而计算渗透系数；（2）考虑含有水冰相变以后，在冻结区，由于冰体积增加，产生冻胀力，使裂隙中的水压力迅速增加，裂隙尖端应力增加，裂隙发生扩展，裂隙扩展代表岩石中裂隙的总体积增加，故裂隙率与裂隙中的水压力存在函数关系，利用断裂力学理论推导裂隙率与水压之间的关系作为补充方程，引入固相率表征岩石孔隙中冰的体积含量比。广义达西定律考虑温度造成的分凝势的影响，在完整岩石渗流场方程的基础上推导了裂隙岩石渗流场方程。

设方程右端为单位时间内选取的单元体积岩石内水含量的改变量，考虑冻结岩石中水分场相变的影响，引入固相率项，即：

$$\frac{[\rho_i u + \rho_w (1-u)]n}{\partial t} \tag{12-8}$$

式中，u 为固相率即冰的体积含量比；n 为岩石的孔隙率，由于水在低温条件下会发生相变，体积增加，使裂隙中的水分受到挤压，从而增加了岩石中的水压力，当水压力达到临界值时，裂隙会发生扩展，导致岩石孔隙率增加，因此，考虑相变的影响，岩石孔隙率和固相率都是随时间变化的函数，故方程右端进一步求导展开得出如下形式：

$$[\rho_i u + \rho_w (1-u)]\frac{\partial n}{\partial t} + n(\rho_i - \rho_w)\frac{\partial u}{\partial t} \tag{12-9}$$

岩石的孔隙率是水压力的函数，即：

$$\frac{\partial}{\partial x}\left[K_{xx}\frac{\partial p_w}{\partial x} + K_{yx}\frac{\partial p_w}{\partial y} + (Sp_0 - D_T)\frac{\partial T}{\partial x}\right] + \frac{\partial}{\partial x}\left[K_{xy}\frac{\partial p_w}{\partial x} + K_{yy}\frac{\partial p_w}{\partial y} + (SP_0 - D_T)\frac{\partial T}{\partial y}\right] = [\rho_i u + \rho_w (1-u)]\frac{\partial n}{\partial t} + n(\rho_i - \rho_w)\frac{\partial u}{\partial t} \tag{12-10}$$

据前文分析可知裂隙岩石损伤的机理主要是由于低温条件下水冰相变使裂隙

中水压力升高，超过裂隙的断裂韧度引起裂隙扩展，岩石孔隙率增加，造成岩石损伤，因此，可以假设岩石中孔隙率与裂隙水压力相关；其次，假设裂隙水的冻结率与温度有关，根据复合函数求导法则，该方程可表示为：

$$\frac{\partial}{\partial x}\left[K_{xx}\frac{\partial p_{\mathrm{w}}}{\partial x}+K_{yx}\frac{\partial p_{\mathrm{w}}}{\partial y}+(SP_0-D_{\mathrm{T}})\frac{\partial T}{\partial x}\right]+$$

$$\frac{\partial}{\partial x}\left[K_{xy}\frac{\partial p_{\mathrm{w}}}{\partial x}+K_{yy}\frac{\partial p_{\mathrm{w}}}{\partial y}+(SP_0-D_{\mathrm{T}})\frac{\partial T}{\partial y}\right]$$

$$=[\rho_{\mathrm{i}}u+\rho_{\mathrm{w}}(1-u)]\frac{\partial n}{\partial p_{\mathrm{w}}}\frac{\partial p_{\mathrm{w}}}{\partial t}+n(\rho_{\mathrm{i}}-\rho_{\mathrm{w}})\frac{\partial u}{\partial T}\frac{\partial T}{\partial t} \tag{12-11}$$

令

$$\frac{\partial n}{\partial p_{\mathrm{w}}}=f(p_{\mathrm{w}}) \tag{12-12}$$

设第 i 条裂隙的半长为 a_i，与轴向夹角为 α，裂隙中存在孔隙水压力 p 的作用，岩石沿着坐标轴方向受到的应力分别是 $\boldsymbol{\sigma}_1$ 和 $\boldsymbol{\sigma}_3$，则该平面裂隙表面受到的正应力和剪应力分别是（易顺民等，2005）：

$$\boldsymbol{\sigma}_\alpha=\frac{\boldsymbol{\sigma}_1+\boldsymbol{\sigma}_3}{2}-\frac{\boldsymbol{\sigma}_1-\boldsymbol{\sigma}_3}{2}\cos2\alpha \tag{12-13}$$

$$\boldsymbol{\tau}_\alpha=\frac{\boldsymbol{\sigma}_1-\boldsymbol{\sigma}_2}{2}\sin2\alpha \tag{12-14}$$

当裂隙内存在水压力 p，上述含渗透水压裂隙面上的应力为：

$$\sigma_\alpha=\frac{\boldsymbol{\sigma}_1+\boldsymbol{\sigma}_3}{2}-\frac{\boldsymbol{\sigma}_1-\boldsymbol{\sigma}_3}{2}\cos2\alpha-p \tag{12-15}$$

$$\boldsymbol{\tau}_\alpha=\frac{\boldsymbol{\sigma}_1-\boldsymbol{\sigma}_3}{2}\sin2\alpha \tag{12-16}$$

根据断裂力学理论，裂纹尖端应力强度因子为：

$$K_{\mathrm{I}}=-\boldsymbol{\sigma}_\alpha\sqrt{\pi a}\,;\ K_{\mathrm{II}}=-\boldsymbol{\tau}_\alpha\sqrt{\pi a} \tag{12-17}$$

在实际岩石中，裂隙处于闭合状态，在压缩状态下，闭合裂纹受到垂直于裂纹面的压应力 $\boldsymbol{\sigma}_\alpha$ 的作用，因此，裂隙表面会存在与 $\boldsymbol{\tau}_\alpha$ 相反的摩擦阻力的作用，其大小为：

$$\boldsymbol{F}=\boldsymbol{C}_{\mathrm{i}}+f_{\mathrm{i}}\boldsymbol{\sigma}_\alpha \tag{12-18}$$

式中，f_{i} 和 $\boldsymbol{C}_{\mathrm{i}}$ 分别为裂隙表面的摩擦系数和黏聚力。因此，平行于裂隙结构面所受的合力为：

$$\boldsymbol{\tau} = \boldsymbol{\tau}_\alpha - (\boldsymbol{C}_\mathrm{i} + f_\mathrm{i}\boldsymbol{\sigma}_\alpha) \tag{12-19}$$

将式（12-19）代入应力强度因子可以得出应力强度因子的最终表达式为：

$$K_{\mathrm{II}} = \left[(\sin2\alpha + f_\mathrm{i}\cos2\alpha - f_\mathrm{i})\frac{\boldsymbol{\sigma}_1}{2} - (\sin2\alpha + f_\mathrm{i}\cos2\alpha + f_\mathrm{i}) + pf_\mathrm{i} - C_\mathrm{i}\right]\sqrt{\pi a} \tag{12-20}$$

$$K_{\mathrm{I}} = -\left(\frac{\boldsymbol{\sigma}_1 + \boldsymbol{\sigma}_3}{2} - \frac{\boldsymbol{\sigma}_1 - \boldsymbol{\sigma}_3}{2}\cos2\alpha - p\right)\sqrt{\pi a} \tag{12-21}$$

根据文献，压剪条件下，岩石断裂准则采用如下简单判据：

$$\boldsymbol{\lambda}_{12}K_{\mathrm{I}} + K_{\mathrm{II}} = K_{\mathrm{IIC}} \tag{12-22}$$

当 $\boldsymbol{\lambda}_{12}K_{\mathrm{I}} + K_{\mathrm{II}} \geqslant K_{\mathrm{IIC}}$ 时，裂隙开始扩展。

在渗流过程中，裂隙的体积增量是由岩石的不可逆变形造成的，根据文献，裂隙体积的计算公式为：

$$V_\mathrm{c} = -T_\mathrm{r}(\boldsymbol{\varepsilon}^\mathrm{d}) \tag{12-23}$$

式中，$\boldsymbol{\varepsilon}^\mathrm{d}$ 为由于裂纹扩展造成的岩石不可逆应变，岩石在轴向和侧向产生的应变分别为：

$$\boldsymbol{\varepsilon}_1^* = \frac{8\lambda Na^2\cos\varphi}{E}\left[\frac{2\boldsymbol{\tau}^*\cos\varphi}{\pi}\ln\frac{l}{a} - \boldsymbol{\sigma}_3\left(\frac{l}{a} - 1\right)\right] \tag{12-24}$$

$$\boldsymbol{\varepsilon}_{22}^* = \frac{Na^2}{E}\left[\frac{16\boldsymbol{\tau}^*\gamma\cos^2\beta}{\pi}\ln\left(\frac{l}{a}\right) - 8\cos\varphi\left(\frac{l}{a} - 1\right)(\boldsymbol{\sigma}_3\gamma + \boldsymbol{\tau}^*) + \boldsymbol{\sigma}_3\pi\left(\frac{l^2}{a^2} - 1\right)\right] \tag{12-25}$$

$$\boldsymbol{\varepsilon}^d = \begin{bmatrix} \boldsymbol{\varepsilon}_{11}^* & \boldsymbol{\varepsilon}_{12}^* \\ \boldsymbol{\varepsilon}_{21}^* & \boldsymbol{\varepsilon}_{22}^* \end{bmatrix} \tag{12-26}$$

式中，N 为岩石裂隙的数量，其计算方法随后介绍；a 为岩石特征裂隙的长度。

下面讨论翼裂纹的扩展长度 l 的计算方法。根据修正的应力强度准则，在翼裂纹尖端处，当裂隙的应力强度因子小于岩石的断裂韧度时，裂纹停止扩展，依据此原理，计算翼裂纹长度。翼裂纹尖端的应力强度因子根据赵延林等（2010）计算如下：

$$K_{\mathrm{I}} = \frac{2a\boldsymbol{\tau}\sin\theta}{\sqrt{\pi(l + l^*)}} - \sqrt{\pi l}\boldsymbol{\sigma}_\alpha \tag{12-27}$$

$$\boldsymbol{\tau} = \boldsymbol{\tau}_\alpha - (\boldsymbol{C}_\mathrm{i} + f_\mathrm{i}\boldsymbol{\sigma}_\alpha) \tag{12-28}$$

$$\boldsymbol{\sigma}_\alpha = \frac{\boldsymbol{\sigma}_1 + \boldsymbol{\sigma}_3}{2} - \frac{\boldsymbol{\sigma}_1 - \boldsymbol{\sigma}_3}{2}\cos2\alpha - p \tag{12-29}$$

$$\boldsymbol{\tau}_\alpha = \frac{\boldsymbol{\sigma}_1 - \boldsymbol{\sigma}_3}{2}\sin2\alpha \tag{12-30}$$

$$K_{\mathrm{IC}} = K_{\mathrm{I}} \tag{12-31}$$

上述方程采用牛顿迭代法求解，就可以求得不同水压力 p 下，翼裂纹的扩展长度 l。

$$\frac{\mathrm{d}n}{\mathrm{d}p_{\mathrm{w}}} = \frac{1}{V}\frac{\mathrm{d}V_{\mathrm{c}}}{\mathrm{d}p_{\mathrm{w}}} \tag{12-32}$$

$$\frac{\mathrm{d}V_{\mathrm{c}}}{\mathrm{d}p_{\mathrm{w}}} = \frac{8\lambda Na^2}{E}\cos\varphi\left[\frac{2\cos\varphi}{\pi}\ln\left(\frac{l}{a}\right)\right] + \frac{Na^2}{E}\frac{16\gamma\cos^2\beta}{\pi}\ln\left(\frac{l}{a}\right) - \frac{Na^2}{E}8\cos\varphi\left(\frac{l}{a} - 1\right) \tag{12-33}$$

由上述方程可知，裂隙体积是受裂隙翼裂纹扩展长度和裂隙数量共同决定的，当孔隙水压力增加的时候，翼裂纹扩展，同时会形成新的裂纹，二者的共同作用使得岩石裂隙的总体积增加。

下面讨论裂隙数量 N 的计算公式，假设微裂隙长度分布密度函数服从泊松分布（曹林卫等，2009），其函数形式为：

$$\rho(a) = \begin{cases} -\dfrac{1}{a_{\mathrm{c}}}\exp\left(-\dfrac{a}{a_{\mathrm{c}}}\right), & a_{\min} \leqslant a \leqslant a_{\max} \\ 0 & \text{其他} \end{cases} \tag{12-34}$$

式中，$a_{\mathrm{c}} = \int_{a_{\min}}^{a_{\max}} \rho(a)a\mathrm{d}a$，为微裂隙特征尺寸。

微裂隙分布曲线如图 12-1 所示。

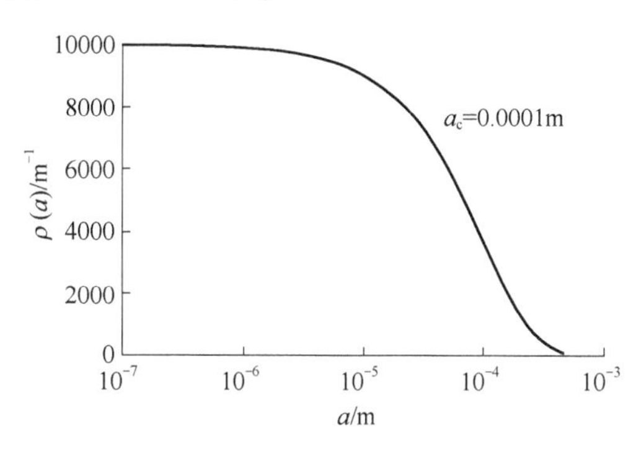

图 12-1 裂隙概率密度函数分布曲线

根据微裂隙应力强度因子判据，当岩石的断裂韧度一定时，不同应力条件下参与起裂的微裂隙数量不同，应力越大，参与起裂的微裂隙数量越多，损伤应变也越大。在相同应力条件下，不同微裂隙长度所对应的应力强度因子为（易顺民等，2005）：

$$\left(\frac{\sqrt{3}K_{\mathrm{IIC}}}{2\boldsymbol{\tau}^*}\right)^2\frac{1}{\pi} = a_{\mathrm{cr}} \tag{12-35}$$

式中，a_{cr}是微裂隙在 $\boldsymbol{\sigma}_1$、$\boldsymbol{\sigma}_3$ 以及孔隙水压力 p 作用下，达到断裂韧度时，参与起裂的微裂隙临界长度，大于该值的微裂隙全部起裂扩展，故参与起裂的微裂隙数量 N 的值为 $N = N_c\int_{a_{cr}}^{a_{max}}\rho(a)\mathrm{d}a$，最后得到的微裂隙数量演化曲线如图 12-2 所示。

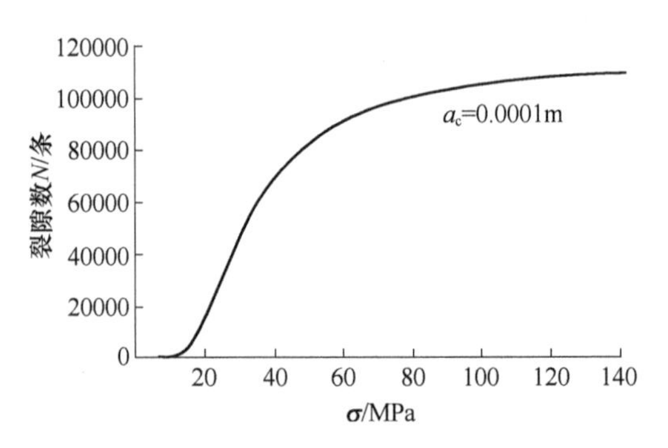

图 12-2 裂隙起裂条数与主应力关系

在温度-渗流耦合模型中假设应力在模拟过程中保持不变，而孔隙水压力为变量，因此，当孔压增加时岩石的微裂隙数量增加，体积增大，从而求得岩石在不同时刻的孔隙率，结合上述的渗流场控制方程就可以计算出任意时刻水压力。

12.4 冻融条件下岩石温度—渗流耦合方程及数值算法

12.4.1 耦合方程差分形式及数值迭代方法

岩石中热量的差异和改变引起水分的迁移与转化，同时，岩石中的水分通过改变岩石的热学特性而改变温度的分布。根据前文建立的温度场和渗流场控制方程，假定在任一瞬时，岩土体的导热系数、渗透系数均为定值，岩石的主渗透轴与坐标系一致，由此可得到冻岩的水—热耦合控制方程：

$$C_{ef}\frac{\partial T}{\partial t} = \frac{\partial}{\partial x}\left(K\frac{\partial T}{\partial x}\right) + \frac{\partial}{\partial y}\left(K\frac{\partial T}{\partial y}\right) + \rho_L C_L v_w\left(\frac{\partial T}{\partial x} + \frac{\partial T}{\partial y}\right) + \rho_L L\frac{\partial u}{\partial t} + q_v \tag{12-36}$$

$$\frac{\partial}{\partial x}\left[K_{xx}\frac{\partial P_w}{\partial x} + K_{yx}\frac{\partial P_w}{\partial y} + (SP_0 - D_T)\frac{\partial T}{\partial x}\right] + \frac{\partial}{\partial x}\left[K_{xy}\frac{\partial P_w}{\partial x} + K_{yy}\frac{\partial P_w}{\partial y} + (SP_0 - D_T)\frac{\partial T}{\partial y}\right] = [\rho_i u + \rho_w(1 - u)]\frac{\partial n}{\partial P_w}\frac{\partial P_w}{\partial t} + n(\rho_i - \rho_w)\frac{\partial u}{\partial T}\frac{\partial T}{\partial t} \tag{12-37}$$

采用空间域和时间域上的有限差分法可以得到冻岩的温度场和渗流场的数值计算模型：

$$\left[C_{\mathrm{ef}}^{\mathrm{n}}+\rho_{\mathrm{L}}L(1-u)n\frac{1}{T_{\mathrm{L}}-T_{\mathrm{S}}}\right]\frac{T_{ij}^{n+1}-T_{ij}^{n}}{\tau}$$

$$=\left(K\frac{T_{i+1,\,j}^{n+1}-2T_{i,\,j}^{n+1}+T_{i-1,\,j}^{n+1}}{h^{2}}\right)+\rho_{\mathrm{L}}C_{\mathrm{L}}v_{\mathrm{w}}^{n}\left(\frac{T_{i,\,j}^{n+1}-T_{i-1,\,j}^{n+1}}{h}+\frac{T_{i,\,j}^{n+1}-T_{i,\,j-1}^{n+1}}{h}\right) \tag{12-38}$$

$$[\rho_{\mathrm{i}}u^{n}+\rho_{\mathrm{w}}(1-u^{n})]f(P_{\mathrm{w}}^{n})\frac{P_{ij}^{n+1}-P_{ij}^{n}}{\tau}+n^{n}(\rho_{\mathrm{i}}-\rho_{\mathrm{w}})\frac{-1}{T_{\mathrm{L}}-T_{\mathrm{S}}}\frac{T_{ij}^{n+1}-T_{ij}^{n}}{\tau}$$

$$=(SP_{0}-D_{\mathrm{T}})\frac{T_{i+1,\,j}^{n+1}-2T_{i,\,j}^{n+1}+T_{i-1,\,j}^{n+1}}{h^{2}}+K\frac{P_{i+1,\,j}^{n+1}-2P_{i,\,j}^{n+1}+P_{i-1,\,j}^{n+1}}{h^{2}} \tag{12-39}$$

基于 C++语言，采用交替方向隐格式方法计算数值解。

其中矩阵参数和边界条件根据实验结果确定，导热系数和相变潜热不采用定值，考虑水分迁移对温度的影响。

本节采用 Neaupane 冻融试验参数（Neaupane et al.，1999）进行讨论验证，采用砂岩制成的试件，其尺寸为长×宽×高=45cm×30cm×15cm，在试件中心铅垂向有一直径为 4.6cm 的贯通圆孔，实验前首先将试件在恒温水中浸泡 72h 充分饱和，然后将试件放置在恒温箱中近似模拟隔热的边界条件，接着把其中循环流动着盐水的铜管插入试件圆孔作为热源，试验时先将热源温度保持-20℃达到 72h，以使试件在稳定的低温条件下冻结；然后将热源温度增加到 20℃使试件融解，维持 72h。在冻结和融解的过程中，使用热敏元件安置在试体表面测量温度值。

岩石模型以及物理参数见表 12-1。

表 12-1 岩石的物理参数

材料	孔隙率	渗透系数/$\mathrm{m\cdot s^{-1}}$	比热/$\mathrm{kJ\cdot kg^{-1}\cdot ℃^{-1}}$	导热系数/$\mathrm{W\cdot m^{-1}\cdot ℃^{-1}}$
砂岩	0.13	1.42×10^{-10}	0.816	0.22
水	—	—	4.186	—
冰	—	—	1.884	—

干燥砂岩的重度和水冰相变潜热分别取为 24.1kN/m^3 和 334.48J/cm^3。岩石微裂隙的参数：孔隙率 0.0067、微裂隙密度函数特征尺寸 $a_{\mathrm{c}}=1\times10^{-4}$m、$a_{\min}=1\times10^{-7}$m、$a_{\max}=1.2\times10^{-3}$m。

岩石实验模型及划分的有限差分划分网格如图 12-3 所示，尺寸为 20cm×20cm，距离圆孔周边 1cm 处的 a 点作为监测点。

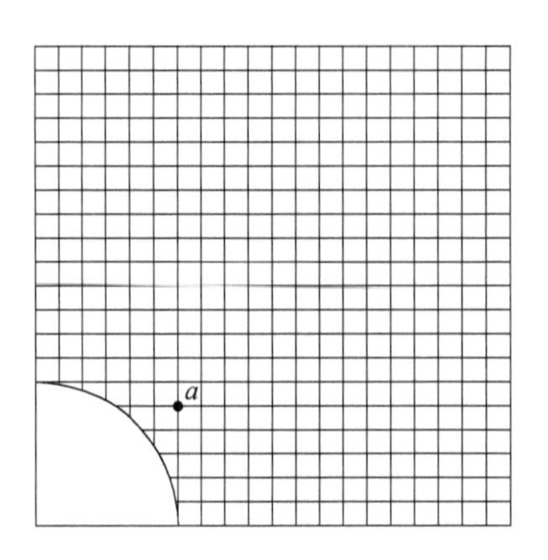

图 12-3 有限差分网格

12.4.2 温度—渗流耦合模型与温度场模型比较

图 12-4 为考虑渗流场与不考虑渗流场时温度下降情况的对比，可以看出：经过相同时步以后，当受到渗流场影响时，温度下降速度比单纯的温度场下降慢，这是由于孔隙水压力影响了温度的对流项，裂隙水在压力梯度的情况下流动，使得流体中的温度均匀分布，从而减缓了温度的扩散速率。

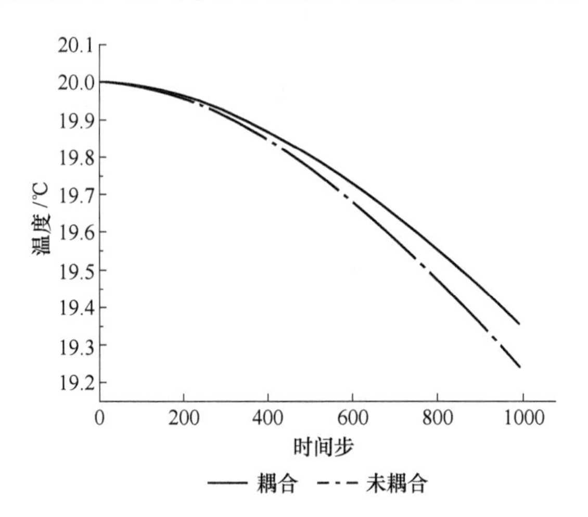

图 12-4 耦合场与非耦合场的计算结果比较

12.4.3 参数敏感性分析

12.4.3.1 等效导热系数

由图 12-5 可以看出，等效导热系数对温度扩散的影响较小。以 1000 时步的计算结果为例，当导热系数 $\lambda=1.5$ 和 3 时，相应的温度分别为 13.77℃ 和 19.35℃，即二者相差不大，这说明导热系数对岩石的温度扩散影响较小。

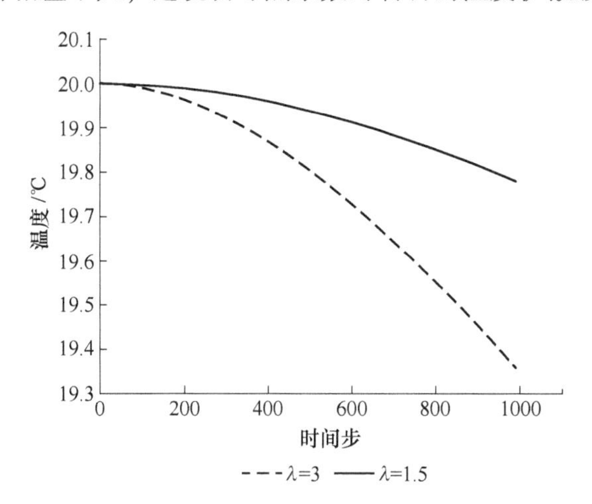

图 12-5 不同导热系数时的温度扩散曲线

12.4.3.2 等效热容

由图 12-6 可以看出，岩石的热容对温度场的分布影响较为明显，运行到 1000 时步的时候，热容较小的岩石，温度已经降到 17℃，这说明热容越大，比温度下降越慢。在饱和岩石中，等效热容是由裂隙水、岩石基质和冰共同决定的，因此，等效热容越大代表水的体积含水量越大，即微裂隙越多。因此，体积含水量较高的岩石温度下降较慢。

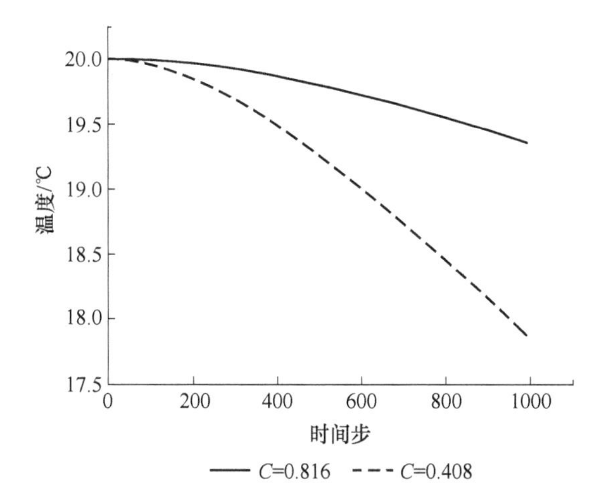

图 12-6 不同等效热容对温度扩散的影响

13　冻融后岩体力学特性及边坡稳定性数值预测方法

13.1　引言

随着我国大规模基础设施建设在寒区的开展，相应地岩石冻融问题也越来越引起人们的关注（Huang et al.，2018a；姜自华等，2017；袁小清等，2015；张慧梅等，2017；杨更社等，2018）。为此，国内外学者分别采用试验、理论及数值模拟等手段对岩石冻融问题开展了详细而深入的研究。首先，在试验方面，申艳军等（2016）认为目前的岩石循环冻融试验方法缺少相关试验规程及依据，进而对影响试验的3个参数即循环冻融温度、冻融时长、循环次数对岩石物理力学参数的影响进行了讨论，并给出了建议的循环冻融试验方案。徐光苗和刘泉声（2005）对红砂岩和页岩进行了循环冻融试验，提出了岩石的两种基本冻融破坏模式即片落模式和裂纹模式，并得到了岩石单轴抗压强度、弹性模量等与循环冻融次数的拟合关系式。周科平等（2012）采用核磁共振技术对不同循环冻融次数后岩石的微观结构变化特征进行了成像分析，发现随着循环冻融次数的增加，岩石孔隙度呈增加趋势。申艳军等（2016）采用相似材料模型试验研究了冻融过程中干燥、饱水2种不同状态下的材料内部热传导规律，发现两种不同试件的温变曲线差异较大，认为含水量对试件冻融损伤影响较大。A. Özbek（2014）对4种不同颜色的熔结凝灰岩进行了饱水状态下-20～20℃循环冻融试验研究，发现岩石孔隙度随循环冻融次数的增加而增大。其次，在理论方面，Huang等（2018a）认为冻融及荷载共同作用下的损伤应同时考虑上述两种因素对损伤的影响，其中冻融损伤可通过超声波波速确定，而加载产生的损伤则可由微元强度服从Weibull分布及最大拉应变准则确定，由此提出了相应的岩石冻融损伤统计本构模型，并通过模型试验进行了验证。张慧梅和杨更社（2013）也同时采用冻融损伤、受荷损伤与总损伤来描述岩石的劣化程度，并由此建立了考虑冻融与荷载共同作用的岩石损伤本构模型。阎锡东等（2015）基于岩石中微裂隙的分布特征，将冻融条件下的岩石总应变分解为初始损伤应变、附加损伤应变和塑性应变3部分，进而建立了岩石弹塑性冻融损伤本构模型，并对其正确性进行了试验验证。刘泉声等（2015）认为岩体的冻融损伤是一个多次循环疲劳损伤问题，通过将冻胀力对岩体的作用等效为三轴拉伸应力，提出了基于三向等效拉应力的岩体冻融疲劳损伤模型。最后，在数值计算方面，刘慧等（2007）将数字图像处理技术与有限元法 ANSYS 相结合实现了考虑岩石细观结构分布特征的冻融温度场分析，结果表明岩石细观结构决定了岩石的冻融温度场，同时对其冻融损伤的影响也不可忽视。Kang 等（2014）基于 Griffith 断裂理论，研究了冻胀压力及远场应力下的裂纹起裂准则、扩展方向，同时提出了非均匀冻胀力作用下的裂纹尖端应力强度因子计算方法，最后，基于拓扑理论，提出了冻胀裂纹扩展的新算法，并利用 ANSYS 和 $FLAC^{3D}$对冻胀裂纹的起裂与扩展进行了模拟。

总之，不少学者已对岩石冻融问题进行了深入的研究，并获得了丰硕的研究成果，但是，目前仍有一些实际问题亟待解决，如经历过若干次循环冻融的岩石，其物理力学性质均会有所劣化，如何对其劣化程度进行无损检测，这对于相应岩体工程如边坡的稳定性评估具有重要的指导意义。目前，常用的无损检测方法主要包括超声波检测、CT 扫描、质量损失测试及孔隙度测定等，然后通过对上述指标的测试，进而转化为损伤，最后通过损伤来预测岩石强度的损失。而由上述指标进行损伤计算时，则存在较多的假定，最终导致得出的计算结果误差较大。为此，本书拟基于由简单物理试验方法测得的反映多次循环冻融后岩石力学性质劣化的指标如孔隙度等，采用能够考虑孔隙度变化的数值方法对循环冻融后的标准岩石试件单轴压缩力学特性进行模拟，以获得其单轴压缩应力应变曲线，最终得到其单轴抗压强度与弹性模量随孔隙度即循环冻融次数的变化规律。具体来说，就是首先通过对经历不同循环冻融后的岩石试件进行物理测试，首先获得其孔隙度（这可由简单的物理试验得到），然后对不同孔隙度条件下的岩石采用 $FLAC^{3D}$数值计算程序对其进行单轴压缩数值模拟，以获得其应力应变曲线特征；其次，针对含有一条非贯通裂隙的岩质边坡，按照与上述相同的方法，根据冻融环境作用下岩石孔隙度的变化来研究其稳定性的降低规律，即通过强度折减法研究裂隙岩质边坡经历循环冻融后的稳定性降低规律，以期为相关循环冻融下的岩体力学分析提供参考。

13.2 循环冻融后裂隙岩体力学特性数值模拟

13.2.1 宏细观缺陷生成

作者认为，随着循环冻融次数的增加，岩体孔隙度增加，进而导致其物理力学性质的劣化。由于循环冻融形成的微裂隙、微孔洞相对宏观裂隙来说，尺度较小，因此，作者认为其是细观缺陷，而宏观裂隙则称为宏观缺陷。作者认为宏细观缺陷的尺度划分与岩体对象的尺度有关，且具有相对性。作者认为，裂隙属于宏观缺陷，它可以通过在模型的指定位置生成具有一定长度、倾角及宽度的条形孔洞（这里认为裂隙是无充填的）来模拟实际岩体中的裂隙等宏观缺陷。而岩体中的细观缺陷一般是指微裂纹、微孔洞等，它们的特点是尺度小且随机分布，因此为了更好地反映这两个特点，本书采用以下两个方法：一是超细单元划分，即采用尺寸尽可能小的单元来模拟微裂隙等细观缺陷，这样会导致模型单元的数量急剧增加，但是随着高性能计算机的出现，由单元数量引起的计算瓶颈问题已得到逐步解决；二是细观缺陷的随机分布问题，如前所述，细观缺陷在岩体中是随机分布的，因此可采用随机函数来实现。由于岩石内部的细观缺陷通常表现为微裂隙、微孔洞，因此，这里以孔隙率 n（即孔隙体积与岩石总体积之比）来度量岩石的细观损伤，其也很容易由常规物理试验测得，如花岗岩和石灰岩的孔隙率分别为（0.5~4.0)%和（0.5~27)%；同时，假定所有细观缺陷均无充填，因此，可用 $FLAC^{3D}$ 中的 Null 模型来描述；由此，岩石即可视为由矿物颗粒与微裂隙两种材料类型所组成。而后在进行单元划分时，通过指定单元边长以使所有单元的体积均相等，进而通过随机分布函数 rand（）为每一个单元分别赋予矿物材料或 Null 模型，并使赋予 Null 模型的单元个数占总单元个数的比例等于岩石的孔隙率，这样即可生成含不同细观缺陷的岩石模型。同时，需要说明的是，由于这里是采用随机函数对单元的材料类型进行赋值，会出现即使 n 一定，但微裂隙的分布位置却是随机的现象，这是否会对岩石力学特性产生影响呢？通过试算发现当单位划分的数量足够多时，因微裂隙的位置随机分布而产生的计算误差完全可以忽略不计。

13.2.2 数值计算模型

计算模型平面尺寸为：高 10cm、宽 5cm，取模型厚度为 1mm，如图 13-1 所示。为了更好地模拟出模型破坏时新生裂纹的线条状扩展特征，这里采用三节点三角形单元对模型进行超细网格剖分，取单元边长为 1mm，完整岩石模型共划分为 23256 个节点、45910 个单元。同时，为了研究宏观缺陷即裂隙对岩体力学特性的影响，假设在试件中心存在一条长为 2cm、宽为 0.5mm、倾角为 45°的非贯通裂隙，厚度方向贯通；此时，取单元边长为 0.5mm，相应的裂隙岩体模型共划分为 46308 个节点、91248 个单元。

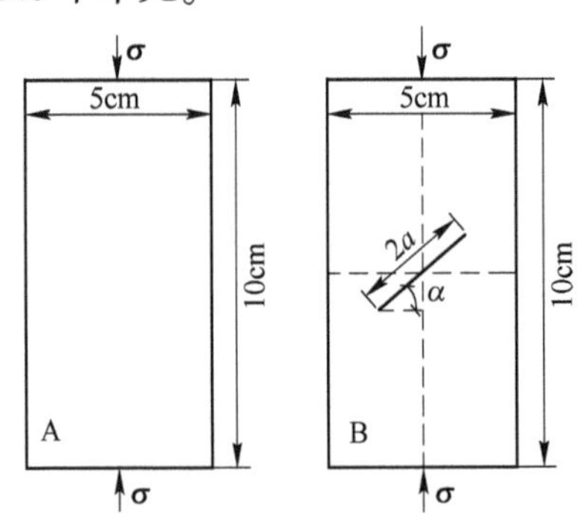

图 13-1 高 10cm、宽 5cm 的数值计算模型

（A、B 分别为完整试件和裂隙试件）

模型边界条件：在上、下表面进行位移控制加载，加载速度 5×10^{-8}m/step，其余表面均为自由面。

本构模型及参数：该计算模型是由岩石材料和裂隙组成，这里裂隙采用 FLAC^{3D}中的 Null 模型，即认为裂隙无充填。完整岩石单轴压缩应力应变曲线通常包含峰前弹塑性变形阶段与峰后残余变形阶段，为了更好地反映上述特性，目前 FLAC^{3D}中常用的弹塑性模型主要有摩尔-库仑模型、应变软化模型等（见图 13-2），其中当应变软化模型取特定的材料参数时可获得图 13-2 所示的弹脆性模型，该模型能更好地反映岩石的脆性特征，因此这里采用弹脆性模型。相应的岩石力学参数为：弹性模量、泊松比、黏聚力、内摩擦角和抗拉强度分别为 300MPa、0.25、2.0MPa、45°和 1.0MPa，其中内摩擦角和黏聚力随应变的变化关系见表 13-1，相应的岩石单轴压缩应力-应变曲线如图 13-3 所示。可以发现在达到峰值强度之前，应力应变曲线成线性增长，即轴向应力、应变成线性关系；当达到峰值强度 9.64MPa 之后，曲线突然跌落而后逐渐趋于试件残余强度，即表现出典型的弹脆性特征。

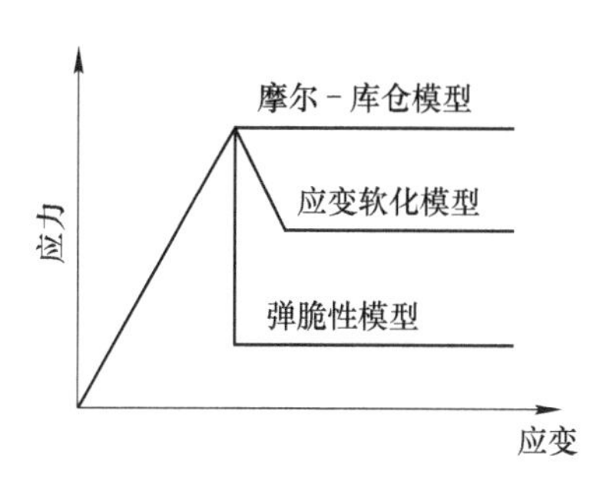

图 13-2 三种不同本构模型对应的应力应变曲线

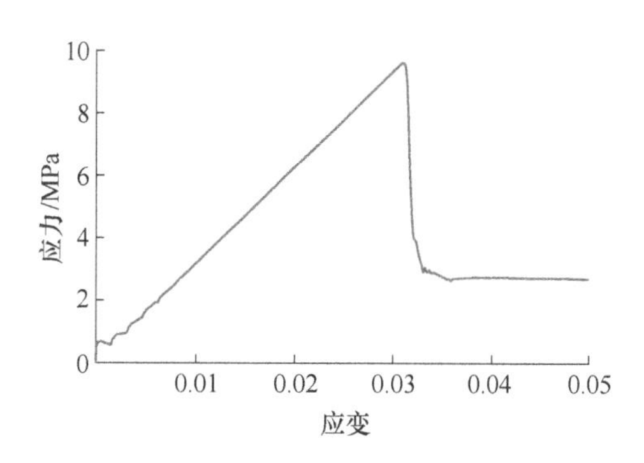

图 13-3 完整岩石单轴压缩应力-应变曲线

表 13-1 弹脆性模型材料参数

类 别	压缩应变		
	0	0.04	0.1
黏聚力/MPa	2	1.0	0.5
内摩擦角/(°)	45	40	35

数值计算方案：如前所述，本书主要研究宏、细观两类不同尺度缺陷对岩体力学特性的共同影响，为此拟开展以下研究方案：(1) 宏观缺陷相同而细观缺陷不同时，即如图 13-1 中仅含一条非贯通宏观裂隙的 B 试件为例，研究细观缺陷即 n 不同时单轴压缩下试件的破坏模式及应力应变曲线等；(2) 细观缺陷相同而宏观缺陷不同时，即假定试件细观缺陷即 n 为定值，研究宏观裂隙长度 $2a$ 及倾角 α 不同时试件的破坏模式及应力应变曲线等。具体数值计算方案见表 13-2，同时在 FLAC^{3D} 中，采用单元塑性区来反映单元的破坏，单元塑性区类型如图 13-4所示，None 表示单元没有发生破坏，shear-p 和 shear-n 分别表示单元已发生或正在发生剪切破坏，而 tension-p 和 tension-n 分别表示单元已发生或正在发生拉伸破坏。

表 13-2 试件单轴压缩数值计算方案

工况	变量	计算方案	计算模型
1	岩石孔隙率 n	0/0.05/0.1/0.15/0.2	$2a=2$cm，$\alpha=45°$，一条裂隙
2	裂隙倾角 α/(°)	0/30/45/60/90	$2a=2$cm，$n=0.1$，一条裂隙
3	裂隙长度 $2a$/cm	0.5/1/1.5/2/2.5	$\alpha=45°$，$n=0.1$，一条裂隙

图 13-4 FLAC^{3D}中显示的单元破坏类型

扫一扫查看彩图

13.2.3 计算结果及分析

13.2.3.1 孔隙率 n 对裂隙岩体力学特性的影响

这里以含一条倾角 $\alpha=45°$及长度 $2a=2$cm 的岩体试件为计算模型，取孔隙度

n 分别为 0、0.05、0.1、0.15 和 0.2，其对岩体破坏模式及应力应变曲线的影响如图 13-5~图 13-7 所示，其中图 13-5 中各图分别代表计算时步数为 5000、10000、15000 和 20000 时的模型破坏情况（后面的图 13-8 和图 13-11 相同），可知：

（1）当孔隙率为 0 时，在压缩荷载下，试件将首先在裂隙尖端产生应力集中，进而出现翼裂纹，最后翼裂纹贯通导致试件发生剪切破坏；然而，当孔隙率不为 0 时，尽管也首先在裂隙尖端出现翼裂纹，但因为细观缺陷的存在，其他位置处的单元也会同时发生破坏；因此，试件单元的破坏并非都以翼裂纹扩展的形式出现，而且当翼裂纹扩展到一定程度时，将会出现裂纹分叉现象，尤其是当孔

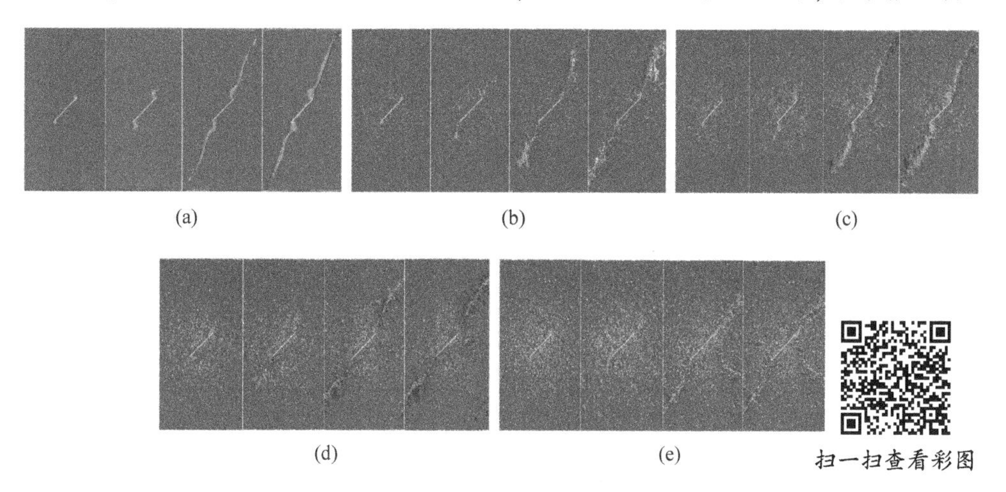

图 13-5　单轴压缩下不同孔隙率的裂隙试件破坏模式

(a) $n=0$；(b) $n=0.05$；(c) $n=0.1$；(d) $n=0.15$；(e) $n=0.2$

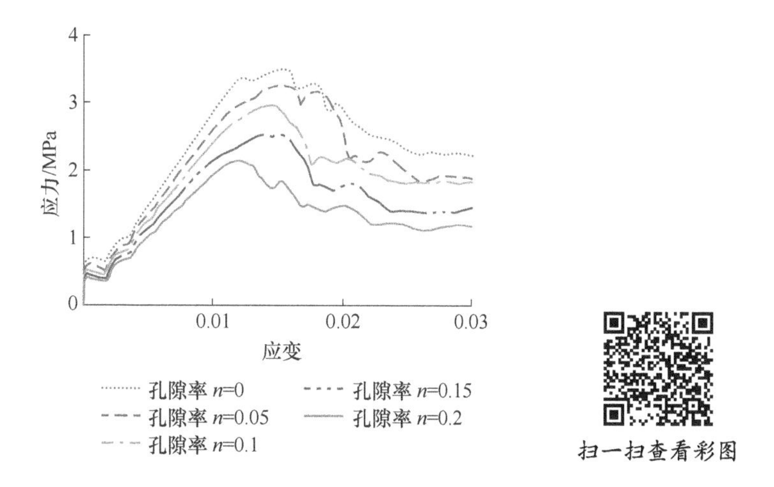

图 13-6　含不同孔隙率的裂隙试件单轴压缩应力应变曲线

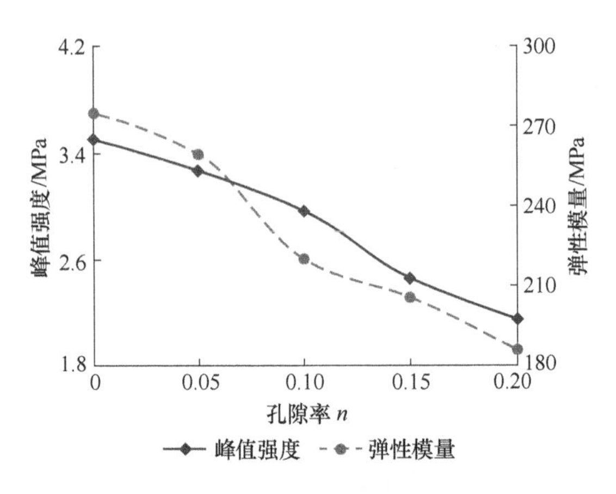

扫一扫查看彩图

图 13-7 试件单轴压缩强度与弹性模量随孔隙率变化关系

隙率较大时更为明显，如当裂隙率为 0.15 和 0.2 时，随着孔隙率的增加，虽然试件的破坏形式主要为剪切破坏，但是破坏单元的离散程度却随之明显增加，这说明尽管细观缺陷的存在并不能改变宏观缺陷对试件破坏的控制作用，但它却对这种控制作用有着较大影响，这与冯增朝等（2008）的研究结论是一致的。

（2）与宏观完整试件的应力应变曲线（见图 13-3）不同的是，在峰值强度之前，裂隙试件的应力应变曲线并不是完全线性的，这说明在线弹性阶段以后，试件已有塑性变形产生，这说明宏观缺陷即裂隙的存在，导致试件产生了明显的塑性变形。

（3）随着孔隙率的增加，试件应力应变曲线的峰值及斜率是逐渐降低的，这说明试件的峰值强度和弹性模量是逐渐降低的，即当孔隙率由 0 逐渐增加到 0.05、0.1、0.15 和 0.2 时，试件的峰值强度则由 3.50MPa 逐渐降低到 3.26MPa、2.96MPa、2.46MPa 和 2.15MPa；而相应地弹性模量则由 275.12MPa 逐渐降低到 259.14MPa、220.27MPa、205.75MPa 和 186.35MPa。总之，上述计算结果表明：孔隙率即细观缺陷对裂隙试件的破坏模式、弹性模量及峰值强度等均有明显影响。

13.2.3.2 裂隙倾角 α 对裂隙岩体力学特性的影响

这里以孔隙率 $n=0.1$、含一条长度 $2a=2\text{cm}$ 的岩体试件为计算模型，取裂隙倾角 α 分别为 0°、30°、45°、60°和 90°，其对岩体破坏模式及应力应变曲线的影响如图 13-8～图 13-10 所示，可以看出：

（1）当裂隙倾角为 0°时，在压缩荷载下，破坏单元首先出现在裂隙上下表面而不是裂隙尖端，这说明此时在裂隙尖端并没有明显的应力集中；然而当裂隙倾角为 90°时，破坏单元也并非出现在裂隙尖端，而是出现在远离裂隙的位置处。而当裂隙倾角分别为 30°、45°和 60°时，则是首先在裂隙尖端出现翼裂纹进而发生扩展，这是因为对于倾斜裂隙而言，在压缩荷载下，裂隙尖端将首先出明显的现应力集中。而后随着荷载的增加，远离裂隙的单元也开始发生破坏。与图 13-5 中 $n=0$ 时的工况相比，当试件不含细观缺陷时，试件的破坏都是沿着翼裂纹的方向扩展，而当试件含有细观缺陷时，试件破坏单元的分布则较为分散，但是二者的最终破坏模式是类似的。

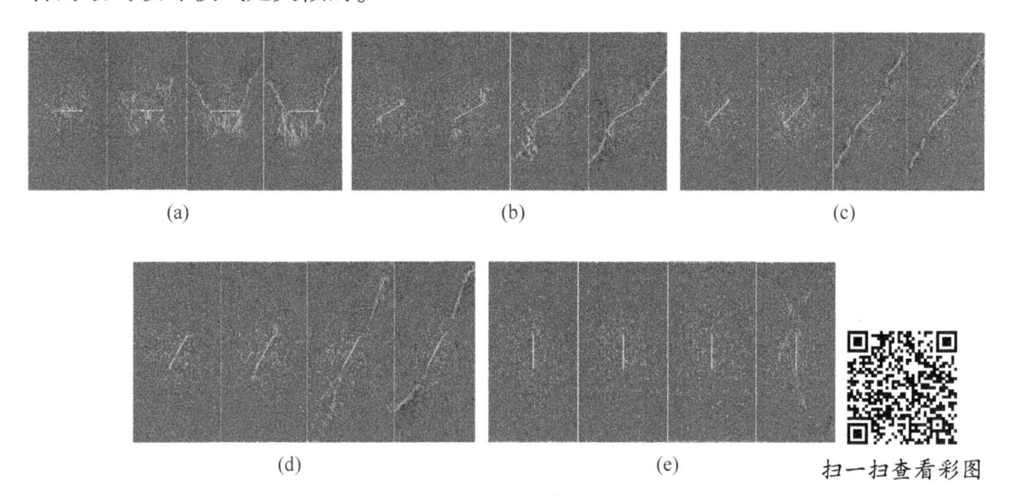

图 13-8 单轴压缩下含不同倾角裂隙的试件破坏模式

(a) $\alpha=0°$；(b) $\alpha=30°$；(c) $\alpha=45°$；(d) $\alpha=60°$；(e) $\alpha=90°$

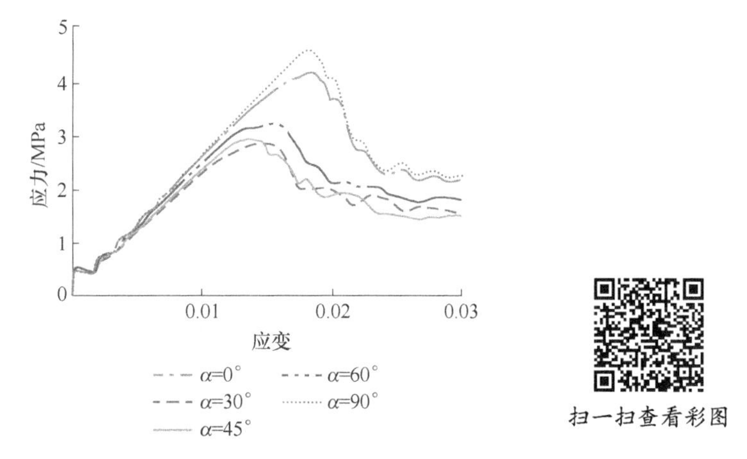

图 13-9 含不同裂隙倾角的试件单轴压缩应力-应变曲线

（2）当裂隙倾角为 90°时，试件的应力-应变曲线在峰值强度之前几乎是线性的，这说明此时裂隙对试件力学特性的影响很小；而其他试件的应力-应变曲线在峰值强度之前则出现了较大塑性变形。在峰值强度之后，所有试件的应力则开始降低，并逐渐趋于残余强度。

（3）随着裂隙倾角的增加，试件应力-应变曲线的峰值强度及斜率均呈现类似抛物线的变化规律，即当裂隙倾角为 0°、30°、45°、60°、75°和 90°时，试件的峰值强度则分别为 4.20MPa、2.86MPa、2.96MPa、3.25MPa 和 4.63MPa，裂隙倾角为 30°时的试件峰值强度最低；而相应的弹性模量则分别为 245.79MPa、216.79MPa、220.27MPa、225.69MPa 和 254.50MPa，同样，裂隙倾角为 30°时的试件弹性模量最低。总之，上述计算结果表明裂隙倾角对试件的破坏模式、弹性模量及峰值强度等均有明显影响。

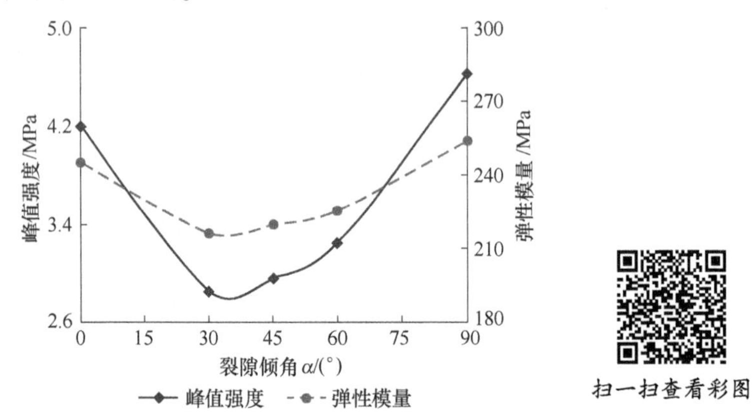

图 13-10 试件单轴压缩强度与弹性模量随裂隙倾角变化关系

13.2.3.3 裂隙长度 $2a$ 对裂隙岩体力学特性的影响

这里以孔隙率 $n=0.1$、裂隙倾角 $\alpha=45°$ 的单裂隙岩体试件为计算模型，取裂隙长度 $2a$ 分别为 0.5cm、1cm、2cm、3cm 和 4cm，其对岩体破坏模式及应力应变曲线的影响如图 13-11～图 13-13 所示，可以看出：（1）当裂隙长度较小时如

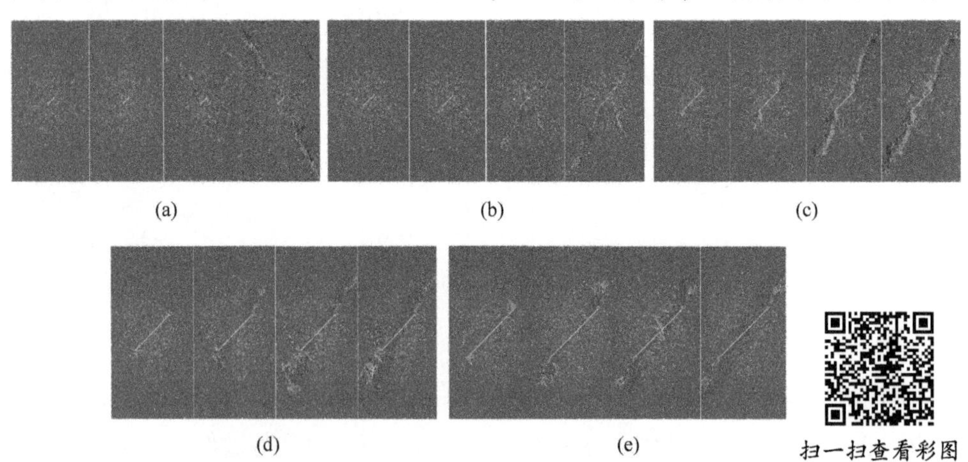

图 13-11 单轴压缩下含不同裂隙长度的试件破坏模式

（a）$2a=0.5$cm；（b）$2a=1$cm；（c）$2a=2$cm；（d）$2a=3$cm；（e）$2a=4$cm

$2a=1$cm，在压缩荷载下，破坏单元并不是首先出现在裂隙尖端附近；随着裂隙长度的增加，破坏单元则首先出现在裂隙尖端附近，这是因为当裂隙长度较小时，裂隙引起的应力集中程度并不比相应的微裂隙大。

（2）试件的应力应变曲线在峰值强度之前均表现出了明显的塑性变形。同时由图 13-12 中 $2a=1$cm 所对应的曲线可以看出，在峰值强度之前，应力应变曲线出现了曲折变化，这说明在压缩过程中，试件产生了较多的微小脆性破坏。

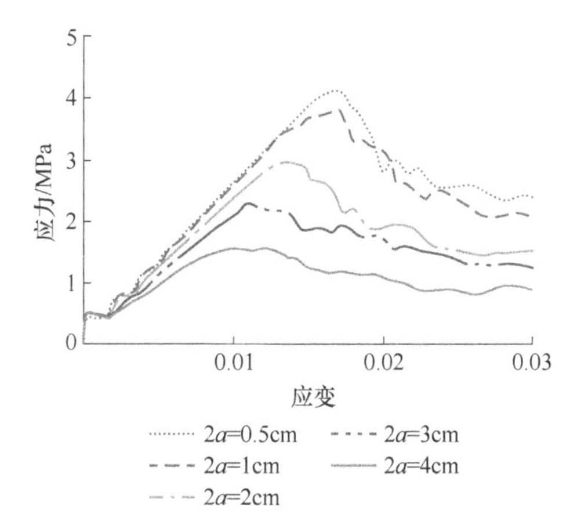

扫一扫查看彩图

图 13-12 含不同裂隙长度的试件单轴压缩应力应变曲线

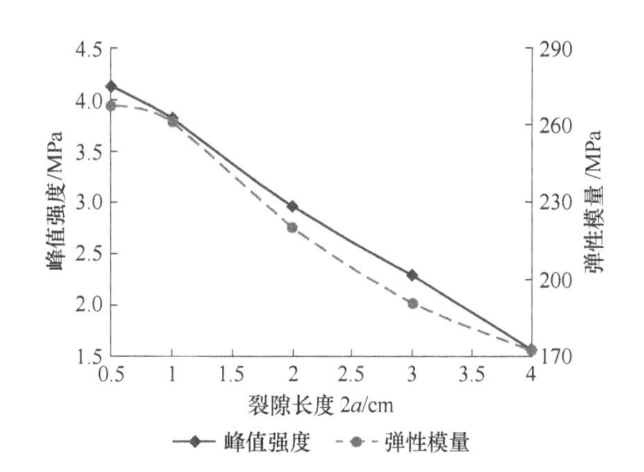

扫一扫查看彩图

图 13-13 试件单轴压缩强度与弹性模量随裂隙长度变化关系

（3）随着裂隙长度增加，试件应力应变曲线的峰值及斜率均逐渐减小。即当裂隙长度为 0.5cm、1cm、2cm、3cm 和 4cm 时，试件峰值强度则分别为 4.12MPa、3.81MPa、2.96MPa、2.29MPa 和 1.56MPa；相应的弹性模量分别为 267.78MPa、261.15MPa、220.27MPa、190.71MPa 和 172.33MPa，这说明试件峰值强度与弹性模量均随着裂隙长度的增加而降低。总之，上述计算结果表明裂隙长度对试件的破坏模式、弹性模量及峰值强度等均有明显影响。

13.3 冻融后裂隙岩质边坡稳定性数值分析

13.3.1 计算模型

裂隙岩质边坡的稳定性问题一直是岩石力学与工程中的一个重要研究课题。当裂隙贯通时，边坡破坏通常沿裂隙面发生，而实际工程中的裂隙大多是非贯通的，此时边坡的破坏通常取决于裂隙与岩块之间的相互作用。目前很多数值方法已被成功地应用于岩质边坡的稳定性分析中，如在 $FLAC^{3D}$ 中，通常采用裂隙单元来模拟岩体中的裂隙，并利用强度折减法计算边坡安全系数。如前所述，岩体是同时含有宏细观缺陷的复合损伤地质体，而目前的研究则几乎没有同时考虑这两类不同尺度缺陷对边坡稳定性的影响。通过上述研究发现，若忽略细观缺陷而仅考虑宏观缺陷对岩质边坡稳定性的影响是不甚合理的，因此，本节拟在上述研究的基础上，对含宏细观缺陷的岩质边坡稳定性进行计算，以探讨这两类缺陷对边坡安全系数的影响。

如前所述，细观缺陷可以通过前述的随机函数来实现；而宏观缺陷即裂隙，根据其是否贯通分为贯通裂隙和非贯通裂隙，根据其是否充填可以分为充填裂隙与非充填裂隙，这里以非贯通充填裂隙为研究对象。为简单起见，这里以仅含一条非贯通充填裂隙的岩质边坡模型为研究对象，如图 13-14 所示，其中裂隙长度和倾角分别为 $2a$ 和 α，需要说明的是为了减少计算工作量，计算模型尺寸取的相对较小。计算模型的左、右边界为水平约束、底部边界全约束，其余边界自由。模型材料参数见表 13-3，这里取的岩石力学参数相对较低，主要基于以下两方面原因，首先由于实际岩质边坡大多含有较多的中等规模裂隙，而在数值计算中无法对其逐一考虑，因此可通过对岩石强度折减的方法来反映上述裂隙对岩石力学性质的影响，即这些岩石力学参数是通过折减后的参数；其次，如果实际

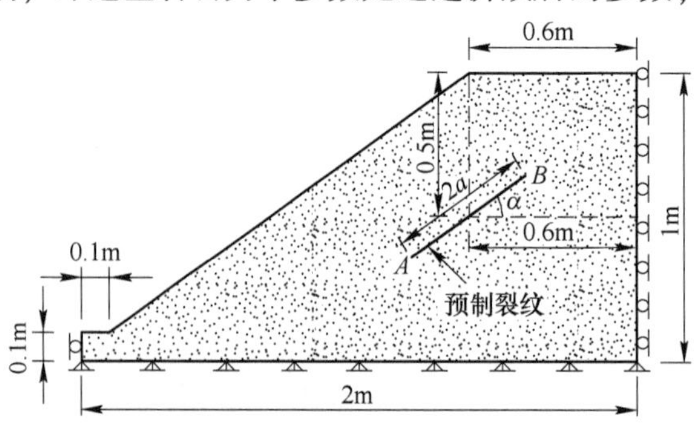

图 13-14 含宏细观缺陷的岩质边坡计算模型

岩石力学参数较高且几乎不含裂隙时，一般不会发生破坏。而本章研究的边坡则为实际工程中风化较为严重的岩质边坡，即力学参数相对较低，可能产生类似于土质边坡的圆弧滑动破坏，相应的数值计算方案见表 13-4。

表 13-3　岩质边坡计算参数

材料	ρ/kg · m^{-3}	K/MPa	G/MPa	c/kPa	φ/(°)	t/kPa	k_n/GPa · m^{-1}	k_s/GPa · m^{-1}
	2500	100	60	50	30	50	—	—
裂隙充填物	250	1	0.6	0.5	5	0.5	—	—
裂隙单元	—	—	—	50	30	—	1	1

注：ρ—密度；K—体积模量；G—剪切模量；c—黏聚力；φ—内摩擦角；t—抗拉强度；k_n，k_s—裂隙法向及切向刚度。

表 13-4　岩质边坡稳定性数值计算方案

序号	变量	计算工况	选用的边坡模型
1	n	0/0.01/0.05/0.1/0.15/0.2	$2a$=0.5m，α=35°，1 条裂隙
2	α/(°)	0/30/45/60/90	$2a$=0.5m，n=0.1，1 条裂隙
3	$2a$/cm	0.5/1/1.5/2/2.5	α=45°，n=0.1，1 条裂隙

13.3.2　裂隙模型

如前所述，这里视裂隙为充填型的非贯通裂隙，由于裂隙充填物的力学性质通常远远低于相应的岩石，因此常常会在裂隙充填物与岩石接触面上发生滑移。因此为了更好地模拟这种力学行为，在 FLAC^{3D} 中通常采用裂隙单元进行模拟。所以在该计算模型中，裂隙充填物采用实体模型，同时在裂隙充填物与岩石之间建立裂隙单元，最后形成新的裂隙单元模型，其如图 13-15 所示，其计算参数见表 13-3。

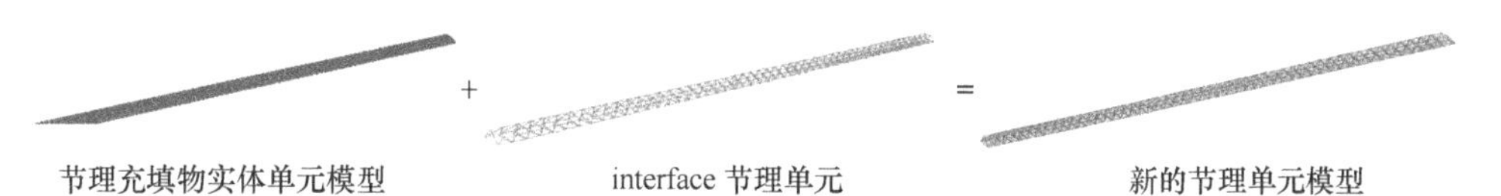

图 13-15　裂隙单元模型

扫一扫查看彩图

13.3.3 计算结果及分析

13.3.3.1 孔隙率 n 对边坡稳定性的影响

这里以裂隙倾角为 35°、裂隙长度为 0.5m 的单裂隙岩质边坡为计算模型，取岩石孔隙率 n 分别为 0、0.01、0.05、0.1、0.15 和 0.2，其对岩质边坡滑面及安全系数的影响如图 13-16 和图 13-17 所示，可以看出：

（1）孔隙率越小，边坡的临界滑面越规则。随着孔隙率的增加，边坡临界滑面变得越来越复杂，但是所有滑面均穿过裂隙，这是由于随着孔隙率的增加，孔隙率对滑面的影响也越来越大，相应的裂隙长度对滑面的影响也相对减弱，因此，边坡滑面也将由于细观缺陷的随机分布而变得更加复杂。

（2）随着岩石孔隙率 n 由 0 逐渐增加到 0.01、0.05、0.1、0.15 和 0.2，相应的岩质边坡的安全系数也由 16.81 逐渐降低到 16.75、16.25、15.47 和 14.22，尤其是当孔隙率大于 0.15 时，安全系数则随着孔隙率的增加而迅速降低。因此，岩石细观缺陷对边坡滑面及安全系数均有明显影响。

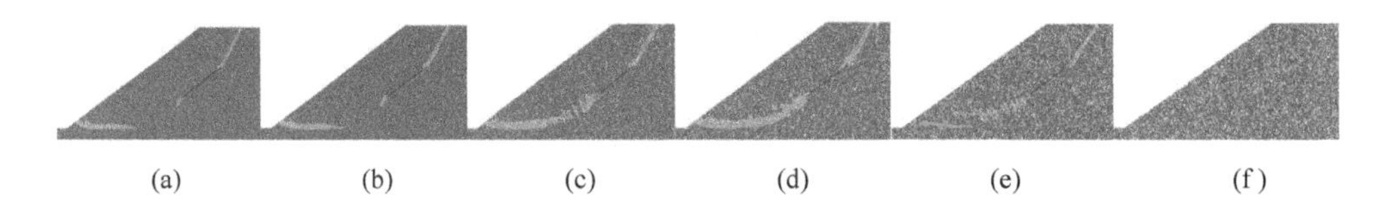

图 13-16 不同孔隙率时的边坡临界滑面

（a）$n=0$；（b）$n=0.01$；（c）$n=0.05$；（d）$n=0.1$；（e）$n=0.15$；（f）$n=0.2$

扫一扫查看彩图

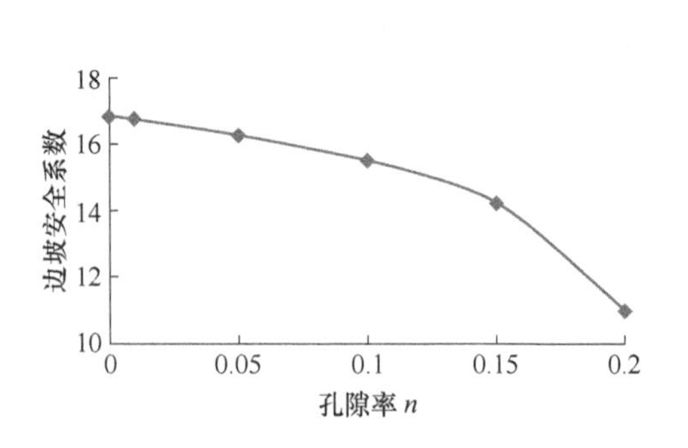

图 13-17 边坡安全系数随孔隙率的变化

13.3.3.2 裂隙倾角 α 对边坡稳定性的影响

这里以岩石孔隙率 $n=0.1$、裂隙长度为 0.5m 的单裂隙岩质边坡为计算模型，取裂隙倾角 α 分别为 0°、30°、45°、60°和 90°，其对岩质边坡滑面及安全系数的影响如图 13-18 和图 13-19 所示，可以看出：

（1）当裂隙倾角为 0°和 90°时，相应的边坡安全系数分别为 17.12 和 17.38，它们与相同孔隙率条件下的宏观完整岩质边坡安全系数几乎相同，这说明此时裂隙对边坡安全系数影响很小。此时边坡的临界滑面均与裂隙近似正交。然而，当裂隙倾角分别为 30°、45°和 60°时，边坡临界滑面均通过裂隙，此时裂隙对边坡安全系数有较大影响。

（2）裂隙倾角 α 分别为 0°、30°、45°、60°和 90°时，相应的岩质边坡安全系数分别为 17.12、15.44、14.81、16.62 和 17.38。从总体上来说，当裂隙倾角由 0°增加到 90°时，相应的边坡安全系数则呈近似开口向上的抛物线变化，而当裂隙倾角为 45°时，边坡安全系数最小。因此，裂隙倾角对边坡滑面及安全系数也均有明显影响。

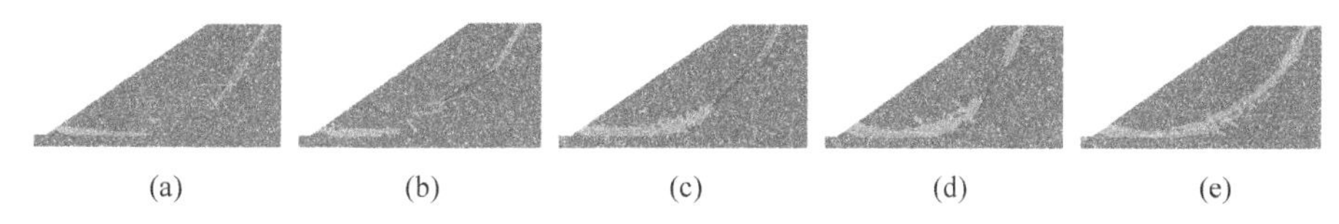

图 13-18 不同裂隙倾角时的边坡临界滑面

（a）$\alpha=0°$；（b）$\alpha=30°$；（c）$\alpha=45°$；（d）$\alpha=60°$；（e）$\alpha=90°$

扫一扫查看彩图

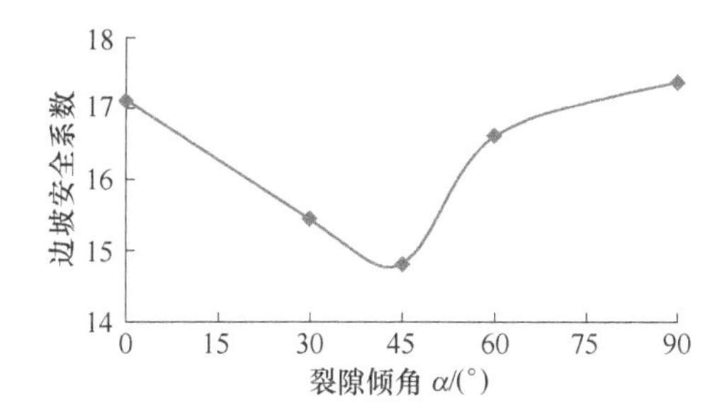

图 13-19 边坡安全系数随裂隙倾角的变化

13.3.3.3 裂隙长度 $2a$ 对边坡稳定性的影响

这里以岩石孔隙率 $n=0.1$、裂隙倾角 $\alpha=35°$ 的单裂隙岩质边坡为计算模型，取裂隙长度 $2a$ 分别为 0.2m、0.3m、0.4m、0.5m 和 0.6m，其对岩质边坡滑面及安全系数的影响如图 13-20 和图 13-21 所示，可以看出：

（1）裂隙长度越小时，相应的边坡临界滑面越复杂。随着裂隙长度的增加，边坡临界滑面也变得越来越光滑，这是因为随着裂隙长度的增加，裂隙对边坡临界滑面的影响也越来越重要，相应地岩石孔隙率即细观缺陷对边坡临界滑面的影响就越来越小，因此滑面就会变得越来越规则。

（2）当裂隙长度由 0.2m 分别增加到 0.3m、0.4m、0.5m 和 0.6m 时，相应的岩质边坡安全系数则由 17.25 分别降低到 17.06、16.38、15.47 和 15.03，即随着裂隙长度的增加，边坡安全系数逐渐降低，尤其是当裂隙长度超过 0.4m 时，边坡安全系数则随着裂隙长度的增加而明显降低。因此，裂隙长度对边坡滑面及安全系数也均有明显影响。

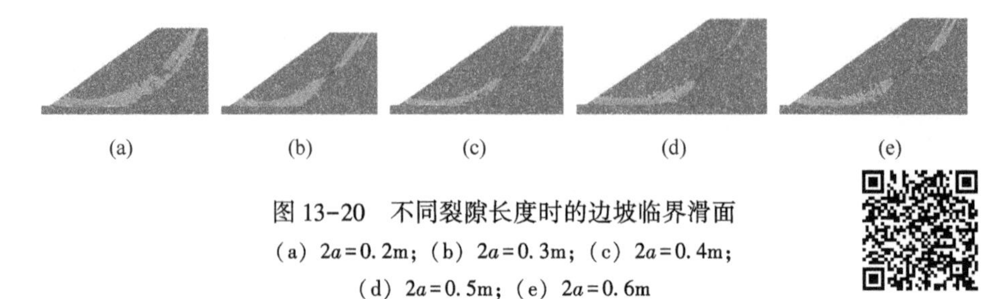

图 13-20 不同裂隙长度时的边坡临界滑面

（a）$2a=0.2$m；（b）$2a=0.3$m；（c）$2a=0.4$m；（d）$2a=0.5$m；（e）$2a=0.6$m

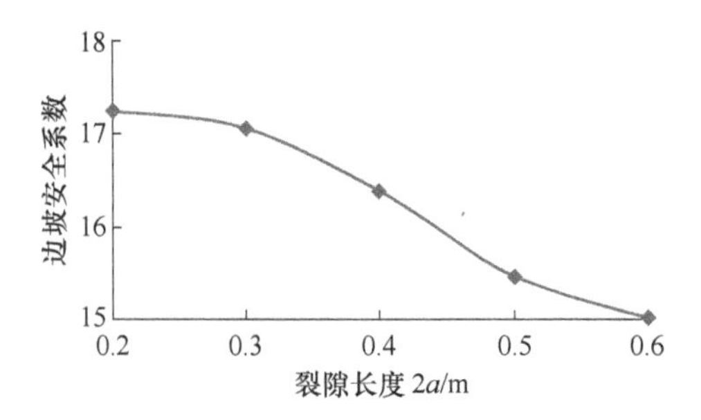

图 13-21 边坡安全系数随裂隙长度的变化

14 循环冻融下隧道围岩冻胀力理论计算

14.1 引言

由冻融造成的岩体工程失效是目前寒区工程建设中常常遇到的一个重要问题，如围岩冻胀导致的隧道衬砌开裂被认为是寒区隧道破坏的主要形式之一（田俊峰等，2007；Lai et al.，2000）。围岩冻胀力的计算是进行寒区隧道建设的前提和基础。由于岩体含有众多的孔隙及裂隙，当水进入其中，并在低温下发生冻结时将产生巨大的冻胀力（Lai et al.，1998），进而导致岩体发生进一步的损伤演化，而后融化后的水又进入新形成的裂隙中，如此循环往复，多次循环冻融将使岩体发生一系列的物理、力学变化，最终导致隧道衬砌开裂。为此许多学者分别从试验、理论及数值计算等多个方面对其进行了较为深入的研究。首先，在试验研究方面，渠孟飞等（2015）采用室内模型试验研究了水分在裂隙中迁移产生的冻胀力，认为衬砌冻胀力在仰拱和仰拱脚处较小，边墙处最大，而拱顶和拱脚居中。Hu 等（2018）通过室内模型试验研究了作用在隧道衬砌结构上的冻胀力分布特征。Qiu 等（2010）通过室内试验研究了在不同约束及冻结深度下寒区裂隙岩体隧道中的冻胀力分布规律，发现冻结深度越深、顶部约束越强，隧道围岩的冻胀力就越大。其次，在理论研究方面，赖远明等（1999）基于弹性黏弹性相应原理求得寒区隧道的冻胀力和衬砌应力；张全胜等（2003）基于弹性理论建立了隧道围岩冻胀力计算方法，而后采用复变函数法得到了冻融后隧道衬砌所受冻胀力计算公式；刘泉声等（2015）基于弹性力学、渗流和相变理论建立了考虑水分迁移下的单裂隙冻胀力求解模型，认为冻胀力不仅随着水分迁移通量的增加而快速减小，还与岩石基质及冰体的力学参数有关。最后，在数值计算方面，Tan 等（2011）、谭贤君等（2013）基于连续介质力学、热动力学及分凝势理论分别建立了岩体温度-渗流（TH）耦合模型及温度-渗流-应力-损伤（THMD）耦合模型，并开发了相应的有限元数值计算程序，应用于某隧道的冻胀计算。

由于从理论角度对岩体及隧道围岩冻胀力进行研究是从根本上掌握隧道冻融破坏本质的主要途径之一，尽管目前已经取得了较为丰硕的研究成果，但是仍需要进一步完善。如前述理论计算模型（赖远明等，1999；张全胜等，2003；刘泉声等，2015）均没有考虑围岩冻胀力随循环冻融次数的变化规律，仅考虑了单次冻胀条件下的围岩冻胀力，而隧道等实际岩体工程在服务年限内均会经历多次循环冻融，也将不可避免地会对岩石造成冻融损伤，那么如何考虑岩石循环冻融损伤对围岩冻胀力的影响则是目前亟待解决的一个重要问题。可喜的是也有学者已开始对该问题进行了初步研究，如 Liu 等（2019）建立了考虑循环冻融引起的岩石损伤对围岩冻胀力影响的理论模型，但是该研究仍存在以下 3 方面的问题，需要进一步深入研究：

（1）在冻胀力弹性理论计算中，其仅考虑了冻结围岩向衬砌方向的膨胀变形，而未考虑其向未冻结围岩区的膨胀变形；

（2）在计算岩石冻融损伤时，其假设每次冻胀引起的微裂纹扩展长度都相等，这有些过于理想；

（3）关于岩石冻胀率的计算，其认为冻融前后岩石的纵波波速不变，然后在此基础上得到了相应的孔隙率计算公式，并最终用于计算岩石冻胀率，这也不甚合理，因为由于冻融造成的损伤，岩石经历循环冻融后，其纵波波速必然会发生变化。

为此，针对上述三方面的问题，本章首先引用前人提出的基于弹性理论的围岩冻胀力计算理论，而后结合损伤断裂理论研究循环冻融对岩石造成的损伤，即获得岩石弹性模量随循环冻融次数的劣化规律，最终提出考虑岩石循环冻融损伤的隧道围岩冻胀力计算方法。

14.2 基于弹性理论的围岩冻胀力计算

这里引用张全胜等（2003）研究结果，计算模型如图 14-1 所示，即将隧道衬砌和围岩中的冻结区及未冻结区看成是由三个轴对称弹性体相互完全接触组成的受力体系，其中隧道为位于无限大山体中的圆形孔，a，b，c 分别为衬砌内径、

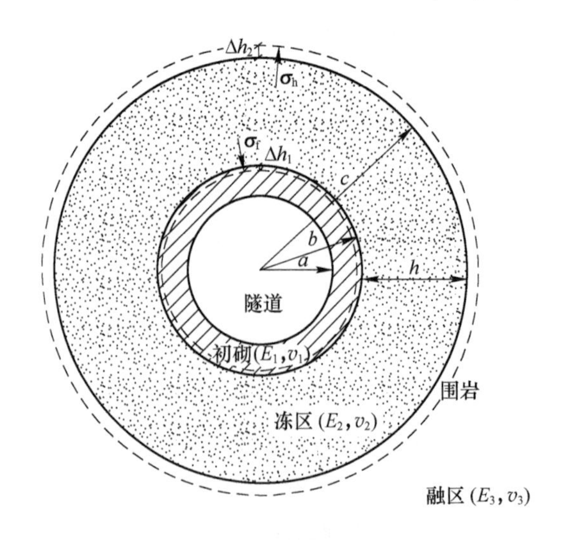

图 14-1 隧道冻胀力计算模型

冻结区内径（也为衬砌外径）、冻结区外径，并做如下假设：

（1）围岩为均质、各向同性的连续介质；

（2）隧道衬砌及围岩受力属于弹性力学的平面应变问题；

（3）冻结区始终处于饱和状态；

（4）不考虑围岩及隧道衬砌的自重。

设冻结围岩发生冻胀时向衬砌方向及未冻结围岩方向上发生的冻胀位移分别为 Δh_1 和 Δh_2。$\boldsymbol{\sigma}_{\mathrm{f}}$ 和 $\boldsymbol{\sigma}_{\mathrm{h}}$ 分别为由冻结围岩作用在衬砌及未冻结围岩上的冻胀力，这里主要关心作用在衬砌上的冻胀力 $\boldsymbol{\sigma}_{\mathrm{f}}$。那么对衬砌而言，其可视为仅受外压及冻胀力作用的厚壁圆筒，即为典型的轴对称问题，因此，可以采用极坐标进行求解。根据弹性理论（徐秉业等，1995），在冻胀力 $\boldsymbol{\sigma}_{\mathrm{f}}$ 作用下，隧道衬砌的径向位移为（其环向位移为零）：

$$u_1(r) = -\frac{b^2\boldsymbol{\sigma}_{\mathrm{f}}}{E_1(b^2 - a^2)}\left[(1 - 2\nu_1)(1 + \nu_1)r + \frac{(1 + \nu_1)a^2}{r}\right] \tag{14-1}$$

式中，E_1，ν_1 分别为衬砌弹性模量与泊松比。

在衬砌外径处，即 $r=b$ 时，其位移 δ_1 为：

$$\delta_1 = -\frac{b\boldsymbol{\sigma}_{\mathrm{f}}}{E_1(b^2 - a^2)}(1 + \nu)[(1 - 2\nu)b^2 + a^2] \tag{14-2}$$

冻结围岩可视为同时受内压 $\boldsymbol{\sigma}_{\mathrm{f}}$ 及外压 $\boldsymbol{\sigma}_{\mathrm{h}}$ 作用的轴对称问题，由此可得其位移为（徐秉业等，1995）：

$$u_2(r) = \frac{(1 - 2\nu_2)(1 + \nu_2)(b^2\boldsymbol{\sigma}_{\mathrm{f}} - \boldsymbol{\sigma}_{\mathrm{h}}c^2)r}{E_2(c^2 - b^2)} + \frac{(1 + \nu_2)(\boldsymbol{\sigma}_{\mathrm{f}} - \boldsymbol{\sigma}_{\mathrm{h}})b^2c^2}{E_2(c^2 - b^2)r} \tag{14-3}$$

式中，E_2、ν_2 分别为冻结区岩石弹性模量与泊松比。

那么，在冻结区内壁处，即 $r=b$ 处，其位移 δ_{f1} 为：

$$\delta_{\mathrm{f1}} = \frac{(1 - 2\nu_2)(1 + \nu_2)(b^2\boldsymbol{\sigma}_{\mathrm{f}} - \boldsymbol{\sigma}_{\mathrm{h}}c^2)b}{E_2(c^2 - b^2)} + \frac{(1 + \nu_2)(\boldsymbol{\sigma}_{\mathrm{f}} - \boldsymbol{\sigma}_{\mathrm{h}})bc^2}{E_2(c^2 - b^2)} \tag{14-4}$$

而在冻结区外壁处，即 $r=c$，其位移 δ_{f2} 为：

$$\delta_{\mathrm{f2}} = \frac{(1 - 2\nu_2)(1 + \nu_2)(b^2\boldsymbol{\sigma}_{\mathrm{f}} - \boldsymbol{\sigma}_{\mathrm{h}}c^2)c}{E_2(c^2 - b^2)} + \frac{(1 + \nu_2)(\boldsymbol{\sigma}_{\mathrm{f}} - \boldsymbol{\sigma}_{\mathrm{h}})b^2c}{E_2(c^2 - b^2)} \tag{14-5}$$

而未冻结围岩可视为仅在内壁受 $\boldsymbol{\sigma}_{\mathrm{h}}$ 作用的轴对称厚壁圆筒，由弹性理论可得其内壁位移为（徐秉业等，1995）：

$$\delta_2 = \frac{c}{E_3}(1 + \nu_3)\boldsymbol{\sigma}_{\mathrm{h}} \tag{14-6}$$

式中，E_3，ν_3 分别为未冻结岩石弹性模量与泊松比。

那么，根据位移连续性条件，在衬砌与冻结围岩的接触面及冻结区与未冻结区的接触面应满足：

$$\begin{cases} -\delta_1 + \delta_{f1} = \Delta h_1 \\ \delta_2 - \delta_{f2} = \Delta h_2 \end{cases} \tag{14-7}$$

其中：

$$\Delta h_1 = \frac{\Delta V_1}{2\pi b} = \frac{\alpha\pi\left[\left(\frac{b+c}{2}\right)^2 - b^2\right]}{2\pi b} = \frac{\alpha\left[\left(\frac{b+c}{2}\right)^2 - b^2\right]}{2b}$$

$$\Delta h_2 = \frac{\Delta V_2}{2\pi c} = \frac{\alpha\pi\left[c^2 - \left(\frac{b+c}{2}\right)^2\right]}{2\pi c} = \frac{\alpha\left[c^2 - \left(\frac{b+c}{2}\right)^2\right]}{2c}$$

式中，α 为冻结围岩冻胀率；ΔV_1，ΔV_2 分别为冻结围岩在内、外半径处的冻结膨胀量。

那么，由此可得围岩冻胀力 $\boldsymbol{\sigma}_f$ 为：

$$\boldsymbol{\sigma}_f = \frac{\kappa}{\psi} \tag{14-8}$$

式中：

$$\kappa = \frac{\alpha bc(1+\nu_2)(1-2\nu_2)}{2E_2(c^2-b^2)k}\left[c^2 - \left(\frac{b+c}{2}\right)^2\right] + \frac{\alpha bc(1+\nu_2)}{2E_2(c^2-b^2)k}\left[c^2 - \left(\frac{b+c}{2}\right)^2\right] + \frac{\alpha}{2b}\left[\left(\frac{b+c}{2}\right)^2 - b^2\right]$$

$$\psi = \frac{(1+\nu_2)b}{E_2(c^2-b^2)}[(1-2\nu_2)b^2 + c^2] - \frac{(1+\nu_2)^2 b^3 c^3}{E_2^2(c^2-b^2)^2 k}[(1-2\nu_2)^2 + 1] - \frac{2(1+\nu_2)^2(1-2\nu_2)b^3c^3}{E_2^2(c^2-b^2)^2 k} + \frac{(1+\nu_1)b[(1-2\nu_1)b^2 + a^2]}{E_1(b^2-a^2)}$$

其中，$k = \frac{c}{E_3}(1+\nu_3) + \frac{(1+\nu_2)(1-2\nu_2)c^3}{E_2(c^2-b^2)} + \frac{(1+\nu_2)b^2c}{E_2(c^2-b^2)}$。

由式（14-8）可知：围岩冻胀力不仅与模型几何尺寸如衬砌内径 a、冻结区内径（也为衬砌外径）b 和冻结区外径 c 有关，而且还与模型弹性常数如衬砌弹性模量与泊松比（E_1、ν_1）、冻结岩石弹性模量与泊松比（E_2、ν_2）和未冻结岩石弹性模量与泊松比（E_3、ν_3）有关，更重要的是还与围岩冻胀率 α 有关。前两类参数均较容易确定，这里就不再重述。下面重点对冻胀率的确定方法进行探讨。冻胀率是岩石冻胀性的定量描述，N. Matsuoka（1990）对饱和岩石的冻结试验表明，岩石冻胀率受孔隙水冻结后的体积膨胀、水热迁移作用及岩石对冻胀的约束作用等因素的共同影响，同时其对多种不同类型岩石的冻胀率进行了试验测试，为 0.1% ~ 0.5%。考虑水热迁移作用对岩石冻胀率的影响，夏才初等（2013）提出了开放条件下饱和岩石冻胀率的计算公式：

$$\alpha = 2.17\%\eta n \tag{14-9}$$

式中，η 为水热迁移影响系数，冻胀敏感性岩石取 1.58，非冻胀敏感性岩石取 1.0；n 为岩石孔隙率。

14.3 循环冻融下围岩弹性模量的变化

14.3.1 冻胀力作用下单条微裂纹起裂判据及扩展方向

由于岩石含有众多的微裂纹，其发生冻融破坏的本质是由于微裂纹中的水经低温冻结成冰，产生体积膨胀，进而在膨胀力作用下微裂纹扩展，造成岩石性质劣化；当温度升高时，冰融化为水，而后又进入扩展后的微裂纹，若水的补给充足，则可认为微裂纹将始终处于饱和状态；当温度降低时，水又冻结成冰，进而造成微裂纹进一步扩展，周而复始。每一次循环冻融都将对岩石造成一定程度的损伤，在细观上则表现为微裂纹长度增加，而在宏观上则体现为弹性模量降低。为此，下面拟从细观力学角度，研究循环冻融对岩石弹性模量的影响，并在 14.2 节的基础上提出考虑损伤的隧道围岩冻胀力计算方法。

将岩石中的微裂纹视为平面状态下的扁平状椭圆裂隙（见图 14-2），椭圆长轴 $2l$，短轴 $2b$，且 $b \ll l$。

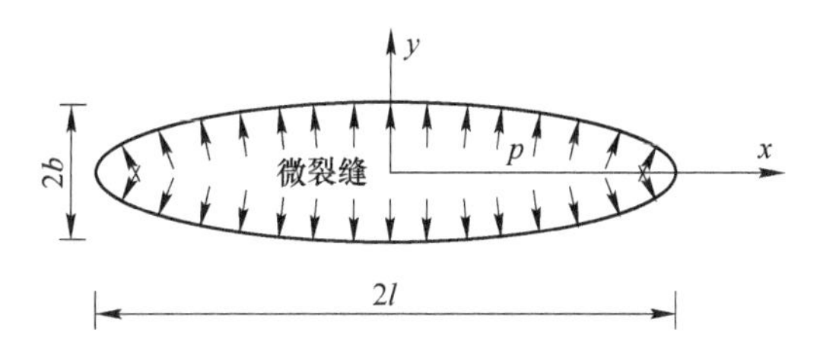

图 14-2 冻胀力作用下的微裂纹模型

微裂纹内壁受到均匀的法向冻胀力 p 的作用，经过 N 次循环冻融后，微裂纹半长变为 l_N，假设微裂纹沿着应变能密度因子最小的方向扩展，即微裂纹的失稳扩展是由于最小应变能密度因子 $S_{\min}$ 达到材料相应的临界值 S_c 时发生的，在平面应变条件下，纯 Ⅰ 型微裂纹尖端区域应变能密度场强度为（李世愚等，2010）：

$$\boldsymbol{S} = a_{11}K_{\mathrm{I}}^2 \tag{14-10}$$

式中，$a_{11} = \dfrac{1}{16\pi G_r}[(3 - 4\nu_r - \cos\theta)(1 + \cos\theta)]$，$G_r$ 为岩石剪切模量；ν_r 为泊松比，θ 为翼裂纹起裂角。

$$\frac{\partial \boldsymbol{S}}{\partial \theta} = 0, \quad \frac{\partial^2 \boldsymbol{S}}{\partial \theta^2} > 0 \tag{14-11}$$

由式（14-11）可以确定翼裂纹起裂角 $\theta = 0$，即微裂纹发生自相似扩展。

微裂纹起裂判据为：

$$\boldsymbol{S}_{\min} = \boldsymbol{S}_{\mathrm{c}} = \frac{1 - 2\nu_{\mathrm{r}}}{4\pi G_{\mathrm{r}}} K_{\mathrm{IC}}^{2} \tag{14-12}$$

式中，K_{IC}为岩石断裂韧性。

14.3.2 冻胀力作用下单条微裂纹扩展长度

当微裂隙发生冻胀作用时，其内壁将作用有均匀分布的冻胀力，相应地微裂纹将向 x、y 两个方向扩展，如图 14-3 所示，在研究微裂纹冻胀扩展时做以下假设（阎锡东等，2015）：（1）冻胀前后微裂纹均为平面椭圆形，即形状不变和中心位置不变，仅大小变化；（2）忽略水分迁移与岩石骨架变形；（3）微裂纹始终饱和状态；（4）微裂纹稳定扩展，且符合线弹性断裂理论。

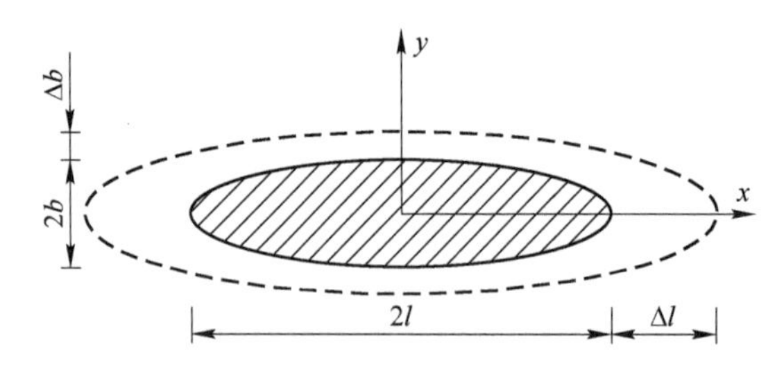

图 14-3 微裂纹冻胀扩展模型

根据 Griffith 能量释放率理论，当微裂纹中的水冻结成冰时，体积膨胀，但是，由于微裂纹面的束缚，冰体对其产生膨胀压力，因而在微裂纹周围介质中将产生弹性应变能。当微裂纹尖端应力强度因子 K_{1} 大于断裂韧度值 K_{IC}时，微裂纹开始扩展，弹性应变能释放，因而有：

$$W = \boldsymbol{Z} - U \tag{14-13}$$

式中，W 为冻胀力做的功；Z 为微裂纹周边储存的弹性应变能；U 为整个系统下降的总势能。

假设微裂纹扩展时弹性应变能全部释放，则：

$$W = - U \tag{14-14}$$

当应力强度因子大于等于断裂韧度时，微裂纹开始扩展，则扩展后的裂纹形态如图 14-3 虚线所示。此时，冻胀力沿微裂纹壁面法向做功，故式（14-14）左边的表达式可以表示为：

$$W = 4pl \times \Delta b \tag{14-15}$$

式（14-14）右边的系统势能降低值可用扩展力做功表示为：

$$U = - 2Y \times \Delta l \tag{14-16}$$

式中，Y 为微裂隙 Griffith 能量释放率，计算公式为：

$$Y = \frac{p^2 \pi l}{E_r^T} = \frac{p^2 \pi l}{mE_r} \tag{14-17}$$

式中，E_r^T为 T 温度下的岩石弹性模量，根据奚家米等（2014）的研究，当温度降低时，岩石的弹性模量会增加，即取 $E_r^T = mE_r$，E_r^T和 E_r 分别为常温和低温 T 时的岩石弹性模量；m 为由温度降低引起的弹性模量放大系数，其值与温度 T 有关，通常取为 1~2。

把式（14-15）~式（14-17）代入式（14-14）可得：

$$\Delta b = \frac{Y\Delta l}{2pl} \tag{14-18}$$

那么，根据微裂纹中的水发生相变前后微裂纹的体积变化，可得：

$$\pi lb + \Delta V_i = \pi(l + \Delta l)(b + \Delta b) \tag{14-19}$$

由式（14-18）和式（14-19）可得到关于微裂纹扩展长度的方程为：

$$A(\Delta l)^2 + B(\Delta l) + C = 0 \tag{14-20}$$

式中，$A = \pi Y$；$B = \pi(2plb + lG)$；$C = - 2pl\Delta V_i$。

对式（14-20）进行求解可得平面应变条件下裂纹扩展长度与冻胀应力之间的关系式为：

$$\Delta l = \frac{-(2plb + lY)\pi + \sqrt{(2plb + lY)^2\pi^2 + 8\pi Ypl \times \Delta V_i}}{2Y\pi} \tag{14-21}$$

可以看出，当采用式（14-21）求解时，需要确定冰体单宽膨胀体积 ΔV_i 及冰对微裂纹壁的膨胀压力 p。

首先讨论 ΔV_i 的计算方法，若不考虑微裂纹面的束缚，微裂纹中的冰体将发生自由膨胀，但是在实际情况下，微裂纹壁将对冰体施加大小为 p 的反作用力，冰体产生弹性应变。根据弹性理论，在平面应变条件下冰的体应变 $\boldsymbol{\varepsilon}_v$ 为：

$$\boldsymbol{\varepsilon}_v = \frac{3(1 - 2\nu_i)}{E_i}p = \frac{p}{K_i} \tag{14-22}$$

式中，E_i、ν_i、K_i 分别为冰的弹性模量、泊松比与体积模量。

假设冰在自由膨胀时，其体积膨胀率为 9%，那么在膨胀压力为 p 时的微裂纹体积变化量为：

$$\Delta V_i = \pi lb(1.09 - \boldsymbol{\varepsilon}_v) = \pi lb(1.09 - p/K_i) \tag{14-23}$$

其次，讨论单条微裂纹冻胀力 p 的计算，由图 14-3 可知，由于膨胀后微裂纹的大小将发生改变，而形状保持不变，因此可设为：

$$q = \frac{b}{l} = \frac{\Delta b}{\Delta l} \tag{14-24}$$

结合式（14-18）、式（14-24）可得：

$$p = \frac{2qE_r^T}{\pi} = \frac{2qmE_r}{\pi} \tag{14-25}$$

把式（14-17）、式（14-23）、式（14-25）代入式（14-21）可得：

$$\Delta l = [\sqrt{2.09 - 2qmE_r/(\pi K_i)} - 1]l \tag{14-26}$$

14.3.3 循环冻融下岩石弹性模量变化规律

下面基于细观损伤理论，采用一种平均化方法，把上述细观损伤力学研究结果反映到材料的宏观力学性能中去，这里采用 Mori-Tanaka 方法（余寿文等，1997），在二维条件下，考虑微裂纹之间的互相作用，可得到岩石有效弹性模量的表达式为：

$$\frac{E_N}{E_0} = \frac{1}{1 + \pi\beta} \tag{14-27}$$

式中，E_0 为岩石初始弹性模量，MPa；E_N 为冻融 N 次之后的岩石等效弹性模量，MPa；β 为微裂纹密度参数，表示为$\beta = \rho(\Delta l)^2$，ρ 为单位面积上经冻融后扩展半长为 Δl 的微裂纹数量，条/m^2。

首先，由于假设微裂纹始终饱和，那么由第 N 次循环冻融而导致的微裂纹扩展半长 Δl_N 为：

$$\Delta l_N = [\sqrt{2.09 - 2qmE_r/(\pi K_i)} - 1]l_{N-1} \tag{14-28}$$

经过 N 次循环冻融后，微裂纹扩展半长 l_N 为：

$$l_N = \Delta l_N + l_{N-1} \tag{14-29}$$

那么经过 N 次循环冻融后，微裂纹密度参数 β 可表示为：

$$\beta = \rho\left(\sum_{i=1}^{N} \Delta l_i\right)^2 \tag{14-30}$$

其次，ROSTáSY 等（1980）研究认为岩石经过多次循环冻融后，微裂纹总数基本没有增加，只是长度较长的微裂纹发生扩展，而长度较小的微裂纹由于受到其他微裂纹的挤压而闭合。也就是说随着循环冻融的进行，能够持续扩展的微裂纹数目将越来越少。根据 Griffith 微裂纹传播理论，单位体积内被激活扩展的微裂纹数量服从指数分布，即：

$$\rho = \rho_0 e^{-l/l_c} \tag{14-31}$$

式中，ρ 为单位面积上微裂纹半径大于 l 的微裂纹数目；ρ_0 为微裂纹总数；l_c 为微裂纹分布参数。

把式（14-28）~式（14-31）代入式（14-27）可得：

$$\frac{E_N}{E_0}=\frac{1}{1+\pi\rho_0 e^{-l_N/l_c}\left(\sum_{i=1}^{N}\Delta l_i\right)^2} \tag{14-32}$$

由式（14-32）即可求得 N 次循环冻融后岩石弹性模量 E_N。为了验证上述计算方法的正确性，与 Tan 等（2011）的试验数据进行对比，试验所用岩石为取自西藏嘎隆拉山区的花岗岩，制作成直径 50mm、高为 100mm 的圆柱形试件，其物理力学参数为：干质量及饱和质量分别为 521.87g 和 523.13g，干密度 2.77g/cm³，初始孔隙率 0.0067，单轴压缩峰值强度 135.73MPa、初始弹性模量 E_0 = 37.64GPa 及泊松比 $\nu_0=0.25$，取微裂纹半长 $l=9.0\times10^{-7}$m、半宽 $b=1.7\times10^{-8}$m、微裂纹分布参数 $l_c=5\times10^{-7}$m、微裂纹密度 $\rho=1.7\times10^{13}$条/m²、冰的弹性模量 E_i = 600MPa 及泊松比 $\nu_i=0.33$，取 $m=1.42$，则可求得其弹性模量随循环冻融次数 N 的变化规律，如图 14-4 所示，可以看出：随着循环冻融次数的增加，岩石弹性模量逐渐降低，且降低速度随着循环冻融次数的增加而逐渐减小，与试验结果吻合较好。

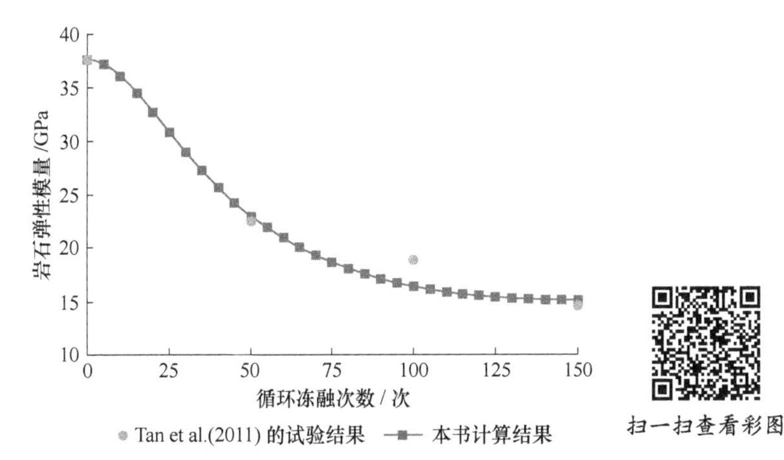

图 14-4 岩石弹性模量随循环冻融次数的变化规律

14.4 循环冻融下围岩冻胀力损伤力学解答

由 14.3 节可知，循环冻融会对岩石造成不同程度损伤，进而导致岩石弹性模量降低。而在 14.2 节中关于围岩冻胀力的计算式（14-8）是按照弹性理论进行计算的，即没有考虑循环冻融后岩石弹性模量的降低及孔隙率的增加，因而仅适合于求解围岩的初次冻胀力，而实际岩石工程往往是在工程服务期内经历多次循环冻融，因此这里拟考虑循环冻融对围岩的损伤，提出循环冻融下围岩冻胀力的损伤力学解答，假设循环冻融仅对冻结区岩石的力学性质有影响，而对衬砌混凝土及未冻结区岩石的力学性质则没有影响，那么由式（14-32）及式（14-8）即可求得第 N 次循环冻融时的围岩冻胀力 $\boldsymbol{\sigma}_{\mathrm{f}(N)}$ 为：

$$\boldsymbol{\sigma}_{\mathrm{f}(N)} = \boldsymbol{\kappa}_{(N)}/\boldsymbol{\psi}_{(N)} \tag{14-33}$$

式中：

$$\kappa(N) = \frac{\alpha bc(1+\nu_2)(1-2\nu_2)}{2E_{2(N)}(c^2-b^2)k}\left[c^2-\left(\frac{b+c}{2}\right)^2\right] + \frac{\alpha bc(1+\nu_2)}{2E_{2(N)}(c^2-b^2)k}\cdot \left[c^2-\left(\frac{b+c}{2}\right)^2\right] + \frac{\alpha}{2b}\left[\left(\frac{b+c}{2}\right)^2-b^2\right]$$

$$\psi(N) = \frac{(1+\nu_2)b}{E_{2(N)}(c^2-b^2)}[(1-2\nu_2)b^2+c^2] - \frac{(1+\nu_2)^2b^3c^3}{E_{2(N)}^2(c^2-b^2)^2k}[(1-2\nu_2)^2+1] - \frac{2(1+\nu_2)^2(1-2\nu_2)b^3c^3}{E_{2(N)}^2(c^2-b^2)^2k} + \frac{(1+\nu_1)b[(1-2\nu_1)b^2+a^2]}{E_1(b^2-a^2)}$$

其中：$E_{2(N)} = \dfrac{E_0}{1+\pi\rho_0 \mathrm{e}^{-l_N/l_c}\left(\sum\limits_{i=1}^{N}\Delta l_i\right)^2}$，为经历第 N 次循环冻融后冻结区岩石的弹性模量，其余参数同前。这里假设循环冻融对冻结区岩石的泊松比影响很小，泊松比可以忽略不计。

同时，由于随着循环冻融次数的增加，岩石弹性模量降低，与之相对应的物理过程是岩石孔隙率增加，而由式（14-9）可知，随着孔隙率增加，岩石冻胀率将明显增加，最终将对围岩冻胀力产生影响，因此，下面讨论循环冻融对岩石孔隙率的影响。田延哲等（2017）认为在循环冻融作用下，岩石弹性模量随其孔隙率的变化规律为：

$$E_N = E_0 \mathrm{e}^{s(n_N-n_0)} \tag{14-34}$$

式中，E_0，E_N 分别为岩石的初始弹性模量及经过 N 次循环冻融后的弹性模量；n_0，n_N 分别为岩石的初始孔隙率及经过 N 次循环冻融后的孔隙率；s 为拟合系数。

那么由式（14-34）可得：

$$n_N = \frac{1}{s}\ln\frac{E_N}{E_0} + n_0 \tag{14-35}$$

把其代入式（14-9）可得经过 N 次循环冻融的岩石冻胀率 α_N 为：

$$\alpha_N = 2.17\%\eta\left(\frac{1}{s}\ln\frac{E_N}{E_0} + n_0\right) \tag{14-36}$$

把式（14-36）代入式（14-8）即可得到第 N 次的隧道围岩冻胀力 $\boldsymbol{\sigma}_{f(N)}$ 为：

$$\boldsymbol{\sigma}_{f(N)} = \frac{\mathrm{I} + \mathrm{II} + \mathrm{III}}{\mathrm{IV} - \mathrm{V} - \mathrm{VI} + \mathrm{VII}} \tag{14-37}$$

$$\mathrm{I} = \frac{2.17\%\eta\left(\frac{1}{s}\ln\frac{E_{2(N)}}{E_2} + n_0\right)bc(1+\nu_2)(1-2\nu_2)}{2E_{2(N)}(c^2-b^2)k}\left[c^2 - \left(\frac{b+c}{2}\right)^2\right]$$

$$\mathrm{II} = \frac{2.17\%\eta\left(\frac{1}{s}\ln\frac{E_{2(N)}}{E_2} + n_0\right)bc(1+\nu_2)}{2E_{2(N)}(c^2-b^2)k}\left[c^2 - \left(\frac{b+c}{2}\right)^2\right]$$

$$\mathrm{III} = \frac{2.17\%\eta\left(\frac{1}{s}\ln\frac{E_{2(N)}}{E_2} + n_0\right)}{2b}\left[\left(\frac{b+c}{2}\right)^2 - b^2\right]$$

$$\mathrm{IV} = \frac{(1+\nu_2)b}{E_{2(N)}(c^2-b^2)}\left[(1-2\nu_2)b^2 + c^2\right]$$

$$\mathrm{V} = \frac{(1+\nu_2)^2b^3c^3}{E_{2(N)}^2(c^2-b^2)^2k}\left[(1-2\nu_2)^2 + 1\right]$$

$$\mathrm{VI} = \frac{2(1+\nu_2)^2(1-2\nu_2)b^3c^3}{E_{2(N)}^2(c^2-b^2)^2k}$$

$$\mathrm{VII} = \frac{(1+\nu_1)b\left[(1-2\nu_1)b^2 + a^2\right]}{E_1(b^2-a^2)}$$

下面通过算例说明围岩冻胀力随循环冻融次数 N 的变化规律，设某寒区圆形隧道（见图 14-1），混凝土衬砌内径 $a=3.0\text{m}$、外径 $b=3.6\text{m}$，冻结层外径 $c=5.0\text{m}$，混凝土衬砌的弹性常数为 $E_1=10\text{GPa}$、$\nu_1=0.3$；冻结层围岩初始弹性模量 $E_0=37.64\text{GPa}$ 及泊松比 $\nu_0=0.25$、初始孔隙率 $n_0=0.0067$；未冻结层围岩弹性常数为 $E_3=37.64\text{GPa}$、$\nu_2=0.25$；冰的弹性常数为 $E_3=600\text{GPa}$、$\nu_2=0.33$。取微裂纹半长 $l=9.0\times10^{-7}\text{m}$、半宽 $b=1.7\times10^{-8}\text{m}$、微裂纹分布参数 $l_c=5.5\times10^{-7}\text{m}$、微裂纹密度 $\rho=1.7\times10^{13}$ 条/m^2、$\eta=1.3$、$m=1.42$、$s=-20$。假定在循环冻融过程中岩石始终饱和，那么可得经过 150 次循环冻融后围岩冻胀力 $\boldsymbol{\sigma}_{f(N)}$ 与循环冻融

次数 N 的变化关系，如图 14-5 所示，可以看出，当岩石开始冻胀时，由式（14-36）可计算得到其冻胀率为 0.000189，进而由式（14-37）可计算得到其冻胀力仅为 0.13MPa，随着循环冻融次数的增加，岩石孔隙率增加，相应地其冻胀率也随之增加，最终导致围岩冻胀力增加到 1.16MPa，约为最初的 8.92 倍，因此增加幅度非常显著；然而，随着循环冻融次数的增加，其增长速率逐渐变缓，这是因为岩石冻胀主要是由于孔隙中的水冻结成冰造成体积膨胀而导致的，相比之下岩石颗粒因冻结而造成的体积膨胀则几乎可以忽略不计。在初始阶段，岩石孔隙率较小，相应地因冻结而产生的冻胀力也很小，随着循环冻融的进行，微裂纹在冻胀力作用下发生扩展，进而导致岩石损伤增加，孔隙率变大，由于假设岩石始终饱和，那么岩石含水量也将随之增加，相应地将导致岩石冻胀力的增加。如此循环，将最终导致围岩冻胀力随着循环冻融次数的增加而逐渐增大。同时，如图 14-4 所示，随着循环冻融次数的增加，冻融岩石的弹性模量将逐渐趋于定值，此时岩石损伤也将趋于定值，相应地岩石孔隙率及含水量也将趋于定值，最终导致围岩冻胀力随着循环冻融次数的增加而趋于定值，因此，由上述分析可以认为岩石冻胀力主要是由于岩石孔隙中的水因冻结成冰而产生的体积膨胀所致。为证明上述观点，假定岩石冻胀率不变，即恒为 0.000189，并认为循环冻融仅导致岩石弹性模量降低，由此可得到围岩冻胀力随循环冻融次数的变化规律，如图 14-6 所示，可以看出，随着循环冻融次数 N 由 0 逐渐增加到 150 次，围岩弹性模量则逐渐由初始的 37.64GPa 逐渐降低到 13.93GPa，而相应的围岩冻胀力则由初始的 0.130MPa 逐渐增加到 0.137MPa，最大增幅仅为 5.38%，相比图 14-5 而言，其变化幅度非常小，这说明围岩弹性模量的变化对其冻胀力的影响十分有限，因此可以认为岩石冻胀力主要是由岩石孔隙中水的冻结膨胀所导致。从工程角度来说，要减少由冻胀引起的围岩破坏，应主要控制水的入渗，即采取相应的截排水措施防止地下水及地表水渗入到巷道围岩中。

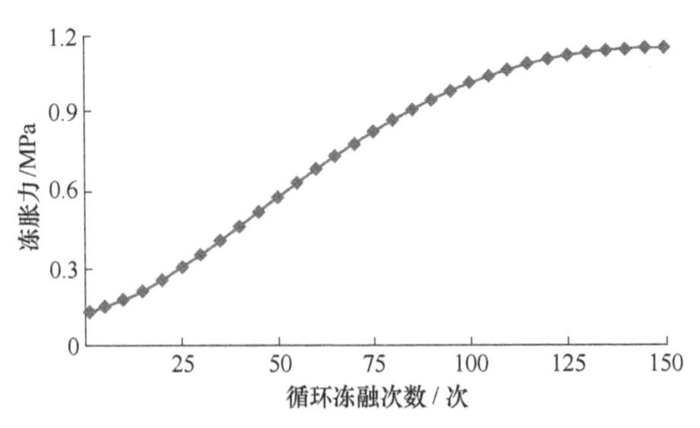

图 14-5 冻胀力随循环冻融次数的变化规律

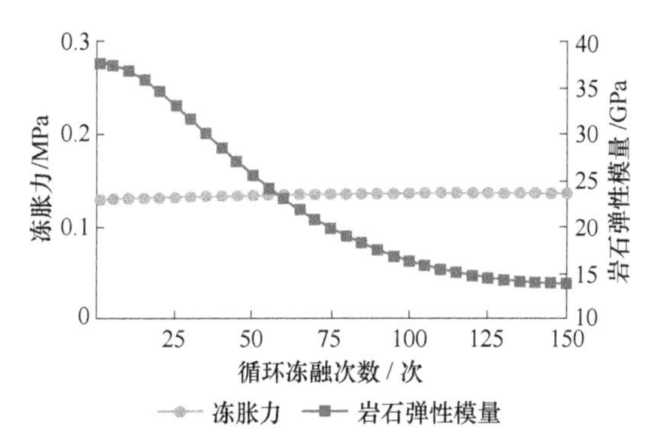

图 14-6 冻胀力随循环冻融次数的变化规律

同时，由图 14-7 和图 14-8 可知式（14-37）中的系数 s 对岩石冻胀力有较大影响，随着 s 增加，冻胀力及岩石孔隙率均随之减小。因此，在实际工程中，应通过试验数据对 s 值进行准确拟合，以保证计算结果的准确性。

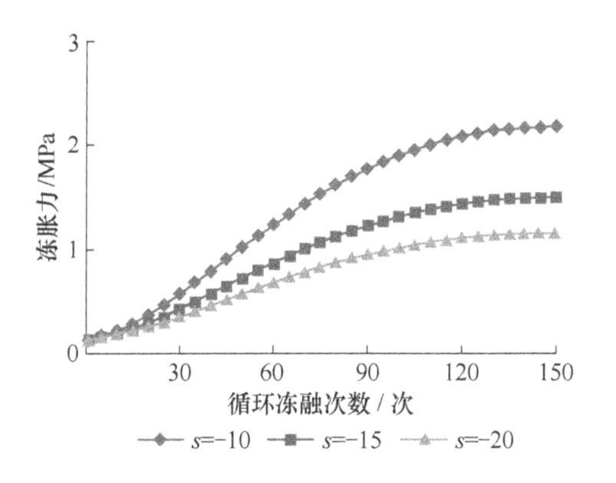

图 14-7 不同 s 时的冻胀力随循环冻融次数变化规律

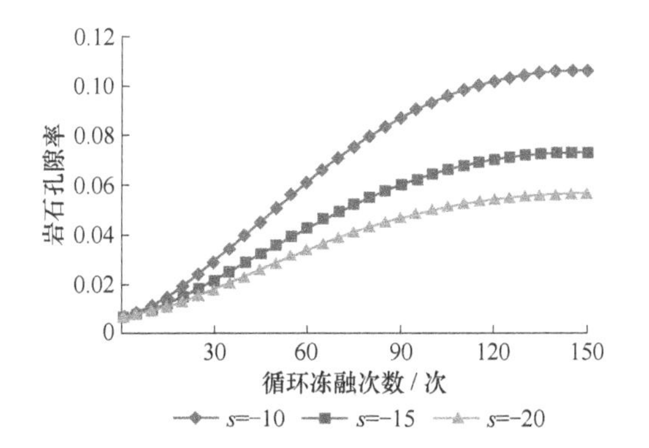

图 14-8 不同 s 时的岩石孔隙率随循环冻融次数变化规律

参考文献

Akagawa S, Fukuda M. Frost heave mechanism in welded tuff [J]. Permafrost and Periglacial Processes, 1991, 2 (4): 301-309.

Ashby M F, Hallam S D. The failure of brittle solids containing small cracks under compressive stress states [J]. Acta Metallurgica, 1986, 34 (3): 497-510.

Ayatollahi M R, Aliha M R M. On the use of Brazilian disc specimen for calculating mixed mode Ⅰ-Ⅱ fracture toughness of rock materials [J]. Engineering Fracture Mechanics, 2008, 75: 4631-4641.

Bellanger M, Homand F, Remy J M. Water behaviour in limestones as a function of pores structure: application to frost resistance of some lorraine limestones [J]. Engineering Geology, 1993, 36 (1/2): 99-108.

Bobet A. The initiation of secondary cracks in compression [J]. Engineering Fracture Mechanics, 2000, 66: 187-219.

Borja R I, Sama K M, Sanz P F. On the numerical integration of three-invariant elastoplastic constitutive models [J]. Computer Methods in Applied Mechanics and Engineering, 2003, 192 (9/10): 1227-1258.

Bridgman P W. Water in the liquid and five solid forms under pressure [J]. Proceedings of the American Academy of Arts and Sciences, 1912, 47 (13): 441-558.

Carol I, Rizzi E, Willam K. On the formulation of anisotropic elastic degradation, I: theory based on a pseudo-logarithmic damage tensor rate [J]. International Journal of Solids and Structures, 2001, 38 (4): 491-518.

Chen T C, Yeung M R, Moric N. Effect of water saturation on deterotation of welded tuff due to freeze-thew action [J]. Cold Regions Science and Technology, 2004, 38: 127-136.

Chen Y L, Wu P, Yu Q, et al. Effects of freezing and thawing cycle on mechanical properties and stability of soft rock slope [J]. Advances in Materials Science and Engineering, 2017, Article ID 3173659, 10 pages.

Chaboche J L. Continuum damage mechanics, Ⅰ: general concepts [J]. Journal of Applied Mechanics-Transactions of the Asme, 1988a, 55 (1): 59-64.

Chaboche J L. Continuum damage mechanics, Ⅱ: damage growth, crack initiation, and crack growth [J]. Journal of Applied Mechanics-Transactions of the Asme, 1988b, 55 (1): 65-72.

Chiarelli A S, Shao J F, Hoteit N. Modeling of elastoplastic damage behavior of a claystone [J]. International Journal of Plasticity, 2003, 19 (1): 23-45.

Christopher C J, James M N, Patterson E A, et al. A quantitative evaluation of fatigue crack shielding forces using photoelasticity [J]. Engineering Fracture Mechanics, 2008, 75 (14): 4190-4199.

Cicekli U, Voyiadjis G Z, Abu Al-Rub R K. A plasticity and anisotropic damage model for plain concrete [J]. International Journal of Plasticity, 2007, 23 (10/11): 1874-1900.

Colombo C, Du Y, James M N, et al. On crack tip shielding due to plasticity-induced closure during an overload [J]. Fatigue Fracture Engineering Material Structure, 2010, 33 (12): 766-777.

Davidson G P, Nye J F. A photoelastic study of ice pressure in rock cracks [J]. Cold Regions Science and Technology, 1985, 11 (2): 141-153.

Del Roa L M, Lopez F, Esteban F J, et al. Ultrasonic study of alteration processes in granites caused by freezing and thawing [C]. 2005 IEEE Ultrasonics Symposium, 2005, 1: 415-418.

Dramis F, Govi M, Guglielmin M, et al. Mountain permafrost and slope instability in the Italian Alps: the Val Pola landslide [J]. Permafrost & Periglacial Processes, 1995, 6 (1): 73-81.

Everett D H. The thermodynamics of frost damage to porous solids [J]. Transactions of the Faraday Society, 1961, 57 (5): 1541-1551.

Fahey B D. Forst action and hydration as rock weathering mechanisms on schist: a laboratory sutdy [J]. Earth Surface Processes and Landforms, 1983, 8 (6): 535-545.

Finnie I, Saith A. A note on the angled crack problem and the directional stability of cracks [J]. International Journal of Fracture, 1973, 9 (4): 484-486.

Fukuda M. Rock weathering by freeze-thaw cycles [J]. Low Temperature Science Series A. Physics Science, 1974, 32: 243-249.

Fukuda M, Matsuoka T. Pore-water pressure profile in freezing porous rocks [J]. Low Temperature Science: Series A, Physical Sciences, 1982, 41 (5): 217-224.

Geertsema M, Clague J J, Schwab J W, et al. An overview of recent large catastrophic landslides in northern British Columbia, Canada [J]. Engineering Geology, 2006, 83 (1): 120-143.

Geopalaeratnam V S, Shah S P. Softening response of plain concrete in direct tension [J]. ACI Journal, 1985, 85 (3): 310-323.

Ghobadi M H, Babazadeh R. Experimental studies on the effects of cyclic freezing-thawing, salt crystallization, and thermal shock on the physical and mechanical characteristics of selected sandstones [J]. Rock Mechanics and Rock Engineering, 2015, 48 (3): 1001-1016.

Gupta M, Alderliesten R C, Benedictus R. A review of T-stress and its effects in fracture mechanics [J]. Engineering Fracture Mechanics, 2015, 134: 218-241.

Hallet B. Why do freezing rocks break [J]. Science, 2006, 314 (5802): 1092-1093.

Han T L, Shi J P, Cao X S. Fracturing and damage to sandstone under coupling effects of chemical corrosion and freeze - thaw cycles [J]. Rock Mechanics and Rock Engineering, 2016, 49: 4245-4255.

Hartikainen J, Mikkoa M. General thermomechanical model of freezing soil with numerical application [C]. International Symposium on Ground Freezing and Frost Action in Soils, Lulea, Sweden, 1997: 101-105.

Hill R. Continuum micro-mechanics of elastoplastic polycrystals [J]. Journal of the Mechanics and Physics of Solids, 1965, 13 (2): 89-101.

Hodgson C, Mcintosh R. The freezing of water and benzene in porous vycor glass [J]. Canadian Journal of Chemistry, 1960, 38 (6): 958-971.

Hori M. Micromechanical analysis on deterioration due to freezing and thawing in porous brittle materials [J]. International Journal of Engineering Science, 1998, 36 (4): 511-522.

Hu Q J, Shi R D, Hu Y, et al. Method to evaluate the safety of tunnels through steeply inclined strata in cold regions based on the sidewall frost heave model [J]. Journal of Performance of Constructed

Facilities, 2018, 32 (4), DOI: 10.1061/ (ASCE) CF.1943-5509.0001165.

Huang C Y, Subhash G, Vitton S J. A dynamic damage growth model for uniaxial compressive response of rock aggregates [J]. Mechanics of Materials, 2002, 34 (5): 267-277.

Huang C Y, Subhash G. Influence of lateral confinement on dynamic damage evolution during uniaxial compressive response of brittle solids [J]. Journal of the Mechanics and Physics of Solids, 2003, 51 (6): 1089-1105.

Huang S B, Liu Q S, Cheng A P, et al. A statistical damage constitutive model under freeze-thaw and loading for rock and its engineering application [J]. Cold Regions Science and Technology, 2018a: 145-142.

Huang S B, Liu Q S, Cheng A P, et al. A fully coupled thermos-hydro-mechanical model including the determination of coupling parameters for freezing rock [J]. International Journal of Rock Mechanics and Mining Sciences, 2018b, 103: 205-214.

Isida M. On the tension of a strip with a central elliptical hole [J]. Transactions of the Japan Society of Mechanical Engineering, 1955, 21 (107): 507-518.

Jaeger J, Cook N. Fundamentals of rock mechanics [M]. London: Chapman and Hall LTD., 1969: 100-105.

Jason L, Huerta A, Pijaudier-Cabot G, et al. An elastic plastic damage formulation for concrete: application to elementary tests and comparison with an isotropic damage model [J]. Computer Methods in Applied Mechanics and Engineering, 2006, 195 (52): 7077-7092.

Javier M M, David B, Miguel G H, et al. Non-linear decay of building stones during freeze-thaw weathering processes [J]. Construction and Building Materials, 2013, 38: 443-454.

Jia H L, Xiang W, Krautblatter M. Quantifying rock fatigue and decreasing compressive and tensile strength after repeated freeze-thaw cycles [J]. Permafrost and Periglacial Processes, 2015, 26 (4): 368-377.

Ju J W. A micromechanical damage model for uniaxially reinforced composites weakened by interfacial arc microcracks [J]. Journal of Applied Mechanics-Transactions of the ASME, 1991, 58 (4): 923-930.

Kachanov M. Elastic solids with many cracks: a simple method of analysis [J]. International Journal of Solids and Structures, 1987, 23 (1): 23-43.

Kang Y S, Liu Q S, Liu X Y, et al. Theoretical and numerical studies of crack initiation and propagation in rock masses under freezing pressure and far-field stress [J]. Journal of Rock Mechanics and Geotechnical Engineering, 2014, 6 (5): 466-476.

Kawamoto T, Ichikawa Y, Kyoya T. Deformation and fracturing behavior of discontinuous rock mass and damage mechanics theory [J]. International Journal for Numerical Analytical Method in Geomechanics, 1988, 12 (1): 1-30.

Kupfer H, Hilsdorf H K, Rusch H. Behavior of concrete under biaxial stresses [J]. Proc ACI, 1969, 66: 656-666.

Lai Y M. Nonlinear analysis for one coupled problem of temperature, seepage and stress fields in cold region tunnel [J]. Tunnelling and Underground Space Technology, 1998, 13 (4): 435-440.

Lai Y M, Wu H, Wu Z W, et al. Analytical viscoelastic solution for frost force in cold-region tunnels [J]. Cold Regions and Science Technology, 2000, 31 (3): 227-234.

Lee H, Jeon S. An experimental and numerical study of fracture coalescence in pre-cracked specimens in uniaxial compression [J]. International Journal of Solids and Structures, 2011, 48: 979-999.

Lee S, Ravichandran G. Crack initiation in brittle solids under multiaxial compression [J]. Engineering Fracture Mechanics, 2003, 70 (13): 1645-1658.

Lemaitre J. Continuum damage mechanics: theory and applications [J]. New York: Springer-Verlage, 1987: 37-89.

Li J L, Kaunda R B, Zhou K P. Experimental investigations on the effects of ambient freeze-thaw cycling on dynamic properties and rock pore structure deterioration of sandstone [J]. Cold Regions Science and Technology, 2018, 154: 133-141.

Li S, Lajtai E Z. Modeling the stress-strain diagram for brittle rock loaded in compression [J]. Mechanics of Materials, 1998, 30 (3): 243-251.

Li X F, Liu G L, Lee K Y. Effects of T-stresses on fracture initiation for a closed crack in compression with frictional crack faces [J]. International Journal of Fracture, 2009, 160 (1): 19-30.

Liu C J, Deng H W, Zhao H T, et al. Effects of freeze-thaw treatment on the dynamic tensile strength of granite using the Brazilian test [J]. Cold Regions Science and Technology, 2018, 155: 327-332.

Liu H, Niu F J, Xu Z Y, et al. Acoustic experimental study of two types of rock from the Tibetan Plateau under the condition of freeze -thaw cycles [J]. Sciences in Cold and Arid Regions, 2012, 4 (1): 21-27.

Liu H Y, Lv S R, Zhang L M, et al. A dynamic damage constitutive model for a rock mass with persistent joints [J]. International Journal of Rock Mechanics and Mining Sciences, 2015a, 75: 132-139.

Liu H Y, Yuan X P. A damage constitutive model for rock mass with persistent joints considering joint shear strength [J]. Canadian Geotechnical Journal, 2015b, 52 (8): 1136-1143.

Liu H Y, Yuan X P, Xie T C. A damage model for frost heaving pressure in circular rock tunnel under freezing-thawing cycles [J]. Tunnelling and Underground Space Technology, 2019, 83: 401-408.

Liu J K, Tai B W, Fang J H. Ground temperature and deformation analysis for an expressway embankment in warm permafrost regions of the Tibet plateau [J]. Permafrost and Periglac Process, 2019, 30: 208-221.

Liu T Y, Cao P, Lin H. Damage and fracture evolution of hydraulic fracturing in compression-shear rock cracks [J] . Theoretical and Applied Fracture Mechanics, 2014, 74: 55-63.

Lochj P G, Kay B D. Water redistribution in partially frozen saturated silt under several gradients and overburden loads [J]. Soil Science Society of America Journal, 1978, 42 (3): 400-406.

Lozinski M W. Über die mechanische Verwitterung der Sandsteine im gemassibten Klima. Academie des sciences de cracovie, Bulletin international, classe de science [J]. Mathematiques et Naturelles, 1909, 1 (4): 1-25.

Lv Z T, Xia C C, Liu W P. Analytical solution of frost heaving force and stress distribution in cold region tunnels under non-axisymmetric stress and transversely isotropic frost heave of surrounding rock [J]. Cold Regions Science and Technology, 2020, 178: 103117.

Ma Q Y, Ma D D, Yao Z M. Influence of freeze-thaw cycles on dynamic compressive strength and energy distribution of soft rock specimen [J]. Cold Regions Science and Technology, 2018, 153: 10-17.

Mahnken R, Tikhomirov D, Stein E. Implicit integration scheme and its consistent linearization for an elastoplastic-damage model with application to concrete [J]. Computers & Structures, 2000, 75 (2): 135-143.

Matsuoka N. Microgelivation versus macrogelivation: towards bridging the gap between laboratory and field frost weathering [J]. Permafrost and Periglacial Processes, 2001, 12 (3): 299-313.

Matsuoka N. The rate of bedrock weathering by frost action: field measurements and a predictive model [J]. Earth Surface Processes and Landforms, 1990, 15 (1): 73-90.

Matsuoka N. Mechanisms of rock breakdown by frost action: an experimental approach [J]. Cold Regions Science and Technology, 1990, 17: 253-270.

Matvienko Y G. Maximum average tangential stress criterion for prediction of the crack path [J]. International Journal of Fracture, 2012, 176 (1): 113-118.

Mcgreevy J P, Whalleyw B. Rock moisture content and frost weathering under natural and experimental conditions: a comparative discussion [J]. Arctic and Alpine Research, 1985, 17 (3): 337-346.

Mellor M. Phase composition of pore water in cold rocks [R]. New York: United States Army Engineers, 1970.

Muneo H, Hidenori M. Micromechanical analysis on deterioration due to freezing and thawing in porous brittle materials [J]. International Journal of Engineering and Sciences, 1998, 36 (4): 511-522.

Nakamura D, Goto T, Ito Y, et al. Basic study on the frost heave pressure of rocks: dependence of the location of frost heave on the strength of the rock [J]. Journal of Mining and Materials Processing Institute of Japan, 2011, 127 (9): 558-564.

Neupane K M, Yamabe T, Yoshinaka R. Simulation of a fully coupled thermo-hydro-mechanical system in freezing and thawing rock [J]. International Journal of Rock Mechanics and Mining Sciences, 1999, 36 (5): 563-580.

Nicholson D T, Nicholson F H. Physical deterioration of sedimentary rocks subjected to experimental freeze-thaw weathering [J]. Earth Surface Processes and Landforms, 2000, 25: 1295-1307.

O' Neill K, Miller R D. Exploration of a rigid ice model of frost heave [J]. Water Resources Research, 1985, 21 (3): 281-296.

Özbek A. Investigation of the effects of wetting-drying and freezing-thawing cycles on some physical and mechanical properties of selected ignimbrites [J]. Bulletin of Engineering Geology and the Environment, 2014, 73 (2): 595-609.

Paliwal B, Ramesh K T. An interacting micro-crack damage model for failure of brittle materials under compression [J]. Journal of the Mechanics and Physics of Solids, 2008, 56 (3): 896-923.

Park J, Hyun C U, Park H D. Changes in microstructure and physical properties of rocks caused by artificial freeze-thaw action [J]. Bulletin of Engineering Geology and the Environment, 2015, 74

(2): 555-565.

Powers T C. A working hypothesis for further studies of frost resistance of concrete [J]. Journal of the American Concrete Institute, 1945, 16 (4): 245-272.

Prick A. Dilatometrical behaviour of porous calcareous rock samples subjected to freeze-thaw cycles [J]. Catena, 1995, 25: 7-20.

Prudencio M, Van Sint Jan M. Strength and failure modes of rock mass models with non-persistent joints [J]. International Journal of Rock Mechanics & Mining Sciences, 2007, 46 (6): 890-902.

Qiu W G, Sun B. Model test study of frost heaving pressures in tunnels excavated in fractured rock mass in cold regions [J]. Journal of Glaciology Geocryology, 2010, 32 (3): 557-561.

Rashidi M M, Ayatollahil M R. Berto F. Rock fracture toughness in mode Ⅱ loading: a theoretical model based on local strain energy density [J]. Rock Mechanics and Rock Engineering, 2018, 51: 243-253.

Ravichandran G, Subhash G. A micromechanical model for high-strain rate behavior of ceramics [J]. International Journal of Solids and Structures, 1995, 32 (17/18): 2627-2646.

Rice J R. Limitations to the small scale yielding approximation for crack tip plasticity [J]. Journal of Mechanics and Physics and Solids, 1974, 22 (1): 17-26.

Rostǘsy F S, Weib R, Wiedemann G. Changes of pore structure of cement mortars due to temperature [J]. Cement and Concrete Research, 1980, 10 (2): 157-164.

Salari M R, Saeb S, Willam K J, et al. A coupled elastoplastic damage model for geomaterials [J]. Computer Methods in Applied Mechanics and Engineering, 2004, 193 (27/28/29): 2625-2643.

Sammis C G, Ashby M F. The failure of britle porous solids under compressive stress states [J]. Acta Metallurgica, 1986, 34 (3): 511-526.

Shen Y J, Yang G S, Huang H W, et al. The impact of environmental temperature change on the interior temperature of quasi-sandstone in cold region: experiment and numerical simulation [J]. Engineering Geology, 2018, 239: 241-253.

Shao J F, Jia Y, Kondo D, et al. A coupled elastoplastic damage model for semi-brittle materials and extension to unsaturated conditions [J]. Mechanics of Materials, 2006, 38 (3): 218-232.

Sih G C. Strain-energy-density factor applied to mixed mode crack problems [J]. International Journal of Fracture, 1974, 10 (3): 305-321.

Simo J C, Hughes T J R. Computational Inelasticity [M]. New York: Springer-Verlag, 1998.

Simo J C, Taylor R L. Consistent tangent operators for rate-independent elastoplasticity [J]. Computer Methods in Applied Mechanics and Engineering, 1985, 48 (1): 101-118.

Simo J C, Taylor R L. A return mapping algorithm for plane-stress elastoplasticity [J]. International Journal for Numerical Methods in Engineering, 1986, 22 (3): 649-670.

Simth D J, Ayatollahi M R, Pavier M J. The role of T-stress in brittle fracture for linear elastic materials in mixed-mode loading [J]. Fatigue Fracture Engineering Material Structure, 2001, 24 (2): 137-150.

Sondergld C H, Rai C S. Velocity and resistivity changes during freeze-thaw cycles in Berea sandstone [J]. Geophysics, 2007, 72 (2): 99-105.

Swoboda G, Shen X P, Rosas L. Damage model for jointed rock mass and its application to tunneling [J]. Computers and Geotechnics, 1998, 22 (3/4): 183-203.

Taber S. The mechanics of frost heaving [J]. Journal of Geology, 1930, 38 (4): 303-317.

Tan X J, Chen W Z, Tian H M, et al. Water flow and heat transport including ice/water phase change in porous media: numerical simulation and application [J]. Cold Regions Science and Technology, 2011, 68: 74-84.

Tan X J, Chen W Z, Yang J P, et al. Laboratory investigations on the mechanical properties degradation of granite under freeze -thaw cycles [J]. Cold Regions Science and Technology, 2011, 68: 130-138.

Ueda Y, Ikeda K, Yao T, et al. Characteristics of brittle fracture under general combined modes including those under bi-axial tensile loads [J]. Engineering Fracture Mechanics, 1983, 18 (6): 1131-1158.

Voyiadjis G Z, Taqieddin Z N, Kattan P I. Anisotropic damage-plasticity model for concrete [J]. International Journal of Plasticity, 2008, 24 (10): 1946-1965.

Walder J, Hallet B. A theoretical model of the fracture of rock during freezing [J]. Geological Society of America Bulletin, 1985, 96 (3): 336-346.

Walsh J B. The effect of cracks on the compressibility of rock [J]. Journal of Geophysics Research, 1965, 70: 381-389.

Wang P, Xu J Y, Fang X Y, et al. Energy dissipation and damage evolution analyses for the dynamic compression failure process of red-sandstone after freeze-thaw cycles [J]. Engineering Geology, 2017, 221: 104-113.

Wang P, Xu J Y, Liu S, et al. A prediction model for the dynamic mechanical degradation of sedimentary rock after a long-term freeze-thaw weathering: considering the strain-rate effect [J]. Cold Regions Science and Technology, 2016, 131: 16-23.

Wang Z L, Li Y C, Wang J G. A damage-softening statistical constitutive model considering rock residual strength [J]. Computers & Geosciences, 2007, 33 (1): 1-9.

William M L. On the stress distribution function of wide applicability [J]. Journal of Applied Mechanics, 1957, 24: 109-114.

Williams J G, Ewing P D. Fracture in complex stress-the angled crack problem [J]. International Journal of Fracture, 1972, 8 (4): 416-441.

Winkler E M. Frost damage to stone and concrete: geological considerations [J]. Engineering Geology, 1968, 2 (5): 315-323.

Xue L. Damage accumulation and fracture initiation in uncracked ductile solids subject to triaxial loading [J]. International Journal of Solids and Structures, 2007, 44 (16): 5163-5181.

Yamabe T, Neaupane K M. Determination of some thermo mechanical properties of Sirahama sandstone under subzero temperature condition [J]. International Journal of Rock Mechanics and Mining Sciences, 2001, 38 (7): 1029-1034.

Yavuz H. Effect of freeze-thaw and thermal shock weathering on the physical and mechanical properties of an andesite stone [J]. Bulletin of Engineering Geology and the Environment, 2011, 70 (2):

187-192.

Zhai C H, Wu S H, Liu S H, et al. Experimental study on coal pore structure deterioration under freeze-thaw cycles [J]. Environmental Earth Sciences, 2017, 76: 507.

Zhang J, Deng H W, Deng J R, et al. Development of energy based brittleness index for sandstone subjected to freeze-thaw cycles and impact loads [J]. IEEE Access, 2018, 6: 48522-48530.

Zhu Q Z, Shao J F, Mainguy M. A micromechanics-based elastoplastic damage model for granular materials at low confining pressure [J]. International Journal of Plasticity, 2010, 26 (4): 586-602.

Zuo Q H, Disilvestro D, Richter J D. A crack-mechanics based model for damage and plasticity of brittle materials under dynamic loading [J]. International Journal of Solids and Structures, 2010, 47 (20): 2790-2798.

蔡美峰，何满潮，刘东燕．岩石力学与工程［M］. 北京：科学出版社，2002.

曹林卫，彭向和，杨春和．三轴压缩条件下岩石类材料的细观损伤-渗流耦合本构模型［J］. 岩石力学与工程学报，2009，28（11）：2310-2319.

陈新，廖志红，李德建．节理倾角及连通率对岩体强度、变形影响的单轴压缩试验研究［J］. 岩石力学与工程学报，2011，30（4）：781-789.

陈剑闻，杨春和，高小平，等．盐岩温度与应力耦合损伤研究［J］. 岩石力学与工程学报，2005，24（11）：1986-1991.

陈卫忠，李术才，邱祥波．断裂损伤耦合模型在围岩稳定性分析中的应用［J］. 岩土力学，2002，23（2）：288-291.

陈卫忠，谭贤君，于洪丹，等．低温及冻融环境下岩体热、水、力特性研究进展与思考［J］. 岩石力学与工程学报，2011，30（7）：1318-1336.

陈文玲，李宁．含非贯通裂隙岩体介质的损伤模型［J］. 岩土工程学报，2000，22（4）：430-434.

程国栋，郭东信．我国多年冻土的主要特征［J］. 冰川冻土，1982，4（1）：1-21.

邓红卫，田维刚，周科平，等．2001~2012年岩石冻融力学研究进展［J］. 科技导报，2013，31（24）：74-79.

邓华锋，朱敏，李建林，等．砂岩 I 型断裂韧度及其与强度参数的相关性研究［J］. 岩土力学，2012，33（12）：3585-3591.

董建华，代涛，董旭光，等．框架锚杆锚固寒区边坡的多场耦合分析［J］. 中国公路学报，2018，31（2）：133-143.

范磊，曾艳华，何川，等．寒区硬岩隧道冻胀力的量值及分布规律［J］. 中国铁道科学，2007，28（1）：44-49.

冯守中，闫澍旺，崔琳．严寒地区路堑边坡破坏机理及稳定计算分析［J］. 岩土力学，2009，30（增刊）：155-159.

冯增朝，赵阳升．岩体裂隙尺度对其变形与破坏的控制作用［J］. 岩石力学与工程学报，2008，27（1）：78-83.

高焱，朱永全，耿纪莹，等．寒区隧道衬砌结构冻胀破坏规律研究［J］. 科学技术与工程，2017，17（17）：125-131.

高志刚，李浩霞，田俊峰．寒区软岩隧道的冻胀力及冻害防治浅析［J］. 山西建筑，2008，34

(24)：323-324.

黄继辉，夏才初，韩常领，等．考虑围岩不均匀冻胀的寒区隧道冻胀力解析解［J］．岩石力学与工程学报，2015（2）：3766-3774.

黄诗冰，刘泉声，刘艳章，等．低温热力耦合下岩体椭圆孔（裂）隙中冻胀力与冻胀开裂特征研究［J］．岩土工程学报，2017，40（3）：459-467.

黄诗冰．低温裂隙岩体冻融损伤机理及多场耦合过程研究［D］．武汉：中国科学院大学，2016.

贾海梁，项伟，申艳军，等．循环冻融作用下岩石疲劳损伤计算中关键问题的讨论［J］．岩石力学与工程学报，2017，36（2）：335-346.

姜自华，姚兆明，陈军浩．循环冻融和含水率对砂岩单轴抗压强度的影响［J］．矿业研究与开发，2017，37（1）：85-88.

蒋立浩，陈有亮，刘明亮．高低温循环冻融条件下花岗岩力学性能试验研究［J］．岩石力学与工程学报，2011，32（增刊2）：319-323.

赖勇，张永兴．岩石宏、细观损伤复合模型及裂纹扩展规律研究［J］．岩石力学与工程学报，2008，27（3）：534-542.

赖远明，吴紫汪，朱元林，等．寒区隧道冻胀力的黏弹性解析解［J］．铁道学报，1999，21（6）：70-74.

赖远明，吴紫汪，朱元林，等．寒区隧道温度场、渗流场和应力场耦合问题的非线性分析［J］．岩土工程学报，1999，21（5）：529-533.

赖远明．寒区工程理论与应用［M］．北京：科学出版社，2009.

李宁，张平，程国栋．冻结裂隙砂岩低周循环动力特性试验研究［J］．自然科学进展，2001，11（11）：1175-1180.

李宁，张平，段庆伟，等．裂隙岩体的细观动力损伤模型［J］．岩石力学与工程学报，2002，21（11）：1579-1584.

李国锋，李宁，刘乃飞，等．基于FLAC3D的含相变三场耦合简化算法［J］．岩石力学与工程学报，2017，36（增刊2）：3841-3851.

李国锋，李宁，刘乃飞，等. 多年冻岩土区露天矿边坡局部稳定性探究［J］．西安理工大学学报，2019，35（1）：53-61.

李杰林，周科平，张亚民，等．基于核磁共振技术的岩石孔隙结构冻融损伤试验研究［J］．岩石力学与工程学报，2012，31（6）：1208-1214.

李杰林，朱龙胤，周科平，等．冻融作用下砂岩孔隙结构损伤特征研究［J］．岩土力学，2019，40（9）：3524-3532.

李世愚，和泰名，尹祥础．岩石断裂力学导论［M］．合肥：中国科学技术大学出版社，2010.

李术才，李树忱，朱维申．三峡右岸地下电站厂房围岩稳定性断裂损伤分析［J］．岩土力学，2000，20（3）：193-197.

李新平，路亚妮，王仰君．冻融荷载耦合作用下单裂隙岩体损伤模型研究［J］．岩石力学与工程学报，2013，32（11）：2307-2315.

刘慧，杨更社，田俊锋，等．冻结岩石细观结构及温度场数值模拟研究［J］．地下空间与工程学报，2007，3（6）：1116-1127.

刘宝琛，张家生，杜奇中，等．岩石抗压强度的尺寸效应［J］．岩石力学与工程学报，1998，17（6）：611-614.

刘成禹，何满潮，王树仁，等．花岗岩低温冻融损伤特性的实验研究［J］．湖南科技大学学报（自然科学版），2005，20（1）：37-40.

刘红岩，刘冶，邢闯锋，等．循环冻融条件下节理岩体损伤破坏试验研究［J］．岩土力学，2014，35（6）：1547-1554.

刘乃飞．寒区裂隙岩体变形-水分-热质-化学四场耦合理论构架研究［D］．西安：西安理工大学，2017.

刘泉声，黄诗冰，康永水，等．低温冻结岩体单裂隙冻胀力与数值计算研究［J］．岩土工程学报，2015，37（9）：1572-1580.

刘泉声，黄诗冰，康永水，等．裂隙岩体冻融损伤研究进展与思考［J］．岩石力学与工程学报，2015，34（3）：452-471.

刘泉声，黄诗冰，康永水，等．岩体冻融疲劳损伤模型与评价指标研究［J］．岩石力学与工程学报，2015，34（6）：1116-1127.

刘泉声，康永水，刘滨，等．裂隙岩体水-冰相变及低温温度场-渗流场-应力场耦合研究［J］．岩石力学与工程学报，2011a，30（11）：2181-2188.

刘泉声，康永水，刘小燕．冻结岩体单裂隙应力场分析及热-力耦合模拟［J］．岩石力学与工程学报，2011b，30（2）：217-223.

刘艳章，郭赟林，黄诗冰，等．冻融作用下裂隙类砂岩断裂特征与强度损失研究［J］．岩土力学，2018，39（增刊2）：62-71.

路亚妮，李新平，吴兴宏．三轴压缩条件下冻融单裂隙岩样裂缝贯通机制［J］．岩土力学，2014，35（6）：1579-1584.

路亚妮，李新平，肖家双．单裂隙岩体冻融力学特性试验研究［J］．地下空间与工程学报，2014，10（3）：593-598，649.

路亚妮．裂隙岩体冻融损伤力学特性试验及破坏机制研究［D］．武汉：武汉理工大学，2013.

吕建国，王志乔，刘红岩．岩石断裂与损伤［M］．北京：地质出版社，2013.

吕书清．冻结状态下软岩隧道冻胀力分析［J］．哈尔滨师范大学（自然科学学报），2008，24（4）：50-51，72.

马静嵘，杨更社．软岩冻融损伤的水-热-力耦合研究初探［J］．岩石力学与工程学报，2004，23（增刊1）：4373-4377.

母剑桥，裴向军，黄勇，等．冻融岩体力学特性实验研究［J］．工程地质学报，2013，21（1）：103-108.

乔趁，李长洪，王宇，等．循环冻融作用下中部锁固岩桥破坏试验研究［J］．岩石力学与工程学报，2020，39（6）：1094-1103.

乔国文，王运生，储飞，等. 冻融风化边坡岩体破坏机理研究［J］. 工程地质学报，2015，23（3）：469-476.

秦世康，陈庆发，尹庭昌．岩石与岩体冻融损伤内涵区别及研究进展［J］．黄金科学技术，2019，27（3）：385-397.

渠孟飞，谢强，胡熠，等. 寒区隧道衬砌冻胀力室内模型试验研究［J］. 岩石力学与工程学报，2015，34（9）：1894-1900.
任利，谢和平，谢凌志，等．基于断裂力学的裂隙岩体强度分析初探［J］．工程力学，2013，30（2）：156-162.
申艳军，杨更社，荣腾龙，等．岩石循环冻融试验建议性方案探讨［J］．岩土工程学报，2016，38（10）：1775-1782.
申艳军，杨更社，王铭，等．循环冻融过程中岩石热传导规律试验及理论分析［J］．岩石力学与工程学报，2016，35（12）：2418-2425.
师华鹏，余宏明，陈鹏宇．极端灾害天气下临河岩质边坡的倾覆稳定性分析［J］．灾害学，2016，31（2）：176-181.
宋天宇．岩质隧道冻胀力计算及冻害等级划分研究［D］．沈阳：东北大学，2014.
宋勇军，杨慧敏，张磊涛，等．冻结红砂岩单轴损伤破坏 CT 实时试验研究［J］．岩土力学，2019，40（增刊 1）：152-160.
孙广忠，孙毅．岩体力学原理［M］．北京：科学出版社，2011.
谭贤君，陈卫忠，贾善坡，等．含相变低温岩体水热耦合模型研究［J］．岩石力学与工程学报，2008，27（7）：1455-1461.
谭贤君，陈卫忠，伍国军，等．低温冻融条件下岩体温度-渗流-应力-损伤（THMD）耦合模型研究及其在寒区隧道中的应用［J］．岩石力学与工程学报，2013，32（2）：239-250.
谭贤君．高海拔寒区隧道冻胀机理及其保温技术研究［D］．武汉：中国科学院研究生院，2010.
唐世斌，黄润秋，唐春安，等．考虑 *T* 应力的最大周向应变断裂准则研究［J］．土木工程学报，2016，49（9）：87-95.
唐世斌，黄润秋，唐春安．*T* 应力对岩石裂纹扩展路径及起裂强度的影响研究［J］．岩土力学，2016，37（6）：1521-1529，1549.
田俊峰，杨更社，刘慧．寒区岩石隧道冻害机制及防治研究［J］．地下空间与工程学报，2007，3（8）：1484-1489.
田延哲，徐拴海．循环冻融条件下岩石物理力学指标相关性分析［J］．矿业安全与环保，2017，44（4）：24-27.
王绍令．青藏公路风火山地区的热融滑塌［J］．冰川冻土，1990，12（1）：63-70.
王晓东，徐栓海，许刚刚，等．露天煤矿冻结岩土边坡介质特征与稳定性分析［J］．煤田地质与勘探，2018，46（3）：104-112.
王志杰，蔡李斌，李金宜，等．考虑相变和围岩含水裂隙的隧道冻胀力研究［J］．铁道工程学报，2020（3）：53-60.
闻磊，李夕兵，唐海燕，等．变温度区间冻融作用下岩石物理力学性质研究及工程应用［J］．工程力学，2017，34（5）：247-256.
吴剑．隧道冻害机理及冻胀力计算方法的研究［D］．成都：西南交通大学，2004.
吴楚钢．新疆天山地区高速公路隧道防冻技术研究［D］．重庆：重庆交通大学，2010.
吴刚，何国梁，张磊，等．大理岩循环冻融试验研究［J］．岩石力学与工程学报，2006，25（增刊 1）：2930-2938.
奚家米，杨更社，庞磊，等．低温冻结作用下砂质泥岩基本力学特性试验研究［J］．煤炭学报，2014，39（7）：1262-1268.
夏才初，黄继辉，韩常领，等．寒区隧道岩体冻胀率的取值方法和冻胀敏感性分级［J］．岩石力学与工程学报，2013，32（9）：1876-1885.
夏才初，吕志涛，王岳嵩．寒区隧道冻胀力计算方法研究进展与思考［J］．中国公路学报，2020，33（5）：35-43.
谢和平．岩石混凝土损伤力学［M］．徐州：中国矿业大学出版社，1990.
徐秉业，刘信声．应用弹塑性力学［M］．北京：清华大学出版社，1995.
徐高巍，白世伟．岩石弹性模量尺寸效应的拟和研究［J］．铜业工程，2006，3：17-20.
徐光苗，刘泉声，彭万巍，等．低温作用下岩石基本力学性质试验研究［J］．岩石力学与工程学报，2006，25（12）：2502-2508.
徐光苗，刘泉声，张秀丽．冻结温度下岩体 THM 完全耦合的理论初步分析［J］．岩石力学与工程学报，2004，23（21）：709-713.
徐光苗，刘泉声．岩石冻融破坏机理分析及冻融力学试验研究［J］．岩石力学与工程学报，2005，24（17）：3076-3082.
徐拴海，李宁，袁克阔，等．融化作用下含冰裂隙冻岩强度特性及寒区边坡失稳研究现状［J］．冰川冻土，2016，38（4）：1106-1120.
徐学祖，王家澄，张立新．冻土物理学［M］．北京：科学出版社，2001.
许玉娟，周科平，李杰林，等．冻融岩石核磁共振检测及冻融损伤机制分析［J］．岩土力学，2012，33（10）：3001-3006.
阎锡东，刘红岩，邢闯锋，等．基于微裂隙变形与扩展的岩石冻融损伤本构模型研究［J］．岩土力学，2015，36（12）：3489-3499.
阎锡东，刘红岩，邢闯锋，等．循环冻融条件下岩石弹性模量变化规律研究［J］．岩土力学，2015，36（8）：2315-2322.
晏石林，黄玉盈，陈传尧．非贯通节理岩体等效模型与弹性参数确定［J］．华中科技大学学报，2001，29（6）：64-67.
杨更社，谢定义．岩体宏观细观损伤的耦合计算分析［C］//第六次全国岩石力学与工程学术大会论文集，2000，327-329.
杨更社，蒲毅彬，马巍．寒区冻融环境条件下岩石损伤扩展研究探讨［J］．试验力学，2002，17（2）：220-226.
杨更社，蒲毅彬．循环冻融条件下岩石损伤扩展研究初探［J］．煤炭学报，2002，27（4）：357-360.
杨更社，申艳军，贾海梁，等．冻融环境下岩体损伤力学特性多尺度研究及进展［J］．岩石力学与工程学报，2018，37（3）：545-563.
杨更社，奚家米，李慧军，等．三向受力条件下冻结岩石力学特性试验研究［J］．岩石力学与工程学报，2010，29（3）：459-464.
杨更社，张全胜，蒲毅彬．冻融条件下岩石损伤扩展特性研究［J］．岩土工程学报，2005，26（6）：838-842.
杨更社，张全胜，任建喜，等．冻结速度对铜川砂岩损伤 CT 数变化规律研究［J］．岩石力学与工程学报，2004，23（24）：4099-4104.

杨更社，周春华，田应国．寒区软岩隧道的水热耦合数值模拟与分析［J］．岩土力学，2006，27（8）：1258-1262.
杨圣奇，徐卫亚，苏承东，等．考虑尺寸效应的岩石损伤统计本构模型研究［J］．岩石力学与工程学报，2005，24（24）：4485-4490.
杨圣琦，温森，李良权．不同围压下断续预制裂纹粗晶大理岩变形和强度特性的试验研究［J］．岩石力学与工程学报，2007，26（8）：1572-1587.
杨位洸．地基及基础［M］．北京：中国建筑工业出版社，1998.
杨艳霞，祝艳波，李才，等．南方极端冰雪灾害条件下边坡崩塌机理初步研究［J］．人民长江，2012，43（2）：46-49.
易顺民，朱珍德．裂隙岩石损伤力学导论［M］．北京：科学出版社，2005.
余寿文，冯西桥．损伤力学［M］．北京：清华大学出版社，1997.
袁小清，刘红岩，刘京平．冻融荷载耦合作用下节理岩体损伤本构模型［J］．岩石力学与工程学报，2015，34（8）：1602-1611.
苑郁林，赖远明．寒区隧道围岩冻融冻结环境识别和类别划分研究［J］．现代隧道技术，2016，53（3）：19-25，41.
张慧梅，谢祥妙，彭川，等．三向应力状态下冻融岩石损伤本构模型［J］．岩土工程学报，2017，39（8）：1444-1452.
张慧梅，杨更社．冻融与荷载耦合作用下岩石损伤模型的研究［J］．岩石力学与工程学报，2010，29（3）：471-476.
张慧梅，杨更社．循环冻融条件下受荷岩石的损伤本构模型［J］．武汉理工大学学报，2013，35（7）：79-82.
张力民，吕淑然，刘红岩．综合考虑宏细观缺陷的节理岩体动态损伤本构模型［J］．爆炸与冲击，2015，25（3）：428-436.
张全胜，杨更社，任建喜．岩石损伤变量及本构方程的新探讨［J］．岩石力学与工程学报，2003，22（1）：30-34.
张全胜，杨更社，王连花，等．冻融条件下软岩隧道冻胀力计算分析［J］．西安科技学院学报，2003，23（1）：1-5，26.
张全胜．冻融条件下岩石细观损伤力学特性研究初探［D］．西安：西安科技大学，2003.
张学富，苏新民，赖远明，等．寒区隧道三维温度场非线性分析［J］．土木工程学报，2004，37（2）：47-53.
张学富，喻文兵，刘志强．寒区隧道渗流场和温度场耦合问题的三维非线性分析［J］．岩土工程学报，2006，28（9）：1095-1100.
张永兴，宋西成，王桂林. 极端冰雪条件下岩石边坡倾覆稳定性分析［J］．岩石力学与工程学报，2010，29（6）：1164-1171.
张永兴，王韵斌，宋西成. 极端冰雪条件下的顺层岩质边坡滑移稳定性分析［J］．防灾减灾工程学报，2011，31（4）：351-357.
赵延林，王卫军，曹平，等．不连续面在双重介质热-水-力三维耦合分析中的有限元数值实现［J］．岩土力学，2010，31（2）：639-644.
赵延林，曹平，汪亦显．裂隙岩体渗流-损伤-断裂耦合分析与工程应用［J］．岩土工程学报，

2010, 32 (1): 24-32.
赵彦琳, 范勇, 朱哲明, 等. T应力对闭合裂纹断裂行为的理论和实验研究 [J]. 岩石力学与工程学报, 2018, 37 (6): 1340-1349.
赵怡晴, 刘红岩, 吕淑然, 等. 基于宏观和细观缺陷耦合的节理岩体损伤本构模型 [J]. 中南大学学报 (自然科学版), 2015, 46 (4): 1489-1496.
中国航空研究院. 应力强度因子手册 [M]. 北京: 科学出版社, 1993.
周科平, 李杰林, 许玉娟, 等. 循环冻融条件下岩石核磁共振特性的试验研究 [J]. 岩石力学与工程学报, 2012, 31 (4): 731-737.
周小平, 张永兴, 朱可善. 中低围压下细观非均匀性岩石本构关系研究 [J]. 岩土工程学报, 2003a, 25 (5): 606-610.
周小平, 张永兴, 朱可善. 单轴拉伸条件下岩石本构理论研究 [J]. 岩土力学, 2003b, 24 (增刊1): 143-147.
周幼吾, 郭东信, 邱国庆, 等. 中国冻土 [M]. 北京: 科学出版社, 2000.
朱立平, Whallley W B, 王家澄. 寒冻条件下花岗岩小块体的风化模拟实验及其分析 [J]. 冰川冻土, 1997, 19 (4): 312-320.
朱维申, 张强勇. 节理岩体脆弹性断裂损伤模型及其工程应用 [J]. 岩石力学与工程学报, 1999, 18 (3): 245-249.